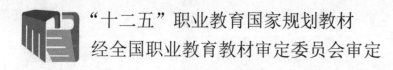

"十二五"职业教育国家规划教材

经全国职业教育教材审定委员会审定

# 软件测试设计与实施
# (第 2 版)

主　编　蒋方纯

北京大学出版社
PEKING UNIVERSITY PRESS

## 内 容 简 介

本书基于工作过程的教学思想，以学生可能的就业岗位所面对的"软件产品"为载体，将"软件测试"学习领域分为 7 种学习情境：单机软件测试的设计与实施、网络软件测试的设计与实施、游戏软件测试的设计与实施、数据仓库软件测试的设计与实施、软件安全测试的设计与实施、嵌入式软件测试的设计与实施、开源软件测试的设计与实施。同时，本书兼顾了职业资格证书、研究学习和虚拟实训、有关软件测试的国内标准和国际标准等内容，为学习者继续深入学习和职业发展奠定基础。

本书的特点是帮助学习者架构软件测试理论与实践基础，重点突出不同软件产品的测试设计与实施，同时兼顾学习者的职业发展与深入学习。本书不仅适合作为高职高专软件测试课程教材，也可作为软件测试人员的参考用书。

**图书在版编目(CIP)数据**

软件测试设计与实施/蒋方纯主编. —2 版. —北京 ：北京大学出版社，2015.9
ISBN 978-7-301-24682-5

Ⅰ.①软… Ⅱ.①蒋… Ⅲ.①软件—测试—高等职业教育—教材 Ⅳ.①TP311.5

中国版本图书馆 CIP 数据核字（2014）第 198762 号

| | | |
|---|---|---|
| 书　　　　名 | 软件测试设计与实施（第 2 版） | |
| 著作责任者 | 蒋方纯　主编 | |
| 责 任 编 辑 | 蔡华兵 | |
| 标 准 书 号 | ISBN 978-7-301-24682-5 | |
| 出 版 发 行 | 北京大学出版社 | |
| 地　　　　址 | 北京市海淀区成府路 205 号　100871 | |
| 网　　　　址 | http://www.pup.cn　新浪微博：@北京大学出版社 | |
| 电 子 信 箱 | pup_6@163.com | |
| 电　　　　话 | 邮购部 62752015　发行部 62750672　编辑部 62750667 | |
| 印 刷 者 | 北京富生印刷厂 | |
| 经 销 者 | 新华书店 | |
| | 787 毫米×1092 毫米　16 开本　18 印张　413 千字 | |
| | 2014 年 6 月第 1 版 | |
| | 2015 年 9 月第 2 版　2015 年 9 月第 1 次印刷 | |
| 定　　　　价 | 36.00 元 | |

# 前　言

在软件业发达的国家,软件测试不仅早已成为软件开发的一个有机组成部分,而且在整个软件开发的系统工程中占据着相当大的比重。与此同步的是,软件测试市场已成为软件产业中的一个独特市场,凡是软件开发企业或是设有软件开发部门的公司,都有专门的软件测试单位,其中软件测试人员的数量相当于软件开发工程师的四分之三。所以软件测试及产业的发展离不开软件测试人员的教育与培训。

关于本课程

软件测试课程是软件技术、游戏软件等相关专业的一门专业必修课,在整个课程体系中,是培养学生测试与编程能力的重要课程。本课程主要讲授软件测试的基本原理与原则、测试的各种基本知识、测试的基本流程及测试工具的使用。使学生了解不同软件测试工作的定位和责任,掌握将软件工程的测试工程方法论运用到不同的软件测试中。

基本理论方面,要求学生学习掌握软件测试基础理论、测试技术、测试方法,以及将其应用到软件测试中的知识。

基本技能方面,要求学生能够运用软件测试工程方法的知识,创建软件测试组织、计划、任务和方法,熟练掌握项目生命周期文件、相关测试文档的编写与测试工具的使用技能,以及为软件生成完全而有效的测试用例。

职业素质方面,从文化和哲学的角度,使学生认识软件测试对软件最后发布所做的贡献,培养学生在软件开发和生产的不同阶段应具有的不同角色和责任。

关于本书

本书基于工作过程的教学思想,以学生可能的就业岗位所面对的"软件产品"为载体,将"软件测试"学习领域分为 7 种学习情境:第 4 章为单机软件测试的设计与实施、第 5 章为网络软件测试的设计与实施、第 6 章为游戏软件测试的设计与实施、第 7 章为数据仓库软件测试的设计与实施、第 8 章为软件安全测试的设计与实施、第 9 章为嵌入式软件测试的设计与实施、第 10 章为开源软件测试的设计与实施。上述 7 个教学情境中的案例,分别选取自下列作者的著作,并在此基础上进行编写而成,它们是:赵斌编著的《软件测试技术经典教程》;佟伟光主编的《软件测试》;周学毛等翻译的国外教材《游戏测试精要》;兰雨晴等翻译的国外参考书《软件测试的有效方法》;康一梅等编著的《嵌入式软件测试》等,在此表示衷心感谢。

同时,本书兼顾了知识的系统性,第 1 章为软件测试基础知识,第 2 章为软件测试设计与实施,第 3 章为软件测试的实施与管理,奠定学生学习的理论基础与实践基础。

本书的第 11 章,讲解了职业资格证书、研究学习和虚拟实训、有关软件测试的国内标准和国际标准等内容,为学生的深入学习和职业发展奠定基础。

如何使用本书

本书第 1 章、第 2 章、第 3 章讲授内容的推荐学时数为 18~22 学时,然后可以根据当地产业与行业的特点,选取第 4 章至第 10 章的内容进行讲授与实践,每章讲授与训练内容推荐学时数为 12~18 学时,第 11 章为拓展学习内容,推荐讲授学时数为 6~10 学时。

本书将校内教师与企业技术人员、课程教学与真实案例、虚拟实训与职业发展有机结合起来，帮助学生架构软件测试理论与实践基础，重点突出不同软件产品的测试设计与实施，同时兼顾学生的职业发展与深入学习。所以在每章后面的习题中，并没有沿用传统的习题方式，重复教材中讲述的概念、方法等知识，而是分为两个方面，一方面是知识的拓展与练习，另一方面是能力的拓展与训练，强调到企业去调研、到网上去查找、在小组间讨论、知识的总结与比较、技能的综合与灵活运用等。

本书配套资源

本书的课程网站为 http://jpkc.sziit.edu.cn/software/www/st/index.html，上面有相应的教学资源供教材选用者使用。通过教材与网站的结合，本书实现了从"教材"向"学材"的转变，因为学习者可以将本书与本书的课程网站结合起来，进行自主学习与自主管理。

本书是广东省高等学校学科与专业建设专项资金项目"现代职业教育体系构建策略与产业结构调整升级中的人才需求研究"(2012WYXM_0069)、广东省高等教育改革项目《高职软件教育课程体系改革研究》的建设成果之一，也是全国教育科学"十二五"规划教育部重点课题"非物质文化遗产校园传承研究"(DLA110302)子课题"校园非物质文化遗产成果展示策略研究"(FY7Q006)的建设成果之一。

本书编写队伍

全书由蒋方纯主编，负责编写大纲与统稿，并编写第 1、2、3、7 章，陆云帆编写第 4、5、6 章，诸振家编写第 8、9、10 章，第 11 章由陆云帆与诸振家共同编写。在此要感谢深圳信息职业技术学院的领导与有关老师，赛宝认证中心的有关技术人员，全国服务外包岗位专业考试中心，深圳市计算机行业协会，以及有关参考书籍、网站的作者对本书的完成给予的支持与帮助。

由于编者水平有限，疏漏之处在所难免，恳请广大读者批评指正，联系电子邮箱 jiangfc@sziit.com.cn。

编　者

2015 年 1 月

# 目　　录

# 第1章 软件测试基础知识

## 教学目标

本章讲授软件测试所必需的基础知识，为后续软件测试的实施奠定最基本的理论基础。通过本章的学习：

(1) 重点掌握软件测试的标准概念及常用的软件测试技术与方法，能够理解各种软件测试技术与方法的适用场合及相互之间的关系，并在进行不同软件测试时恰当地选择测试技术与方法。

(2) 掌握软件测试过程模型，并能够将常用的软件测试模型应用到软件测试中。

(3) 掌握缺陷的标准定义及产生缺陷的原因。

(4) 了解软件测试工作岗位，以及软件测试人员的基本素质与技能要求。

## 教学要素

| 知识点 | 技能点 | 资 源 |
|---|---|---|
| 软件分别按功能、用户、产品、开发规模分类的类型 | 实现上述不同分类的软件测试要求 | 教案、演示文稿、课程录像、漫画解释、教学案例、实训项目、拓展资源 |
| 软件测试的 IEEE 定义；黑盒测试、白盒测试；静态测试、动态测试；单元测试、集成测试、系统测试、验收测试；功能测试、性能测试 | 掌握不同软件测试方法之间的关系；在进行不同软件测试时恰当地选择测试技术与方法 | |
| 软件测试过程的 V 模型、W 模型、H 模型 | 运用不同的测试模型或将它们进行组合，应用到不同的软件测试过程中 | |
| 软件测试部门的组织结构、软件测试团队的人员组成 | 了解软件测试团队中不同岗位的职责与要求，了解软件测试人员的基本素质与技能 | |

# 1.1 软件及软件测试的发展

计算机在 1946 年出现，软件开发到现在已有 60 多年的历史，在软件逐步发展的过程中，诞生了软件测试技术。

## 1.1.1 软件的定义

软件的定义并不是固定不变的，不同的国家和组织出于各自的理解与利益，产生了不同的软件定义。同时，随着软件产业的不断发展，软件与传统产业的融合日益加深，传统的软件概念和定义也在随着时代的发展而发生变化，以适应软件产业自身发展的需要。

软件可以从多方面去理解，如从学科方面理解，或从软件系统方面理解。下面介绍国际组织、国外和我国对软件的定义，最后给出从软件测试角度对软件的理解与概念定义。

1978 年世界知识产权组织 WIPO(World Intellectual Property Organization)发表的《保护计算机软件示范条例》中将计算机软件的概念阐述为："计算机软件包括程序、程序说明和程序使用指导三项内容。"

美国电子电气工程师协会 IEEE(Institute of Electrical and Electronics Engineers)定义：软件是计算机程序及其说明程序的各种文档。

美国在 1980 年修改的《著作权法》中的第 101 条将计算机程序定义为"是一组旨在直接或间接用于计算机以取得一定结果的语句或指令"。此后，又通过联邦法院的判例，把源程序、目标程序、固化在只读存储器中的程序、系统程序和应用程序都归为计算机程序，并纳入《著作权法》的保护范围。该法并未对计算机软件作出一个明确的定义。而根据微软计算机百科词典的解释：软件是指计算机程序或能够使硬件工作的指令。

欧盟 1991 年所颁布的计算机程序保护指令中指出：计算机软件包括先前准备的程序设计资料和计算机程序。

日本在 1985 年颁布的《著作权法修改草案》中对计算机程序作出了如下的定义："能使计算机完成某种功能的一组指令"，并明确规定，计算机程序"不包括为完成程序作品而使用的程序语言、规则和方法。"其中，程序语言是表达程序所用的文字、符号或文字和符号的组合。日本没有把文档包括在计算机软件之内。

印度把软件称为"IT 软件"，指以计算机可读形式记录的，通过被归类为"IT 产品"的自动数据处理机进行处理并向用户提供交互性服务的所有指令、数据、声音和图像，包括原码或目标码表达的任何形式。印度对软件定义的突破源于其软件产业发展需要，源于其深厚的软件外包背景。印度的软件外包很大一部分是业务流程外包 BPO(Business Process Outsourcing)的内容，印度本土称为 ITES(IT-Enabled Services)，即基于 IT 的服务，其涉及的内容很宽泛，印度的软件产业对于软件服务外包的依存度很大，所以在定义软件概念时充分考虑了整个软件产业的需求。

我国的学术界一直遵循程序加文档的定义方法，学术界公认的权威软件定义来自国际电工委员会 IEC(International Electro technical Commission)制定的国际标准中的定义，"软件是与数据处理系统的操作有关的计算机程序、过程、规则和有关的文件集的总和"。我国的软件概念的界定也要根据我国软件产业的特点，把握国际软件产业的发展趋势，进行概念的创新和突破。

通常认为软件就是程序加文档，这也是软件概念的经典定义。从软件测试的角度来看，可以将软件定义为：软件=程序+数据(库)+文档+服务。后面对软件测试的学习与实践将围绕着软件所包含的程序、数据(库)、文档和服务这几个方面进行。

## 1.1.2　软件与软件测试的发展

第一个编写软件的人是英国数学家奥古斯塔·艾达·洛夫莱斯(Augusta Ada LoveLace)，她在 1836 年开始尝试为查尔斯·巴贝奇(Charles Babbage)的机械式计算机写软件。尽管他们的努力失败了，但他们的名字永远载入了计算机发展的史册。20 世纪 60 年代美国大学里开始出现授予计算机专业的学位，教授学生编写软件。

计算机软件发展历史可以分成三个阶段：从 1955 年到 1965 年的开创阶段，从 1965 年到 1985 年的稳定阶段，从 1985 年到现在的发展阶段。计算机软件发展历史可以从不同的角度划分，但上述的划分方法可以更好地帮助理解软件测试的形成与发展。

1955 年到 1965 年，运算速度越来越快、价格越来越便宜的新计算机不断涌现，软件工作人员需要针对不同计算机不断写出新的软件，这种变化速度令编写软件人员应接不暇。1965 年到 1985 年，此阶段由于计算机硬件变化节奏缓慢一些，属于较平稳的年代，随着计算机软件的平稳发展，确立了软件在市场中的重要地位，软件成为商品并逐渐变得被人们理解和接受。1985 年到现在，这个阶段是软件发展过程中最重要的时期。因为 PC 和工作站以半年更新一代的令人目不暇接的速度，势不可挡地入侵小型机、中型机甚至大型机领域，从而使计算机无处不在，计算机走出了象牙塔，走进了平常百姓家庭，走进了普通人的办公室。在家里、办公室、银行、邮局等生活工作的周围，处处可见计算机的应用成果。

软件测试是伴随着软件的发展而产生的。早期的软件开发过程中，软件规模都很小、复杂程度低，软件开发的过程混乱无序、相当随意，测试的含义比较狭窄，开发人员将测试等同于"调试"，目的是纠正软件中已经知道的故障，常常由开发人员自己完成这部分的工作。对测试的投入极少，测试介入也晚，常常是等到形成代码，产品已经基本完成时才进行软件测试。

直到 1957 年，软件测试作为一种发现软件缺陷的活动才开始与调试区别开来。由于一直存在着"为了让我们看到产品在工作，就得将测试工作往后推一点"的思想，潜意识里对测试的目的就理解为"使自己确信产品能工作"。测试活动始终后于开发的活动，测试通常被作为软件生命周期中最后一项活动而进行。当时也缺乏有效的测试方法，主要依靠"错误推测 Error Guessing"来寻找软件中的缺陷。因此，大量软件交付后，仍存在很多问题，软件产品的质量无法保证。

到了 20 世纪 70 年代，这个阶段开发的软件仍然不复杂，但人们已经开始思考软件开发流程的问题，尽管对"软件测试"的真正含义还缺乏共识，但这一词条已经频繁出现，一些软件测试的探索者们建议在软件生命周期的开始阶段就根据需求制订测试计划，这时也涌现出一批软件测试的宗师，Bill Hetzel 博士就是其中的领导者。1972 年，软件测试领域的先驱 Bill Hetzel 博士(代表论著《*The Complete Guide to Software Testing*》)在美国的北卡罗来纳大学组织了历史上第一次正式的关于软件测试的会议。1973 年，他首先给软件测试下了一个这样的定义："就是建立一种信心，认为程序能够按预期的设想运行(Establish confidence that a program does what it is supposed to do)"。后来在 1983 年他又将定义修订为："评价一个程序和系统的特性或能力，并确定它是否达到预期的结果。软件测试就是以此为目的的任何行为(Any activities aimed at evaluating an attribute or capability of a program or system)"。定义中的"设想"和"预期的结果"

其实就是现在所说的用户需求或功能设计。他还把软件的质量定义为"符合要求"。他的思想的核心观点是：测试方法是试图验证软件是"工作的"，所谓"工作的"就是指软件的功能是按照预先的设计执行的，以正向思维，针对软件系统的所有功能点，逐个验证其正确性。软件测试业界把这种方法看作是软件测试的第一类方法。

尽管如此，这一种方法还是受到很多业界权威的质疑和挑战。代表人物是 Glenford J. Myers(代表论著《The Art of Software Testing》)。他认为测试不应该着眼于验证软件是工作的，相反应该首先认定软件是有错误的，然后用逆向思维去发现尽可能多的错误。他还从人的心理学的角度论证，如果将"验证软件是工作的"作为测试的目的，非常不利于测试人员发现软件的错误。于是他于 1979 年提出了他对软件测试的定义："测试是为发现错误而执行的一个程序或者系统的过程(The process of executing a program or system with the intent of finding errors)"。这个定义也被业界所认可，经常被引用。除此之外，Myers 还给出了与测试相关的三个重要观点：测试是为了证明程序有错，而不是证明程序无错误；一个好的测试用例在于它能发现至今未发现的错误；一个成功的测试是发现了至今未发现的错误的测试。这就是软件测试的第二类方法，简单地说就是验证软件是"不工作的"，或者说是有错误的。Myers 认为，一个成功的测试必须是发现 Bug 的测试，不然就没有价值。Myers 提出的"测试的目的是证伪"这一概念，推翻了过去"为表明软件正确而进行测试"的错误认识，为软件测试的发展指出了方向，软件测试的理论、方法在之后得到了长足的发展。第二类软件测试方法在业界也很流行，受到很多学术界专家的支持。

到了 20 世纪 80 年代初期，软件和 IT 行业进入了大发展，软件趋向大型化、高度复杂化，软件的质量越来越重要。这个时候，一些软件测试的基础理论和实用技术开始形成，并且人们开始为软件开发设计了各种流程和管理方法，软件开发的方式也逐渐由混乱无序的开发过程过渡到结构化的开发过程，以结构化分析与设计、结构化评审、结构化程序设计以及结构化测试为特征。人们还将"质量"的概念融入其中，软件测试定义发生了改变，测试不单纯是一个发现错误的过程，而且将测试作为软件质量保证(SQA)的主要职能，包含软件质量评价的内容，Bill Hetzel 在《软件测试完全指南》(《Complete Guide of Software Testing》)一书中指出："测试是以评价一个程序或者系统属性为目标的任何一种活动。测试是对软件质量的度量"。这个定义至今仍被引用。软件开发人员和测试人员开始坐在一起探讨软件工程和测试问题。软件测试已有了行业标准(IEEE/ANSI)，1983 年 IEEE 提出的软件工程术语中给软件测试下了定义，软件测试的目的是为了检验软件系统是否满足需求。它再也不是一个一次性的，而且只是开发后期的活动，而是与整个开发流程融合成一体。软件测试已成为一个专业，需要运用专门的方法和手段，需要专门人才和专家来承担。

随着软件产业界对软件过程的不断研究，并伴随着过程成熟度模型 CMM(Capability Maturity Model)的提出，许多研究机构和测试服务机构从不同角度出发提出有关软件测试方面的能力成熟度模型，作为 SEI-CMM 的有效补充，比较有代表性的包括美国国防部提出的 CMM 软件评估和测试 KPA 建议；Gelper 博士提出一个测试支持模型(Testing Support Model，TSM)来评估测试小组所处环境对于他们的支持程度；Burgess/Drabick I.T.I.公司提出的测试能力成熟度模型(Testing Capability Maturity Model，TCMM)则提供了与 CMM 完全一样的 5 级模型；Burnstein 博士提出了测试成熟度模型(Testing Maturity Model，TMM)，依据 CMM 的框架提出测试的 5 个不同级别，关注测试的成熟度模型，它描述了测试过程，是项目测试部分得到良好计划和控制的基础。

进入 20 世纪 90 年代，软件行业开始迅猛发展，软件的规模变得非常大，在一些大型软件开发过程中，测试活动需要花费大量的时间和成本，而当时测试的手段几乎完全都是手工测试，测试的效率非常低；并且随着软件复杂度的提高，出现了很多通过手工方式无法完成测试的情况，尽管在一些大型软件的开发过程中，人们尝试编写了一些小程序来辅助测试，但是这还是不能满足大多数软件项目的统一需要。于是，很多测试实践者开始尝试开发商业的测试工具来支持测试，辅助测试人员完成某一类型或某一领域内的测试工作，从而测试工具逐渐盛行起来。人们普遍意识到，工具不仅仅是有用的，而且要对今天的软件系统进行充分测试，工具是必不可少的。测试工具可以进行部分测试设计、实现、执行和比较的工作。通过运用测试工具，可以达到提高测试效率的目的。测试工具的发展，大大提高了软件测试的自动化程度，让测试人员从烦琐和重复的测试活动中解脱出来，专心从事有意义的测试设计等活动。采用自动比较技术，还可以自动完成测试用例执行结果的判断，从而避免人工比对存在的疏漏问题。设计良好的自动化测试，在某些情况下可以实现 "夜间测试" 和 "无人测试"。在大多数情况下，软件测试自动化可以减少开支，增加有限时间内可执行的测试，在执行相同数量测试时节约测试时间。

测试工具的选择和推广也越来越受到重视。在软件测试工具平台方面，商业化的软件测试工具已经很多，如捕获/回放工具、Web 测试工具、性能测试工具、测试管理工具、代码测试工具等等，这些工具都有严格的版权限制且价格较为昂贵而无法自由使用，当然，一些软件测试工具开发商对于某些测试工具提供了 Beta 测试版本以供用户有限次数使用。在开放源码社区中也出现了许多软件测试工具，已得到广泛应用且相当成熟和完善。

综上所述，软件与软件测试的发展，可以简单地概括为表 1-1。

表 1-1　软件开发与软件测试的关系

| 特　点＼年　代 | 20 世纪 70 年代及以前 | 20 世纪 80 年代 | 20 世纪 90 年代后 |
|---|---|---|---|
| 软件规模 | 小 | 适中 | 超大 |
| 软件复杂性 | 低 | 中等 | 高 |
| 开发队伍规模 | 小 | 中等 | 大 |
| 开发方法及标准 | 个别 | 适中 | 复杂 |
| 测试重要性认识 | 很少 | 有些 | 重要 |
| 测试方法及标准 | 个别 | 早期 | 正在形成 |
| 独立测试组织 | 很少 | 有些 | 许多 |
| 测试从业人员 | 很少 | 很少 | 许多 |

## 1.1.3　软件测试的现状与发展趋势

在软件业较发达的国家，从投入的人力和时间上来看，软件测试都受到软件公司的极大重视。相比较而言，国内的软件测试还属于起步阶段，缺乏专业的第三方软件测试公司。

### 1. 国外现状

在软件业发达的国家，软件测试不仅早已成为软件开发的一个有机组成部分，而且在整个软件开发的系统工程中占据着相当大的比重。以美国的软件开发和生产的平均资金投入为例，通常是："需求分析"和"规划确定"各占 3%，"设计"占 5%，"编程"占 7%，"测试"占 15%，"投产和维护"占 67%。测试在软件开发中的地位，由此可见一斑。

与此同步的是，软件测试市场已成为软件产业中的一个独特市场。在美国硅谷地区，凡是软件开发企业或是设有软件开发部门的公司，都有专门的软件测试单位，其中软件测试人员的数量相当于软件开发工程师的四分之三。在这些公司或部门中，负责软件测试的质量保证的经理职位与软件开发主管往往是平行的。据了解，在软件产业发展较快的印度，软件测试在软件企业中同样拥有举足轻重的地位。

### 2. 国内现状

目前，国内软件测试市场发展比较缓慢，国内市场中的软件开发公司比比皆是，但是软件测试公司则是凤毛麟角。

为什么国内的软件测试市场发展会比较缓慢，到现在企业才开始关注软件测试呢？主要原因是企业对软件测试的重要性理解不够。很多人认为程序能运行基本上就已经成功了，没有必要成立专门的测试部门或设立测试岗位。

另一方面，软件开发企业在为软件开发支付费用后，就不希望再为软件的测试支付新的成本，而项目甲方则往往认为开发合格的软件是软件开发企业的责任。即使有些项目的开发方或委托方有意对软件进行第三方测试，也会考虑到在测试过程中往往需要软件开发商提供源代码，担心其知识产权遭到侵犯。这是软件测试市场无法长大的又一个重要原因。此外，软件开发企业严重缺乏专业测试力量也是因素之一。

### 3. 发展趋势

国际的测试领域已基本成熟，而国内的测试领域才刚刚开始。如何更好地将软件项目管理和软件质量保障结合起来，让项目管理带动软件测试业的发展和成熟，应该是项目管理中不可缺少的一部分。

### 4. 面临的挑战

近几年软件测试取得了较大的发展，但仍落后于软件开发的发展水平，使得软件测试面临着很大的挑战。

(1) 软件测试理论不成熟的挑战。软件测试行业的兴起将会很大程度取决于测试理论的成熟度，目前软件测试过程中还存在一些问题没有定论或没有明确的定论，如软件测试的终止标准、如何评价测试价值等。

(2) 测试技术有待提高的挑战。目前国内软件测试技术比较落后，手工测试比重较大，自动化的性能测试、白盒测试、代码测试、安全测试等都处于初级阶段，软件测试的质量、进度、成本和风险都未得到有效的保证和控制。

(3) 软件测试人才缺乏的挑战。我国软件产业已经获得了长足的进步，但软件测试人才的缺乏很大程度上制约了软件产业的发展，因此加紧建立和健全软件测试人才培养体系面临着挑战。

(4) 软件测试工程师素质的挑战。软件测试工程师的综合素质的高低体现在：责任心、综合技术素质、学习能力、解决问题的能力以及对软件业发展趋势的了解。软件测试团队规模会越来越大，能否形成以核心人物为支柱的强有力的测试团队成为其发展的关键。

# 1.2　软件分类及测试要求

从不同角度可以将软件分为不同的种类，不同种类的软件，其测试要求和侧重点也各不相同。

## 1. 按功能分类及测试要求

按功能划分可将软件分为四类：固件、系统软件、中间件和应用软件。

固件(Firm Ware)就是直接写在芯片组或集成电路里的一段程序。其原来的定义是指具有软件功能的硬件，早期的这类器件一般是存有软件的 ROM 或 EPROM，这些硬件中保存的程序无法被用户直接读出或修改。目前固件有了新的定义，它是最贴近计算机硬件的一些小的软件，可以看做是一个系统中最低层、最基础的工作软件。固件中软件的测试都是由计算机设计厂家，根据设计及硬件情况来完成其中固化的软件测试工作，一般的用户很少需要进行该类软件的测试工作。

系统软件能直接操作底层硬件，并为上层软件提供支撑，如操作系统、硬件驱动程序等。系统软件和硬件共同提供一个平台，管理和优化计算机硬件资源的分配与使用。这类软件的测试需要结合底层硬件来完成。

中间件是在应用软件和平台之间建立一种桥梁，常见的中间件包括数据库和互联网服务器等。这类软件除进行一些一般软件共同需要的测试外，一般都有专门的测试方法和工具。

应用软件能为用户提供某种特定的应用服务，如办公软件、通信软件、行业软件、游戏软件等。这类软件是大部分公司测试的重点，本书也主要是讨论这类软件的测试设计与实施。

## 2. 按用户分类及测试要求

按用户分类可将软件分为产品软件和项目软件。

产品软件的目标是大众用户，而非特殊用户群体，如微软公司的 Office 软件，就是产品软件。这类软件的测试相对困难一些，因为最终用户所使用的计算机硬件和软件差别很大，测试时应做好硬件配置测试和软件兼容性测试。

项目软件针对某类特殊使用人群而开发，调查表明，国内 80%以上的软件都属于项目软件。对于这类软件而言，测试的重点应放在满足核心用户的关键需求上。

## 3. 按开发规模分类及测试要求

按开发规模分类可将软件分为小型软件、中型软件和大型软件。

小型软件是指软件开发的参与人数在 10 人以下，开发时间在 1 到 4 个月之间的软件。测试工作通常由开发人员兼任。

中型软件是指软件开发的参与人数在 10 人到 100 人之间，开发时间在 1 年以下的软件。测试工作要由专门的测试小组或团队来完成。

大型软件是指软件开发的参与人数在 100 人以上，开发时间在 1 年以上的软件。测试工作由专门的测试部门或专门的测试公司来完成。

## 4. 按软件产品分类及测试要求

按软件产品分类可将软件分为单机软件、网络软件、嵌入式软件、游戏软件、开源软件、数据库应用系统软件等。

这些软件的测试要求也各不相同,如单机软件可能要进行黑盒、白盒测试,动态、静态测试;网络软件主要进行单元、集成、系统、验收测试,以及压力测试、负载测试等;嵌入式软件除一般的测试外,最主要还是要进行软硬件集成测试;游戏软件常常进行参数组合测试、执行路径测试等。

# 1.3　软件测试定义

本节主要讲解软件测试定义的理解与分析,软件测试目的与软件质量的衡量,软件测试原则,为软件测试的设计与实施奠定基础。

## 1.3.1　软件测试的定义

软件测试的标准定义如下:软件测试是指使用人工和自动手段来运行或测试某个系统的过程,目的在于检验其是否满足规定的需要或弄清楚预期结果与实际结果之间的差别。

该定义是美国电子电气工程师协会 IEEE 软件工程(1983)的标准术语,也是对软件测试概括得较为全面的一个定义。该定义反映了软件测试的重点与难点,可以从以下五个方面进行理解与分析。

### 1. 过程

"运行或测试某个系统的过程"明确说明了软件测试是一个过程,而且是一个持续的过程,而非一个时间点上发生的动作。因此,软件测试与软件开发一样需要过程管理,即需要制订良好的测试计划,根据计划做好测试前的准备工作,如测试环境的搭建、测试用例的设计、测试工具的准备等,应按照计划要求执行测试和记录发现的缺陷,最终对测试结果进行分析。

### 2. 动态与静态

从"运行或测试"可以看出,软件测试往往需要实际执行软件系统,那么要解决的一个问题就是如何设计被测软件动态执行的过程,使得测试能最大可能地提示软件缺陷,同时减少动态执行占用的人力和物力资源。这是设计测试用例(即特定的数据集)的目标。"测试某个系统"则包含了对软件系统的静态检查,如对代码和文档的检查,静态检查不需要动态运动程序,可以在一定程度上降低测试的工作量。

### 3. 手工与自动

"使用人工和自动手段"阐明了软件测试的现状是:手工测试与自动化测试并存。多数公司仍广泛采用手工测试方法,如测试计划的制订、测试用例的设计等。对于那些自动化程度很高的测试工作,如测试用例的执行、测试用例结果的分析检查、代码质量的度量、测试过程的管理等,可通过自动化测试工具辅助测试人员完成部分测试工作。但测试工具只能是辅助测试,不可能替代人工测试,像制订测试计划这类需要高度创造力的工作是无法用测试工具来完成的。更重要的是,自动化测试工具背后是公司或项目组所采用的管理思想、所使用的测试方法,抛开这些去学习测试工具是没有任何意义的。

### 4. 满足需要

"软件测试的目的在于检验其是否满足规定的需要",明确指出了测试的最终目的、测试的依据以及判断缺陷的根据。在测试过程中，只要发现不满足规定的需要，就认为是缺陷。那么，应该满足谁的需要？以什么形式来规定这些需要？软件测试的最终目的是满足用户需要，这里的用户是指最终用户还是客户，或是包含其他人群？用户的需要如何来规定？答案当然是写在需求规格说明书中，那么，确保需求规格说明书的先期验证是确保最终的软件产品符合用户需求的关键，也是最重要的测试工作之一。

5. 预期

"目的在于弄清楚预期结果与实际结果之间的差别"清晰地指出：测试必须能确定所观察到的程序执行输出是否可以接受，否则测试工作就是无用的。那么，预期结果从何而来，实际结果的载体是什么？预期结果与实际结果之间的差别预示着什么？答案是测试用例与软件缺陷。在测试用例中定义软件的预期输出结果(可以是整个系统的输出，也可以是某个函数的输出)，执行测试用例获取软件的实际执行结果，测试用例的实际结果与预期结果之间的这种差异只要在用户可以接受的范围之内，就不应看做是缺陷。因此，软件测试追求的是"足够(Enough)"，而不是"最好(Best)"。在测试的过程中，应明确地将软件允许接受的差异规定下来，以免浪费时间和精力。

总之，从标准定义中可以看出，软件测试需要进行过程管理，软件测试包含动态测试和静态测试，软件测试分人工测试和自动化测试，软件测试的主要工作是设计测试用例、执行测试用例、分析测试用例，也是发现缺陷、记录缺陷和关闭缺陷的过程。

IEEE 标准 610.12(1990)给出了两个更为规范、约束的测试定义。

(1) 在特定的条件下运行系统或构件，观察或记录结果，对系统的某个方面做出评价。

(2) 分析某个软件项以发现现存的和要求的条件之差别(即错误)并评价此软件项的特性。

IEEE 610.12 标准的定义并不要求运行程序作为测试过程的一部分，静态验证的一些方法可作为测试手段。定义(1)被称为动态测试，而定义(2)被称为静态测试。软件是由文档、数据以及程序等部分组成的，软件测试应该对于软件形成过程的文档、数据，以及程序进行测试。定义(2)的技术可以应用于非程序部分的测试。

软件测试是软件开发过程的重要组成部分，用来确认一个程序的品质或性能是否符合开发之前所提出的一些要求。软件测试是在软件投入运行前，对软件需求分析、设计规格说明和编码的最终评审，是软件质量保证的关键步骤。

软件测试是为了发现错误而执行程序的过程。软件测试在软件生命周期中要横跨其中的两个阶段。

(1) 通常在编写完每一个模块之后就对它进行必要的测试(称为单元测试)。编码和单元测试属于软件生存期中的同一个阶段。

(2) 在结束这个阶段后对软件系统还要进行各种综合测试，这是软件生存期的另一个独立阶段，即测试阶段。

有资料表明，60%以上的软件错误并不是程序错误，而是软件需求和软件设计错误。错误地理解用户需求，即使开发技术完美、优良，但开发出来的产品却不是正确的产品。因此，做好软件需求和软件设计阶段的质量保证工作也是非常重要的。

## 1.3.2 软件测试的目的

Myers 这样来描述软件测试的目的："测试是程序的执行过程，目的在于发现错误；一个好的测试用例是指很可能找到迄今为止尚未发现的错误的用例。一个成功的测试是指发现了至今尚未发现的错误的测试。"

Bill Hetzel 提出了测试目的不仅仅是为了发现软件缺陷与错误，而且也是对软件质量进行度量和评估，以提高软件的质量。

软件质量可以从几个方面来衡量。

(1) 在正确的时间用正确的方法做正确的事情。

(2) 符合一些应用标准的要求，如不同国家中用户不同的操作习惯和要求，项目工程中的可维护、可测试性等要求。

(3) 质量本身就是软件达到了最开始所设定的要求，而优美或精巧的表现技巧并不代表软件的高质量。

(4) 质量也代表着它符合客户需求。在软件测试这个行业中，最重要的一件事就是从用户需求出发，从用户的角度去看产品，思考用户会怎样使用这个产品，使用过程中会遇到什么样的问题。只有这些问题解决了，软件产品的质量才可以说是得到了保证。

测试的目的是要以最少的人力、物力和时间找出软件中的各种错误与缺陷，通过修正各种错误与缺陷来提高软件质量，避免软件发布后由于潜在的软件缺陷和错误造成隐患带来经济风险。同时，测试是以评价一个程序或者系统属性为目标的活动，测试是对软件质量的度量与评价，以验证软件的质量满足用户的需求的程度，为用户选择与接受软件提供有力的依据。

此外，通过分析错误产生的原因还可以帮助发现当前开发工作所采用的软件过程的缺陷，以便进行软件过程改进。同时通过对软件结果的分析整理，为风险评价提供信息，还可以修正软件开发规则，并为软件可靠性分析提供依据。当然，通过最终的验收测试，也可以证明软件满足了用户的需求，树立用户使用软件的信心。

测试人员的总体目标是确保软件的质量，他们在软件开发过程中的任务是：寻找错误，避免软件开发过程中的缺陷，衡量软件的品质，关注用户需求。

### 1.3.3　软件测试的原则

软件测试的目的是为了寻找软件的错误与缺陷，评估与提高软件质量。为了要达到测试目的，应遵循以下软件测试的基本原则。

(1) 所有的测试都应追溯到用户需求。软件测试的目标在于揭示错误，从用户角度看，最严重的错误是那些导致程序无法满足需求的错误。

(2) 要尽早开始测试。测试计划的制订应先于测试的执行。测试计划可以在需求模型一完成就开始，详细的测试用例定义可以在设计模型被确定后立即开始，因此，所有测试可以在没有编写任何代码前进行计划和设计。

(3) 要不断地进行测试。软件测试应以"小规模"开始，然后扩展到"大规模"。最初的测试通常把焦点放在单个程序模块上，进一步测试的焦点则转向在集成的模块簇中寻找错误，最后在整个系统中寻找错误。

(4) 帕累托(Pareto)法则适用于软件测试。简单而言，帕累托法则暗示着测试发现的错误中的 80%很可能起源于程序模块中的 20%。当然，问题在于如何孤立这些有疑点的模块并进行彻底的测试。

(5) 完全测试是不可能的。即使一个大小适度的程序，其路径排列组合的数量也非常大，因此，在测试中不可能运行路径的每一种组合。然而，充分覆盖程序逻辑，确保程序设计中使用的所有条件尽可能得到测试是有可能的。

(6) 妥善保存一切测试过程文档，测试过程的重现性往往要靠测试文档。

(7) 注意回归测试的关联性，修改一个错误，可能引起多个错误的出现。

(8) 要使测试更为有效，测试应由独立的第三方进行。测试的主要目标就是要进行最可能发现错误的测试。创建系统的软件工程师并不是构造软件测试的最佳人选。从心理学的角度上来看，软件分析、设计和编码是建设性的工作。从开发者的观点来看，测试可以被看做是破坏性的。当测试开始的时候，就会存在一种微妙的、但确实存在着的试图要"摧毁"软件工程师建立起来的东西的企图。所以开发者只是简单地设计和进行能够证明程序正确性的测试，而不是去尽量发现错误。独立测试组织的功能就是为了避免让开发者来进行测试时会引发固有问题。独立的测试可以消除可能存在的利益冲突。

# 1.4　软件缺陷

明确软件缺陷的定义，弄清楚软件缺陷产生的原因，理顺软件缺陷与软件测试的关系，对软件测试的设计与执行具有重要作用。

## 1.4.1　软件缺陷的定义

关于软件缺陷的词汇有很多，它们都可以用来描述软件失败的现象。如 Bug、Defect、Fault、Error、Failure、Incident、Variance、Anomaly 等，不同的公司会对其失败术语进行严格的定义，但实际上不需要精确定义这些术语，这里不妨将以上术语统一为 Bug——缺陷。

1. 典型定义

关于 Bug 的定义也有很多，典型的定义如下。

(1) Bug 是未曾预料到的系统行为。

(2) Bug 代表系统中的一种非主观现象，它是系统已经具备的功能出现了定义上的差错。

(3) Bug 是程序与规格说明之间的不匹配。

(4) Bug 是计算机系统或程序中存在的任何一种破坏正常运行能力的问题、错误，或隐藏的功能缺陷、瑕疵。

2. 标准定义

关于 Bug 的标准定义如下。

(1) 从产品内部看，软件缺陷是软件产品开发或维护过程中所存在的错误、毛病等各种问题。

(2) 从外部看，软件缺陷是系统所需实现的某种功能的失效或违背。

该定义是 IEEE 软件工程(1983)的标准术语。从该定义可以看出不同的测试方法：从产品内部来看缺陷，就是从软件内部来展开测试，这正是白盒测试的内容，而从产品外部看缺陷，就是从软件外部展开测试，这正是黑盒测试的内容。

3. 正式定义

标准定义虽然较全面，但缺乏直接的指导性。Ron Patton 对 Bug 给出了经典定义，他称之为正式定义。

Ron Patton 认为，出于软件行业的原因，只有符合下列五条规则才能称为软件缺陷。

(1) 软件未达到需求规格说明书中指明的功能。

(2) 软件出现了需求规格说明书中指明不会出现的错误。

(3) 软件功能超出需求规格说明书中指明的范围。

(4) 软件未达到需求规格说明书虽未指出但应达到的目标。

(5) 软件测试员认为软件难以理解、不易使用、运行速度缓慢，或者最终用户认为不好。

下面简单说明以上五条规则的具体含义。

第(1)条规则对应一个遗漏缺陷，且应该是一个很严重的缺陷，因为连基本的功能都无法全部实现。通常情况下，这样的缺陷应该是要立即修复的，即将遗漏的功能补充实现。

第(2)条规则对应一个过错缺陷，它主要是指软件的容错能力。例如，需求规格说明指出在任何情况下都不会发生死机，结果测试过程中却出现死机的情况，就对应着这类缺陷。

第(3)条规则看似很奇怪，既然是需求规格说明书中没有提到的功能，是属于不给钱的部分，开发人员为何会去实现呢？而且大家都明白，软件要完成的功能越多，引入缺陷的风险就越大，将带来更大的测试工作量并增加软件开发成本，这种吃力不讨好的事情，谁会主动去做？这里有两种可能性。第一，开发人员认为需求规格说明书不完善，第二，某些实用的功能是为了自己开发和调试的方便而加入的功能，如一些快捷键功能等。对于这部分多余的功能，是测试最头疼的部分。测试的依据是需求规格说明书。既然是需求规格说明书中未提到的功能，那么将不会有测试用例去对应，尤其是那些快捷键，这样最容易造成测试的漏洞。

第(4)条规则更让人摸不着头脑。有哪些目标是需求规格说明书中没有指出，而实际又应该达到的呢？这部分功能主要是指软件对意外情况的处理，尤其指那些硬件故障所导致的意外情况，如意外断电等。

第(5)条规则是从软件的易用性去考虑的。软件开发追求的最终目标就是满足用户的需求，只要用户认为不好的，都应该视为缺陷。造成这种局面的主要原因往往是沟通不畅，未能充分站在用户的立场，根据用户的业务流程进行软件的开发。

## 1.4.2　软件缺陷产生的原因

软件缺陷产生的原因有很多，典型的原因正如以下的场景或对话所表现的。

### 1．软件本身的复杂性

软件伴随着世界上第一台计算机的诞生而出现，从单机到网络，从 C/S 架构到 B/S 架构，从结构化编程到面向对象的软件开发，从简单的数据到超大型关系数据库等都直接导致软件及系统的复杂性不断增加，测试的范围和难度也随之增大。

### 2．开发人员的问题

程序员真的不会犯错吗？程序员可能没有时间总结经验教训，所以常常被同一块小石头绊倒，他们会反复犯下自己容易犯的错误。程序员会在缺乏全局考虑的时候就盲目修改设计并认为这样会产生更好的效果。

程序员夜以继日地编写程序，每周 40 小时工作是程序员永远的梦想。加班、加班、再加班，持续的开发，在进度压力下疲于奔命，程序员需要休息。倦怠将带来软件中众多的缺陷。

不守规矩。"开发准则、编码规范，这些条条框框会限制我的灵感。"程序员喜欢追求个性，不规范的编码导致测试难度增大，且容易产生软件漏洞。

### 3. 需求的变化

"最让你头疼的是什么？""需求不断变化，而且变化太快，我的测试用例完全跟不上需求的变化。"测试人员大多会这样抱怨。客户是上帝，满足客户的需求是软件的最终目标。"没问题，我们让开发人员去改。"市场部的人不敢得罪客户，常常会这样拍着胸脯担保。于是，开发人员只好去追随客户那不断绽放的思想的火花，测试人员更是一筹莫展，他们愁眉苦脸地希望领导能够努力去控制需求，稳定需求。

### 4. 进度压力

所有软件项目时间都需要精确估算，但随着项目的进展，风险会出现，估算与实际的差距会越来越大。"编码都来不及，哪有时间做测试。"这时候，缺陷不可避免地出现了。

### 5. 对文档不重视

好记性不如烂笔头。IT 行业的人员流动性很大，但面对需求的变化和进度的压力，写文档常常会成为人们的负担。他们会为了赶进度而舍弃文档。没有文档，也就缺少了测试的依据，测试的漏洞不可避免。文档的撰写也常常会成为新手练兵的沙场。对产品的不熟悉，如何能够写好文档？

### 6. 沟通不畅

"我很忙，我还有个重要的会要去开，你和技术员小张去谈吧。"领导们总是很忙，他们没有时间去和程序员交流他们的需求，导致需求的获取不够真实，从而出现缺陷。

"用户完全不知道他们想要的是什么。"真的是要让用户来告诉开发人员他的需求吗？这需要开发人员去挖掘他们的需求。与用户的沟通是困难的。一个人说出来的不一定真实反映他所想的，一个人听到的不一定就是他记住的，一个人写下来的不一定真正反映他心中的理解，理解的偏差和误解成为人们交流的障碍。

### 7. 偏差的累积

在软件开发各阶段存在多种偏差，如理解偏差、表达偏差、设计偏差等，这些偏差不断累积，导致下阶段的交付出现越来越多的问题，即缺陷。各种来源导致缺陷会广泛分布在软件开发的各个阶段，其中，需求规格说明书占54%，软件设计占25%，代码占15%，其他占6%。

## 1.4.3　软件缺陷与测试的关系

当谈到软件缺陷与软件测试的关系时，通常会说，软件缺陷是通过软件测试发现的，软件测试也是为了发现更多的软件缺陷。如果从 1.1.2 节中讲到的第一类测试和第二类测试的角度去思考这个问题，认识会更深刻一些。

第一类测试可以简单抽象地描述为这样的过程：在设计规定的环境下运行软件的功能，将其结果与用户需求或设计结果相比较，如果相符则测试通过，如果不相符则视为 Bug。这一过程的终极目标是将软件的所有功能在所有设计规定的环境全部运行，并通过。在软件行业中一般把第一类方法奉为主流和行业标准。第一类测试方法以需求和设计为本，因此有利于界定测试工作的范畴，更便于部署测试的侧重点，加强针对性。这一点对于大型软件的测试，尤其是在有限的时间和人力资源情况下显得格外重要。

而第二类测试方法与需求和设计没有必然的关联，更强调测试人员发挥主观能动性，用逆向思维方式,不断思考开发人员理解的误区、不良的习惯、程序代码的边界、无效数据的输入以及系统各种的弱点,试图破坏系统、摧毁系统,目标就是发现系统中各种各样的问题。这种方法往往能够发现系统中存在的更多缺陷。

# 1.5 软件测试分类

从不同的角度对软件测试进行分类,可以有不同的划分方法。下面分别介绍这些分类方法与定义。

## 1.5.1 黑盒测试和白盒测试

软件测试按照技术可划分为:黑盒测试、白盒测试和灰盒测试。

### 1. 黑盒测试

黑盒测试是指不基于内部设计和代码的任何知识,而是基于需求和功能性,通过软件的外部表现来发现其缺陷和错误。黑盒测试法把测试对象看成一个黑盒子,不考虑程序内部结构和处理过程,如图 1.1 所示。

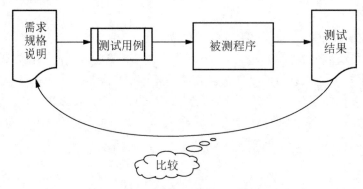

图 1.1　黑盒测试原理与过程

### 2. 白盒测试

白盒测试是指基于一个应用代码的内部逻辑知识来设计测试用例。测试退出条件是基于代码覆盖。由于能清楚地了解程序结构和处理过程并以此进行测试,而被称为白盒测试,如图 1.2 所示。

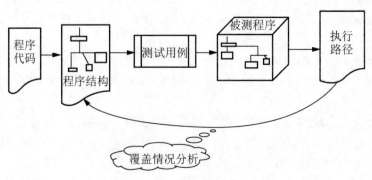

图 1.2　白盒测试原理与过程

3. 灰盒测试

灰盒测试技术是一种有效的、介于白盒测试与黑盒测试之间的技术，它既关注程序运行时的外部表现，又注意程序内部高层逻辑结构。灰盒测试的优点是测试结果可以对应到程序的内部粗粒度路径，便于缺陷的定位、分析和解决。

软件测试方法的技术分类与软件开发过程相关联，单元测试一般应用白盒测试方法，集成测试应用灰盒测试方法，而系统测试和确认测试应用黑盒测试方法。

## 1.5.2　静态测试和动态测试

软件测试按照执行状态可划分为静态测试和动态测试。

1. 静态测试

静态测试指不运行程序，而通过人工对程序和文档进行分析与检查。静态测试技术又称为静态分析技术，是对软件中的需求说明书、设计说明书、程序源代码等进行非运行的检查。静态测试包括走查、审查、符号执行等。

2. 动态测试

动态测试指通过人工或利用工具运行程序进行检查，分析程序的执行状态和程序的外部表现。单元测试、集成测试、确认测试、系统测试、验收测试、白盒测试、黑盒测试及灰盒测试等是指动态测试。

静态测试与动态测试的比较见表 1-2。

表 1-2　静态测试与动态测试比较

| 比较项目<br>测试方法 | 是否需要运行软件 | 是否需要测试用例 | 可否直接定位缺陷 | 测试实现难易程度 |
|---|---|---|---|---|
| 静态测试 | 否 | 否 | 可以 | 容易 |
| 动态测试 | 是 | 是 | 否 | 困难 |

## 1.5.3　单元测试、集成测试、确认测试、系统测试和验收测试

软件测试按照开发阶段可划分为：单元测试、集成测试、确认测试、系统测试和验收测试，如图 1.3 所示。

1. 单元测试

单元测试完成对最小的软件设计单元——模块的验证工作。使用过程设计描述作为指南，对重要的控制路径进行测试以发现模块内的错误。测试的相关复杂度和发现的错误是由单元测试的约束范围来限定的。一般的过程如下。

(1) 为每一个软件组件设计单元测试。

(2) 评审每个单元测试以确保合适的覆盖。

(3) 执行单元测试。

(4) 更正发现的错误。

(5) 重新进行单元测试。

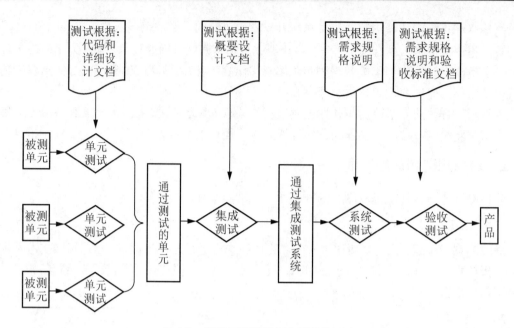

图 1.3 按照开发阶段划分的软件测试

2. 集成测试

在所有的模块都已经完成单元测试之后，可能会遇到这样一个似乎很合理的问题："如果它们每一个都能单独工作得很好，那么为什么要怀疑把它们放在一起就不能正常工作呢？"当然，这个问题在于"把它们如何放在一起？"，即接口的问题。数据可能在通过接口的时候丢失；一个模块可能对另一个模块产生无法预料的影响；当子函数被联合到一起的时候，可能不能达到所期望的功能；在单个模块中可以接受的不精确性在联合起来之后可能会扩大到无法接受的程度；全局数据结构可能也会存在问题。集成测试是通过测试发现和接口有关的问题来构造程序结构的系统化技术，它的目标是利用通过了单元测试的模块，构造一个在设计中所描述的程序结构。

3. 确认测试

当集成测试结束的时候，软件就全部组装到一起了，接口错误已经被发现并修正了，而软件测试的最后一部分就可以开始了。确认测试可以通过多种方式来定义，但是，一个简单的定义是当软件可以按照用户合理的期望方式来工作的时候，确认测试就算成功了。一个爱挑毛病的软件开发人员可能会提出抗议："谁或者什么来作为合理期望的裁定者呢？"合理期望在描述软件的所有用户可见的属性文档——软件需求规约中被定义。这个规约包含了标题为"确认标准"的内容，此信息就形成了确认测试方法的基础。

4. 系统测试

系统测试旨在测试属于整个系统的行为和错误的属性,而这些行为和错误不同于构件的属性。系统测试问题的例子包括：资源损失错误、吞吐量错误、性能错误、安全错误、恢复错误、事务同步错误等。

5. 验收测试

如果软件是给一个客户开发的,则需要进行一系列的验收测试来保证客户对所有的需求都满意。验收测试是由最终用户而不是系统开发者来进行的，它的范围从非正式的"测试驱动"直到有计划的、系统化进行的系列测试。事实上，验收测试可以进行几个星期或者几个月，因此可以发现随着时间流逝可能会影响系统的累积错误。如果一个软件是给许多客户使用的，那么让每一个用户都进行正式的验收测试是不切实际的。大多数软件厂商使用一个被称作 $\alpha$ 测试和 $\beta$ 测试的过程来发现那些似乎只有最终用户才能发现的错误。

## 1.5.4　功能测试和性能测试

### 1. 功能测试

功能测试是黑盒测试的一个方面，它检查实际软件的功能是否符合用户的需要。从某种角度来讲，功能测试比性能测试更加重要，因为软件性能比较差或许用户还能使用，可是如果软件的功能没有满足用户的需要，那么用户就没有办法使用了。

功能测试又可以分为很多种，包括逻辑功能测试、界面测试、易用性测试、兼容性测试、安装测试等。

逻辑功能测试就是要通过编写测试用例，测试软件系统的逻辑上的功能是否满足用户的需求。

界面测试就是要测试用户在使用软件时，软件的窗口、菜单、数据项、鼠标操作等是否正确，能够正常进行操作。检查的重点不在于具体逻辑功能，而重点在于布局、字体、风格等界面问题上。

易用性测试是指从软件使用的合理性和方便性等角度对软件系统进行检查，以发现软件中不方便用户使用的地方。易用性设计的思想就是，对于产品的设计和环境的考虑应该是尽最大可能面向所有的使用者，而不应该为一些特别的情况而做出迁就和特定的设计。易用性测试通常考虑软件不同版本之间操作一致性的保持、联机帮助的调出、必要的提示信息、技术支持联系方式等。

兼容性测试包括硬件兼容性测试和软件兼容性测试。硬件兼容性主要是指软件运行的不同硬件平台的兼容性，如 PC、笔记本电脑、服务器等。软件兼容性测试就是要测试系统在不同的操作系统版本、不同的中间件软件、不同的浏览器软件等以及它们的可能组合下是否运行正常。

安装测试也是要考虑系统在不同的硬件平台、软件平台上是否能够安装成功并正确运行。

### 2. 性能测试

性能测试是软件测试的高端领域，一般要用到自动化测试工具。软件的性能包括很多方面，主要有时间性能和空间性能两种。时间性能主要指软件的一个具体事务的响应时间，响应时间的长短没有绝对的统一标准，主要跟用户的需求与感受有关。空间性能主要指软件运行时所消耗的系统资源。系统资源最低配置是指如果硬件配置低于这个标准，软件就无法正常运行；推荐配置指的是如果硬件配置高于这个标准，软件会运行得更好。

软件性能测试分为一般性能测试、稳定性测试、负载测试、压力测试等。

一般性能测试就是让被测系统在正常的软硬件环境下运行，不向其施加任何压力的性能测试。

稳定性测试也叫可靠性测试，是指连续运行被测系统，检查系统运行时的稳定程度。通常用错误发生的平均时间间隔(Mean Time Between Failure，MTBF)衡量系统的稳定性，MTBF 越大，系统的稳定性越强。稳定性测试的方法也很简单，通常采用 24 小时×7 天的方式让系统不间断运行，运行的具体时间根据项目的实际情况而定。

负载测试是让被测试系统在其能忍受的压力极限范围内连续运行，从而测试系统的稳定性。负载测试和稳定性测试比较相似，都是让被测系统连续运行，区别就在于负载测试需要给被测系统施加其刚好能承受的压力。负载测试为测试系统在临界状态下运行是否稳定提供了一种方法。

压力测试是指持续不断地给被测系统增加压力，直到将被测系统压垮为止，用来测试系统所能承受的最大压力。

### 1.5.5  回归测试、冒烟测试、随机测试

回归测试：新版本测试时，重复执行上一个版本测试时的测试用例。

冒烟测试：系统大规模测试之前，先验证基本功能能否实现，是否具备可测试性。

随机测试：测试中所有的输入数据都是随机产生的，模拟用户的真实操作，发现边缘性错误。

### 1.5.6  不同软件测试分类之间的关系

归纳总结不同的软件测试方法，如图 1.4 所示。

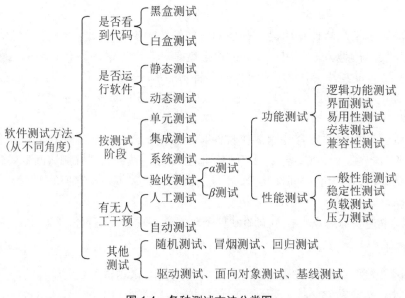

图 1.4  各种测试方法分类图

## 1.6  软件测试过程模型

软件测试是一系列系统活动，通过实践总结出来的测试过程模型，就是对测试活动进行抽象后，充分考虑与软件开发活动的有机结合，而得到的测试过程规律。软件测试过程模型有助于提高测试过程的质量，进而改进测试结果的准确性和有效性。典型的软件测试过程模型有 V 模型、W 模型、H 模型、X 模型等。

## 1. V 模型

V 模型是最具有代表意义的测试模型，它是软件开发瀑布模型的变种，反映了测试活动与分析和设计的关系，如图 1.5 所示。

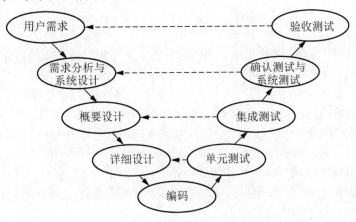

图 1.5　软件测试过程 V 模型

图中箭头代表时间方向，左半部分描述了软件开发的基本过程，从上到下，严格地分为不同的开发阶段；图中右半部分描述了与软件开发相对应的软件测试过程，自下而上，也严格地分为不同阶段，测试活动展开的顺序正好与开发的次序相反。

V 模型反映了动态测试的行为与开发行为相对应，每个测试阶段的基础就是对应开发阶段的文档，如单元测试的基础就是详细设计文档，集成测试的基础就是概要设计文档。V 模型的测试策略就是在低层保证源代码的正确性，在高层保证整个系统满足用户的需求。

## 2. W 模型

V 模型虽然与软件开发过程相对应，但测试过程相对滞后，要在编码完成之后才能开始测试。为了尽早测试、不断测试，在 V 模型的基础上增加了与软件各开发阶段相对应的测试阶段，即开发过程是一个 V 模型，伴随的测试过程是另外一个 V 模型，合在一起就是 W 模型，如图 1.6 所示。

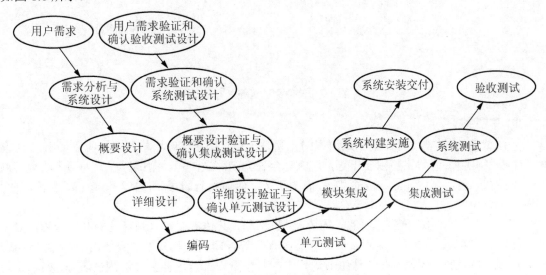

图 1.6　软件测试过程 W 模型

在 W 模型中，每个开发行为对应一个测试行为，如开发行为中各种需求的定义和编码，则对应的测试行为就是对这些文档的静态测试，如开发行为是软件实现，则对应的测试行为是对这些实现的动态测试。W 模型体现了尽早测试、不断测试，既包含有静态测试，也包含有动态测试。

### 3. X 模型

针对 V 模型的不足，W 模型从开发与测试对应关系的角度进行改进，而 X 模型从其他角度来弥补 V 模型的一些缺陷。V 模型基于一套必须按照一定次序严格排出的开发步骤，而在实际实践过程中，很可能并非如此，如很多项目缺乏足够的需求等。而对测试过程模型而言，模型应能处理开发的所有内容，如交接、频繁重复的集成、需求文档的缺乏等。X 模型如图 1.7 所示。图中左半部分是针对单独程序片段进行的相互分离的编码与测试，接着经过多次的交接，集成为可以执行的程序，如图中右半部分。这些可执行程序需要进行测试，已通过集成测试的成品可封版提交用户，也可作为更大规模内集成的一部分。

X 模型提出探索性测试，即无事先计划的测试，只是随便测试一下，这样有助于有经验的测试人员在计划外发现更多的软件缺陷。

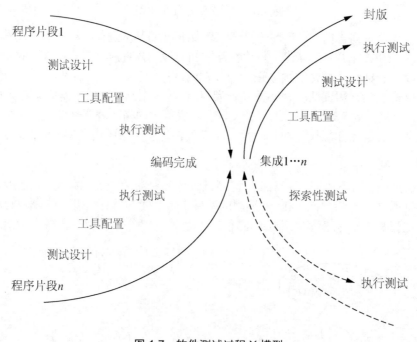

**图 1.7　软件测试过程 X 模型**

### 4. H 模型

V 模型和 W 模型没有体现测试流程的完整性，不支持迭代的增量开发，所以提出了 H 模型。H 模型将测试活动完整独立出来，形成完全独立的测试流程。测试流程分为两大阶段，测试准备阶段，包括测试计划、测试设计、测试开发；测试执行阶段，包括测试运行、测试评估，如图 1.8 所示。

图 1.8 说明了软件开发某个阶段对应的测试活动，其他流程可以是任意的开发流程，如设计、编码，也可以是非开发流程，如软件质量保证等，即只要测试条件成熟，准备工作就绪，就可以展开测试执行活动。在软件生命周期中的各个阶段都有这样独立的测试流程，如单元测

试、集成测试等，这些流程与其他流程是并行的。

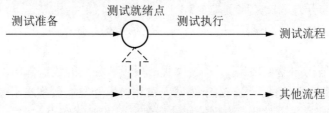

图 1.8　软件测试过程 H 模型

5. 测试成熟度模型

测试成熟度模型 TMM(Testing Maturity Model)是参照软件能力成熟度模型 CMM(Capability Maturity Model)开发的，作为 CMM 的补充。它包括五个等级，每一个等级列出了一系列建议做法，企业可以通过这些等级来评价自身的测试能力，以便进一步改进软件测试过程，促进软件测试向专业化方向发展。

简单来讲，TMM 将测试成熟度分解为五个依次递增的级别。

第 1 级(初级阶段)：测试和调试没有区别，除了支持调试外，测试没有其他目的。

第 2 级(定义阶段)：测试的目的是为了表明软件能够工作。

第 3 级(集成阶段)：测试的目的是为了表明软件不能正常工作。

第 4 级(管理与测量)：测试的目的不是要证明什么，而是为了把软件不能正常工作的预知风险降低到能够接受的程度。

第 5 级(最佳化的缺陷预防与质量管理)：测试不是行为，而是一种自觉的约束，不需要将太多的测试投入到产生低风险的软件上。

6. 软件测试过程模型的选择

软件测试过程模型就是要指导软件测试活动应与软件开发同步进行，测试的对象并非仅限于程序，还应包括需求和设计，并且及早发现软件缺陷可大大降低软件开发的成本。

不同的测试过程模型具有不同的特点，任何一个模型都不可能是完美无缺的，实际使用时不能为使用而使用，而应根据不同的测试任务要求，综合利用不同模型对项目有实用价值的方面。

通常采用的策略是：在宏观上，以 W 模型为基本框架，从软件开发工作一开始就展开测试工作；微观上，在每个测试阶段以 H 模型为指导，进行独立测试，即只要准备工作就绪，就可以进行独立的测试，并反复迭代测试，直至达到预定目标。而对于软件企业，应以 TMM 为指导，努力建立规范的软件测试过程。

# 1.7　软件测试岗位

本节将从软件测试部门的组织结构、软件测试团队的人员构成、软件测试人员的素质要求等多个方面，来讲授软件测试岗位的相关知识，为将来计划从事软件测试职业奠定必要的素质基础，并指明职业的发展方向。

## 1.7.1　软件测试部门的组织结构

国内软件测试行业尚处在发展阶段，测试人员与开发人员的比例在 1：9 到 1：15 之间，国外软件测试行业发展相对成熟，例如 BORLAND 公司，测试人员与开发人员的比例为 1：1，微软公司测试人员与开发人员的比例是 1.5：1。

目前国内软件公司里的测试部门主要有三种组织结构：小公司、大公司和专业的外包测试公司。

小公司的组织结构如图 1.9 所示。小公司里一般没有独立的测试部门，通常会有多个项目组，每个项目组里配几名测试人员。由于测试人员和技术开发人员都属于项目经理管理，测试人员缺乏独立性，所以测试人员起不到较好的质量监督和保障作用。

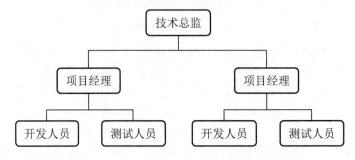

图 1.9　小公司测试部门组织结构

大公司的测试部门如图 1.10 所示。这时测试部门已经独立出来，测试工程师的直接领导是测试经理。项目经理和测试经理的领导还是技术总监。这种测试组织结构，能够起到第三方的监督作用。

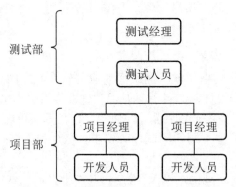

图 1.10　大公司测试部门组织结构

专业的外包测试公司专门接受其他软件公司的测试任务，作为第三方公司独立完成测试任务，组织结构如图 1.11 所示。

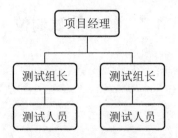

图 1.11　专业外包测试公司测试部门组织结构

## 1.7.2　软件测试团队

一个测试团队的人员构成，可以根据项目和测试任务的具体情况进行调整。一般来说，一个标准的测试团队由测试经理、实验室管理人员、内审员、测试组长、测试设计人员、测试工程师等人员组成。

测试经理，负责测试团队人员招聘、培训、管理，资源调配，测试方法改进。

实验室管理人员，负责设置、配置和维护测试项目实验室的测试环境，主要是服务器和网络环境。

内审员，主要负责审查流程，并提出改进流程的建议；建立测试文档所需的各种模板，检查软件缺陷的描述及其他测试报告的质量。

测试组长，是测试业务专家，负责项目的管理、测试计划的制订、项目文档的审查、测试用例的设计和审查、任务的安排、与项目经理、开发组长的沟通。

测试设计人员，也是资深测试工程师，负责产品设计规格说明书的审查、测试用例的设计、技术难题的解决、新人和一般人员的培训和指导、实际测试任务的执行等工作。

一般(初级)测试工程师，主要执行测试用例和相关的测试任务。

## 1.7.3　软件测试人员的基本素质与技能

软件测试人员的基本素质可以概括为两项意识：服务意识、团队合作意识；三颗心思：耐心、细心、信心；四种能力：技术能力、沟通能力、逆向思维能力、移情能力；五个特征：实在幽默、十足记忆、时刻怀疑、十面督促、十分周全。

### 1.　两项意识

1) 服务意识

测试工程师是项目团队中的服务员。从初级工程师到测试组长，无论测试需要的工具多复杂，测试步骤多冗长，测试工程师在软件项目开发中始终扮演服务员的角色，这是由测试工作的特点决定的。凡是软件开发涉及的人员，都是测试工程师的服务对象。

(1) 最重要的是客户，软件的用户。测试工程师应站在客户的使用和需求角度测试软件，报告存在的问题。

(2) 项目经理。测试工程师需向项目经理报告工作进度和找到的缺陷，尤其是严重的缺陷。

(3) 程序员是最经常打交道的客户。为了便于程序员修复报告的错误，测试工程师应尽量提供良好的软件缺陷报告，以便程序员可以更快地修复这些缺陷。

(4) 技术文档工程师、市场开发人员和技术支持工程师也是测试工程师的服务对象。

2) 团队合作意识

个人英雄主义在当前的公司和项目组中已经不流行更不提倡了，应树立良好的团队合作意识，才能发挥自己的最佳能力。

### 2.　三颗"心"

1) 耐心

质量保证工作往往需要难以置信的耐心。有时测试工程师需要花费惊人的时间去分离、识别和分配一个错误。那些心浮气躁的人是无法完成这样的工作的。另外还应具有打破沙锅问到底的精神，对于只出现过一次的缺陷，一定要设法找出原因，不解决誓不罢休。

2) 细心(洞察力)

优秀的测试工程师应具有"测试是为了破坏"的观点、捕获用户观点的能力、强烈的质量追求、对细节的关注能力以及应用的高风险判断能力，以便针对重点环节展开有限的测试。

3) 信心

开发者常常会指责测试人员出错，测试工程师应对自己的观点有足够的自信心。如果过分允许别人对自己的指责，就不能完成更多的任务了。

3. 四种能力

1) 技术能力

就总体而言，开发人员往往对那些不懂技术的人持一种轻视的态度。一旦测试小组的某个成员作出了一个错误的判断，他们的可信度就会立刻被传扬出去。

测试除了要检验软件行为是否符合产品设计之外，还应包括以下内容。

(1) 设计阶段的任务。

① 产品设计本身是否符合客户需要，对于不精通计算机的用户而言，其使用是否很容易。

② 架构设计是否符合产品设计要求，是否容易造成缺陷，是否容易导致性能的低劣，可测试性如何。

③ 测试方案是否完全覆盖软件需求，是否采用恰当的方法测试每个不同的领域，是否有充足的时间和人力，帮助开发人员提高质量的措施是否恰当和足够，能否保证测试工具的质量。

(2) 实施阶段的任务。

① 某次代码的更新是否导致严重的缺陷以至于无法进行测试。

② 某个开发人员是否引入了太多的缺陷。

(3) 稳定阶段的任务。

① 缺陷是否值得修复。

② 缺陷的修复次序是否合理。

③ 缺陷的修复是否引入更多的缺陷。

(4) 发布阶段的任务。

① 缺陷数量是否有扩大化的趋势。

② 待发布的版本是否符合发布标准。

为了完成以上任务，测试人员需要做的工作如下。

(1) 构建测试环境(包括必需的软件和硬件配置)。

(2) 运行软件，发现和报告软件缺陷。

(3) 对软件整体质量提出评估。

(4) 确认软件达到某种具体的标准。

(5) 以最低的成本和最短的时间，完成高质量的测试任务。

为了很好地完成以上工作，测试人员应该具备的技能如下。

(1) 了解客户需要和行业技术现状。

(2) 了解产品本身和相关的技术。

(3) 了解产品代码结构。

(4) 具备程序设计能力、架构设计能力和调试能力。

(5) 具备部分的项目管理能力。

(6) 具备一定的测试能力，包括掌握基本的测试方法和一些自动化测试工具，有时甚至需要具备开发自动化测试平台的能力。

(7) 了解开发人员的工作流程。

从中不难发现，一个具备上述能力的测试人员，从事开发是绰绰有余的。

特别值得注意的是，测试人员应有三年以上开发经验，这样可以很好地帮助深入理解软件开发过程，同时更容易学习自动化测试工具。没有一定软件开发经验的人员虽然可以发现软件中的一些缺陷，但往往难以发现软件中的关键的、致命的、危险的缺陷；软件开发是一切软件活动的基础，也是软件测试的基础。一个人只有经历过一定年限的软件开发工作，才能积累丰富的经验，知道在软件开发中哪些环节最容易出错，这能给以后的软件测试工作带来非常宝贵的借鉴作用。

2) 沟通能力

沟通是软件项目中需要掌握的最关键技术之一。优秀的测试人员应具备出色的沟通和表达能力，应能与测试涉及的所有人进行沟通，包括技术(开发人员)和非技术人员(客户，管理人员)，且这两类人往往没有共同语言。

(1) 与用户的沟通。应能简洁明了地向用户、客户等这些非技术人员阐述系统在哪方面有缺点。特别应注意与用户中的高层决策人员做好沟通，这一方面有利于获取最真实的需求，另一方面有利于项目的顺利交付与后期维护。

(2) 与开发人员的沟通。测试人员通常是开发人员的"眼中钉、肉中刺"，与开发人员搞好关系对于提高整个软件项目质量是十分重要的。沟通主要包括以下几方面。

① 讨论软件需求和设计。通过这样的沟通，可以更好地了解被测系统，有助于尽可能少地测出软件中的伪缺陷，从而减小给软件开发人员带来的压力。

② 善用外交手段报告缺陷。当测试人员告诉某人他出了错时，必须使用一些外交方法。如果采取的方法过于强硬，以后就很难与开发部门进行协作了。

③ 报告好的测试结果。发现缺陷常是测试人员最愿意看到且引以为豪的结果，但一味向开发人员报告软件缺陷，会令他们生厌，最终降低软件质量和减慢开发进度。当测试人员所测模块没有找到严重缺陷或缺陷很少时，应及时向开发人员报告好消息。

④ 讨论一些与工作无关的事情。测试人员应常和开发人员讨论一些与工作无关的事情，如新闻、趣事等。统计表明，这样有助于加强相互的默契程度，提高软件质量。

也有人认为，测试组的工作不是为客户服务，因为若这样的话，开发人员和测试人员的目标就是完全不一致的。开发人员希望早点发布出产品，而测试人员则为了客户的利益而总是尝试阻止产品的发布(除非所有缺陷都得到修复)。其实测试组是为项目经理提供精确的评估，明确产品的缺陷率有多大，这主要是从顾客可能看到并关注的角度去看的。这样，开发人员与测试人员的目标其实是一致的，此时测试人员实际上是要帮助程序员寻找那些私有缺陷，只有这样才能与开发人员一起协同工作。

(3) 与领导的沟通。测试人员往往是领导(如测试经理、项目经理等)的"眼"和"耳"，领导根据测试人员的测试结果可以了解公司的产品质量，从而调整其他的工作。领导工作一般比忙，优秀的测试人员应学会及时总结测试结果，最好以图表的形式进行汇报。

3) 逆向思维能力

开发是顺向思维，而测试是逆向思维，测试人员常需要寻找一些稀奇古怪的思路去操作软件。软件的使用者千差万别，软件在使用过程中遇到的各种现象也是千差万别的，软件测试工程师应具有逆向思维能力，能设身处地地为客户着想，从用户的角度测试系统，以捕获一切可能性，对细节应有不同寻常的关注能力。

4) 移情能力

和系统开发有关的所有人员都处在一种既关心又担心的状态中。用户担心将来使用一个不符合自己要求的系统，开发者担心由于需求不完整甚至不正确而不得不重新开发整个系统，管理部门则担心系统突然崩溃而使其声誉受损。测试者必须和每一类人打交道，因此需对他们每个人都具有足够的理解和同情，从而将测试人员与相关人员之间的冲突和对抗减少到最低程度。

4. 五个特性

1) 实在幽默

在遇到开发人员狡辩的情况下，使用幽默的批评将会很有帮助。

2) 十足记忆

应有能力将以前曾经遇到过的类似错误从记忆深处挖掘出来，该能力在测试过程中的价值是无法衡量的。因为许多新出现的缺陷往往和已经发现的问题相差无几。

3) 时刻怀疑

世界上没有绝对的正确，总有错误的地方，但开发人员常常会尽最大努力将所有的缺陷解释过去，将它们处理为"符合设计"。测试人员必须听取每个人的说明，但他必须保持怀疑直到他自己进行过测试。

4) 十面督促

进行测试工作容易使人变得懒散，具有自我督促能力的人才能使自己每天积极工作。

5) 十分周全

考虑问题要全面，要结合客户的需求、业务的流程、系统的构架等多方面来考虑问题。

为了更好地扮演软件测试工程师的角色，应尽量避免犯下面的错误。

(1) 承诺完成测试的软件没有质量问题。软件测试只有保证质量的一种方法而已，软件测试工程师的工作只能促进缺陷的尽快修复，但无法直接提高软件质量，因为绝大多数软件缺陷是需要程序员来修复的。软件测试只能证明软件存在缺陷，不能保证软件没有缺陷，也不可能找出全部软件缺陷。个人的能力对质量的影响范围很小，软件质量的提高需要依靠全体项目组成员的共同努力。

(2) 承担软件的发布。不要因软件中存在还没有修复的缺陷，就试图提出更改软件发布的计划，也不能认为已经完成了测试计划，就可以决定是否该发布软件。改变软件发布计划可能要失去进入市场的良机和很多客户，对此造成的经济和公司市场的损失将不是测试工程师能够承担的。另外，软件发布之后，若用户发现了新的软件缺陷，公司领导或项目经理很可能会将过错加在测试人员的头上，因为是他们同意发布软件的。测试人员总是冤大头。一般的，软件的发布由产品经理、项目经理、测试经理和市场经理共同集体讨论决定。

(3) 扮演过程改进成员的角色。测试人员有责任报告缺陷，有时也需要分析缺陷的类型、特征和产生原因，但切忌主动提出改进软件过程的具体措施，更不要直接干涉程序员的工作方式，以免出力不讨好，影响后续的合作。软件过程改进的方法是软件质量控制部门的事情，这是他们的本职工作。

### 1.7.4　软件测试人员的职业发展

软件测试人员的职业优势有：就业竞争压力小，工作更稳定；薪资步步高；多元化发展；无性别歧视；越老越吃香等。

软件测试人员的职业目标有：测试组长、测试经理、测试分析师、自动化测试工程师、测试开发工程师等。

测试人员拥有广阔的职业发展前景，测试人才的市场需求不断增多，对应的待遇也在不断增长。并且测试工作本身有助于提高分析、解决问题的能力以及学习能力，使测试人员受益匪浅。

(1) 分析问题和解决问题的能力。生活中不可能不发生任何问题，但是，问题发生了，需要做的是找到合理的解决方法或者方案。这一点在测试领域尤为重要。在测试当中遇到的问题并不完全是软件的问题，有可能是系统环境、硬件环境或者是人为的原因，导致软件质量出现问题，或者出现在使用软件中应该注意的问题。

(2) 学习的能力。软件在不断发展，起初软件只是在 Windows 平台运行，后来发展到在 Linux、UNIX、Solaris、AIX 平台上或者嵌入到芯片当中，如果测试人员不掌握这些知识，那么就需要在平时，或者在当时临场学习，这样的情况在测试领域是很容易发生的。因此测试不单是一种工作，它对从业人员的能力和思维的提高有很大的帮助。

"软件测试工程师"已成为人才需求中具有发展前景的职业。随着中国 IT 行业的发展，产品的质量控制与质量管理正在逐渐成为企业生存与发展的核心。从软件、硬件到系统集成，几乎每个大中型 IT 企业的产品在发布前期都需要大量的质量控制、测试和文档工作，而这些工作必须依靠拥有娴熟技术的专业软件人才来完成。软件测试工程师就是这样的一个企业重头角色。

在企业内部，软件测试工程师基本处于"双高"地位，即地位高、待遇高。可以说他们的职业前景非常广阔，从近期的企业人才需求和薪资水平来看，软件测试工程师的年工资有逐年上升的明显迹象。测试工程师这个职位必将成为 IT 就业的新亮点。

业内人士分析，该类职位的需求主要集中在沿海发达城市，其中北京和上海的需求量分别占 33%和 29%。民营企业需求量最大，占 19%；外商独资欧美类企业需求排列第二，占 15%。

# 本 章 小 结

本章从软件的发展讲起，引入软件测试的产生与发展，进而提出不同的软件分类及相应的测试要求。重点讲授了软件测试的 IEEE 定义、常用的软件测试技术与方法以及相互之间的关系，给学习者一个总体的、完整的软件测试方法概貌。软件测试过程模型介绍了常用的测试模型，从微观与宏观两个角度，即个人与企业两个角度讲解实施软件测试的过程策略。最后介绍了软件测试部门、软件测试团队的组成，软件测试人员的基本素质与技能要求，为以后的工作奠定职业基础。

# 知识拓展与练习

1. 阅读下列资料,学习国际标准、国家标准、行业标准、地方标准、企业标准等相关知识。

什么是标准?

标准是对重复性事物和概念所作的统一规定。它以科学技术和实践经验的综合成果为基础,按照法定程序,经过参与方协商一致,由某个公认机构批准、发布,作为相关各方共同遵守的准则和依据。

标准是经验的总结。人们在工作和生产的过程中,不断地摸索和总结经验教训,逐渐发现某些活动可以按照既定的流程、方法、原则来开展,于是在摒弃了大量的错误、不足之后,形成了能够反映正确、合理、科学的工作和生产规律的一些原理。将这些原理推而广之,便逐渐形成了标准。因此,标准是实践经验的优秀总结。

标准就是规范化。标准化的过程是经济、技术、科学和管理等社会实践中,通过制定、实施标准达到统一,以获得最佳秩序和社会效益的过程。标准化的过程实质就是规范化的过程。

标准是沟通的基础。有了标准,人们就可以在共同的基础上进行沟通,从而可以防止出现信息的误解和丢失。

什么是国际标准?

国际标准是指由国际联合机构制定和公布,提供各国参考的标准。目前国际上最有影响的国际标准制定机构有 ISO(International Standard Organization,国际标准化组织)和 IEC(International Elector technical Commission,国际电工委员会)。ISO 成立于 1947 年 2 月 23 日,是世界上最大的国际标准化组织,IEC 成立于 1906 年,是世界上最早的国际标准化组织。20 世纪 90 年代初,ISO 和 IEC 进行合作,成立了联合技术委员会(Joint Technical Committee 1,JTC1),致力于信息技术标准化。因此,现在经常会看到以 ISO/IEC 开头的信息技术类国际标准。

国际标准编号构成:ISO/IEC ××××:××××,其中冒号前面 4 位数字代表标准顺序号,冒号后面 4 位数字代表标准发布的年号。

什么是国家标准?

国家标准由政府或国家级的机构制定或批准,适用于全国范围。中华人民共和国国家质量技术监督局是我国最高标准化机构,负责组织制定和颁布我国的有关标准。另外,如美国国家标准协会(American National Standards Institute,ANSI)、英国国家标准(British Standard,BS)、日本工业标准(Japanese Industrial Standard,JIS)分别是美国、英国、日本等国相应的国家标准制定机构。

我国标准的编号由标准代号、标准发布顺序和标准发布年代号构成。国家标准的代号由"国标"这两字的大写汉语拼音字母构成,GB 为强制性国家标准代号,GB/T 为推荐性国家标准的代号。

国家标准编号构成:GB/T ××××:××××,其中冒号前面 4 位数字代表国家标准的序号,冒号后面 4 位数字代表国家标准发布的年号。

　　什么是行业标准？

　　行业标准由行业机构、学术团体或国防机构制定，适用于某个业务领域。相关的标准化制定机构如美国电气与电子工程师协会(Institute of Electrical and Electronics Engineers，IEEE)，IEEE 计算机协会的软件工程标准委员会一直从事软件工程标准的制定工作，发布了大量软件工程的标准，对各国的软件工程标准产生了重大影响。IEEE 通过的标准通常要报请 ANSI 审批，使其具有国家标准的性质。因此，常可以看到 IEEE 公布的标准会含有 ANSI 字样。

　　在我国，行业标准代号由汉字拼音大写字母组成，再加上斜线和 T 组成推荐性行业标准，如××/T。行业标准代号由国务院各有关行政主管部门提出其所管理的行业标准范围的申请报告，国务院标准化行政主管部门审查确定并正式公布该行业标准代号，我国已经正式发布的行业代号有 QJ(航天)、SJ(电子)、JB(金融系统)等。典型的行业标准还有中华人民共和国国家军用标准，其标准代号为 GJB，这是由我国国防科学技术工业委员会批准，适合于国防部门和军队使用的标准。

　　什么是地方标准？

　　地方标准又称为区域标准：对没有国家标准和行业标准而又需要在省、自治区、直辖市范围内统一的工业产品的安全、卫生要求，可以制定地方标准。我国的地方标准由省、自治区、直辖市标准化行政主管部门制定后，报国务院标准化行政主管部门和国务院有关行政主管部门备案。地方标准在公布相关国家标准或者行业标准之后，即应自动废止。

　　地方标准代号由大写汉语拼音 DB 加上省、自治区、直辖市行政区划代码的前两位数字(如北京市 11、天津市 12、上海市 13 等)，再加上斜线和 T 组成推荐性地方标准(DB/T ××)，不加斜线 T 为强制性地方标准(DB××)。

　　什么是企业标准？

　　企业标准，或称企业规范，是由一些大型企业或公司出于软件工程工作的需要，制定的适用于本公司或部门的规范，仅在公司内部使用。在我国，企业标准的代号由汉字大写拼音字母 Q 加斜线再加企业代号组成(Q/×××)，企业代号可用大写拼音字母或阿拉伯数字或者两者兼用所组成。

　　2．从国际标准、国家标准、行业标准、地方标准、企业标准等标准中查找有关软件工程相关标准，尤其是与软件测试有关的概念与定义。

　　3．阅读 Bill Hetzel 的代表论著《软件测试完全指南》(《Complete Guide of Software Testing》)。

　　4．阅读 Glenford J. Myers 的代表论著《软件测试艺术》(《The Art of Software Testing》)。

第**2**章 软件测试设计与实施

 **教学目标**

本章重点讲授软件测试的设计与实施，包括软件测试过程的主要阶段，这些阶段的内容是软件测试实施的重要内容。通过本章的学习：

(1) 了解软件测试流程，从宏观上掌握软件测试实施的主要工作内容。

(2) 掌握软件测试计划制定的原则、需要面对与权衡的问题；以 IEEE 的测试计划为模板，能够根据不同的软件测试要求，制定相应的测试计划。

(3) 掌握软件测试环境的概念，能够根据测试任务要求搭建测试环境，并管理与维护测试环境。

(4) 掌握软件测试用例的概念，能够根据测试任务要求编写测试用例、组织与跟踪测试用例，以及编写测试用例的注意事项。

**教学要素**

| 知识点 | 技能点 | 资　源 |
|---|---|---|
| 软件测试流程的内容 | 编写软件测试大纲 | 教案、演示文稿、课程录像、漫画解释、教学案例、实训项目、拓展资源 |
| 编写软件测试计划的原则，软件测试计划的 IEEE 标准 | 能够根据不同的软件测试要求，制定相应的测试计划 | |
| 软件测试环境概念，软件环境的分类 | 能够根据测试任务要求搭建测试环境，并管理与维护测试环境 | |
| 软件测试用例的概念，软件测试用例包含的信息 | 能够根据测试任务要求编写测试用例，并组织与跟踪测试用例 | |

# 2.1　软件测试流程

软件测试流程就是指从软件测试开始到软件测试结束为止所经过的一系列准备、执行、分析的过程。软件测试工作一般要通过制订测试计划、编制测试大纲、设计测试方案、准备测试及搭建测试环境、执行测试、评估测试和总结测试等几个阶段来完成。

**1．制订测试计划**

制订测试计划通常是开始测试工作的第一项任务，重点在于对整个项目的测试工作进行计划，测试计划并不是一张时间进度表，而是一个动态的过程，最终以系列文档的形式确定下来。一般来说，制订测试计划的目的是识别任务、分析风险、规划资源和确定进度。有关内容会在 2.2 节中详细讲解。

测试计划一般由测试负责人或具有丰富测试经验的专业人员来完成。测试计划的主要依据是项目开发计划和测试需求分析结果。测试计划一般包括以下几个方面。

(1) 软件测试背景。软件测试背景主要包括软件项目介绍、项目涉及人员介绍以及相应联系方式等。

(2) 软件测试依据。软件测试依据主要包括软件需求文档、软件规格书、软件设计文档等。

(3) 分解测试任务。分解任务有两个方面的目的，一是识别子任务，二是方便估算对测试资源的需求。完成分解任务之后，可根据项目的历史数据估算出完成这些子任务一共需要消耗的时间和资源。一般来说，执行完整的全面测试计划是不可能的，测试人员需要对测试的范围做出有策略的界定。

(4) 测试范围的界定。测试范围的界定就是确定测试工作需要覆盖的范围。在实际工作中，人们总是不自觉地调整软件测试的范围，如在时间紧张的情况下，通常优先完成重要功能的测试。所有测试计划者在接收到一项任务的时候，需要根据主项目计划的时间来确定测试范围。如果在确定范围上出现偏差，会给测试执行工作带来消极的影响。

(5) 风险的确定。项目中总是有不确定的因素，这些因素一旦发生，会对项目的顺利执行产生很大的影响。所以在项目开发中，首先需要识别出存在的风险。风险识别的原则可以多种，常见的一项原则就是如果一件事情发生之后会对项目的进度产生较大的影响，那么就可以把该事件作为一个风险。识别出风险之后，需要对照这些风险制定出规避风险的方法。

(6) 测试资源。确定完成任务需要消耗的人力资源、物资资源，主要包括测试设备需求、测试人员需求、测试环境需求以及其他资源需求。

(7) 测试策略。测试策略主要包括采取测试的方法、搭建哪些测试环境、采用哪些测试工具和测试管理工具、对测试人员进行培训等。

(8) 时间表的制定。在识别出子任务和估计出测试资源之后，可将任务、资源与实践关联起来形成测试时间进度表。

(9) 其他信息。测试计划还要包括测试计划编写的日期、作者信息等内容。

测试计划当然越详细越好，但是在实际实施的时候就会发现往往很难按照原有计划开展工作。在软件开发过程中资源匮乏、人员流动等情况都会对测试造成一定的影响，这时就要求对测试人员从宏观上来进行调控。只要对测试工作制定了详细的计划，测试人员在变化面前就能做到应对自如、处乱不惊。

2. 编制测试大纲

软件测试大纲是软件测试的依据。它明确详尽地规定了在测试中针对系统的每一项功能或特性所必须完成的基本测试项目和测试完成的标准。无论是自动测试还是手动测试，都必须满足测试大纲的要求。

3. 设计测试方案

测试的设计阶段要设计测试用例和测试过程。

测试用例是为特定目标开发的测试输入、执行条件和预期结果的集合，这些特定目标可以是验证一个特定的程序路径，也可以是核实某项功能是否符合特定需求。有关测试用例的详细内容会在2.4节中介绍。

设计测试用例就是针对特定功能或组合功能制定测试方案，并编写成文档。测试用例的选择既要考虑一般情况，也应考虑极限情况以及边界值情况。测试的目的是暴露应用软件中隐藏的缺陷，所以在设计、选取测试用例和数据时要考虑那些易于发现缺陷的测试用例和数据，并结合复杂的运行环境，在所有可能的输入条件和输出条件中确定测试数据，检查应用软件是否都能产生正确的输出。

由于测试过程一般分成几个阶段，即代码审查、单元测试、集成测试、系统测试和验收测试等，尽管这些阶段在实现细节方面都不相同，但其工作流程是一致的。设计测试过程，就是设计测试的基本执行过程，为测试的每一阶段的工作建立一个基本的框架。

4. 准备测试及搭建测试环境

准备阶段需要完成测试前的各项准备工作，主要包括全面准确掌握各种测试资料，进一步了解、熟悉测试软件，配置测试的软、硬件环境，搭建测试平台，充分熟悉和掌握测试工具等工作。

测试环境很重要，符合要求的测试环境能够帮助测试人员准确测试出软件的问题，并且做出正确的判断。不同的软件产品对测试环境有着不同的要求。例如，对于C/S及B/S结构相关的软件产品，测试人员需要在不同操作系统下进行测试，如Windows系列、UNIX、Linux甚至苹果的OS等，这些测试环境都是必需的；而对于一些嵌入式软件，如手机软件，如果测试人员需要测试有关功能模块的耗电情况、手机待机时间等，那么就需要搭建相应的电流测试环境。有关测试环境的详细内容会在2.3节中介绍。

测试准备是经常被测试人员忽略的一个环节，在接到测试任务之后，基于种种因素的考虑，测试人员往往急于进度，立即投入到具体的测试工作，忙于测试、记录、分析，可是当工作进行了一半才发现，或是硬件配置不符合要求，或是网络环境不理想，甚至软件版本不正确，对测试工作产生极大影响，这都是没有做好测试准备造成的。所以一定要做好测试准备工作。

5. 执行测试

执行测试是执行所有的或一些选定的测试用例，并观察其测试结果。执行测试的过程可以分为以下几个阶段：单元测试、集成测试、系统测试、验收测试，其中每个阶段都包括回归测试等。

从测试的角度而言，执行测试涉及一个量和度的问题，也就是测试范围和测试程度的问题。例如，一个版本需要测试哪些方面？每个方面要测试到什么程度？这些问题都要根据测试大纲进行仔细研究。

执行测试的步骤由以下 4 个部分组成。

(1) 输入，要完成工作所必需的入口标准。

(2) 执行过程，从输入到输出的过程或工作任务。

(3) 检查过程，确定输出是否满足标准的处理过程。

(4) 输出，产生的可交付的结果。

在执行测试过程中，由于所处的测试阶段不同，其具体工作内容也就不同，主要反映在产品输入、测试方法、工具及产品输出方面。测试工作贯穿软件开发全过程，一般认为，执行测试只占到测试工作量的 40%左右。但是，由于这项工作通常要尽可能快地结束，也就意味着往往要采用长时间连续工作的方式来完成很大工作量的工作。

显然，在执行测试过程中每个测试用例的结果都必须记录。如果测试是自动进行的，那么测试工具将同时记录输入信息和结果。如果测试是手工进行的，那么结果可以记录在测试用例的文档中。在有些情况下，只需要记录测试用例是通过或者失败就足够了。没有通过测试的测试用例相应地要产生软件缺陷报告。需要特别强调的是，在执行测试过程中，缺陷记录和缺陷报告应该包含在测试工程师的日常工作中。有关缺陷管理的详细内容会在 3.1 节中讲解。

6. 评估测试

评估测试的主要方法包括缺陷评估、覆盖评测和质量评测。

(1) 缺陷评估。缺陷评估可以建立在各种方法上，这些方法种类繁多，涵盖范围广，从简单的缺陷计数到严格的统计建模等。严格的评估是用测试过程中缺陷达到的比率或发现的比率表示，常用模型假定该比率符合泊松分布，有关缺陷率的实际数据可以适用于这一模型。缺陷评估将评估当前软件的可靠性，并且预测当继续测试或排除缺陷时可靠性如何变化。缺陷评估被描述为软件可靠性增长建模，这是目前比较活跃的一个研究领域。

(2) 覆盖评测。覆盖评测是对测试完全程度的评测，它是由测试需求和测试用例的覆盖与已执行代码的覆盖表示的。简而言之，测试覆盖是就需求或代码的设计、实施标准而言的完全程度的任意评测。

如果需求已经完全分类，则基于需求的覆盖策略可能足以生成测试完全程度的可计量评测。例如，如果已经确定了所有性能测试需求，则可以引用测试结果来得到评测。

如果应用代码的覆盖，则实测策略是根据测试已经执行的源代码的多少来表示的，这种测试覆盖策略对于安全至上的系统来说是非常重要的。控制流覆盖的目的是测试代码行、分支条件、代码中的路径或软件控制流的其他元素。数据覆盖的目的是通过软件操作测试数据状态是否有效。

以上两种评测都可以手工实现或通过测试自动化工具计算实现。

(3) 质量评测。质量评测是对测试软件的可靠性、稳定性以及性能的评测，它建立在对测试结果的评估和对测试过程中确定的缺陷分析的基础上。评估测试对象的性能行为时，可以使用多种评测，这些评测侧重于获取与行为相关的数据，如响应时间、计时配置文件、执行流、操作可靠性和限制。这些评测主要在"评估测试"活动中进行评估，但是也可以在"执行测试"活动中使用性能评测来评估测试进度和状态。主要的性能评测包括动态监测、响应时间/吞吐量、百分比报告、比较报告以及追踪和配置文件报告。

7. 总结测试

测试工作的每个阶段都应该有相应的测试总结，测试软件的每个版本也都应该有相应的测试总结。完成测试后，一般要对整个项目的测试工作进行回顾总结，查看有哪些做得不足的地方，有哪些经验可以对今后的测试工作有借鉴作用等。测试总结无严格的格式、字数限制，但测试总结还是很必要的。

制定合理的软件测试流程需要制定者有丰富的软件测试理论知识，还要具备软件测试执行经验、管理经验以及沟通能力等多方面的经验能力。软件测试流程还需要许多测试人员经过长时间的管理来验证其是否完善。

以上给出了测试工作的一般流程，其实每一个公司或测试部门都有一些自己特定的测试方法和流程，它们都是有差别的，在实际工作中要灵活运用。

# 2.2 软件测试计划

软件测试计划需要描述所有要完成的测试工作，包括被测试项目的背景、测试目标、测试范围、测试方式、所需资源、进度安排、测试组织以及与测试有关的风险等方面内容。

## 2.2.1 制订测试计划的原则

制订测试计划是软件测试中最具挑战性的一个工作，以下几个原则将有助于测试计划的制订工作。

(1) 制订计划应尽早开始。即使还没有掌握所有细节，也可以先从总体计划开始，然后逐步细化来完成大量的计划工作。尽早地开始制订测试计划可以大致了解所需的资源，并且在项目其他方面占用该资源之前进行测试。

(2) 保持测试计划的灵活性。制订测试计划时应考虑能很容易地添加测试用例、测试数据等，测试计划本身应该是可变的，但是要受控于变更控制。

(3) 保持测试计划简洁易读。测试计划没有必要很大、很复杂，事实上测试计划越简洁易读，它就越有针对性。

(4) 尽量争取多方面来评审测试计划。多方面人员的评审和评价会对获得便于理解的测试计划很有帮助，测试计划应该像项目其他交付结果一样受控于质量控制。

(5) 计算测试计划的投入。通常，制订测试计划应该占整个测试工作大约 1/3 的工作量，测试计划做得越好，执行测试就越容易。

## 2.2.2 制订测试计划可能面对的问题

制订测试计划时，测试人员可能面对以下几个方面问题。

(1) 与开发者的意见不一致。开发者和测试者对于测试工作的认识经常处于对立状态，双方都一心想要占上风。这种心态只会牵制项目，耗费精力，还会影响双方的关系，而不会对测试工作起到任何积极作用。

(2) 缺乏测试工具。项目管理部门可能对测试工具的重要性缺乏足够的认识，导致人工测试在整个测试工作中所占比例过高。

(3) 培训不够。相当多的测试人员没有接受过正规的测试培训，这会导致测试人员对测试计划产生大量的误解。

(4) 管理部门缺乏对测试工作的理解和支持。对测试工作的支持来源于高层，这种支持不仅仅是投入资金，还应该在测试工作遇到问题时给出一个明确的态度，否则，测试人员的积极性将会受到影响。

(5) 缺乏用户的参与。用户可能被排除在测试工作之外，或者可能是他们自己不想参与进来。事实上，用户在测试工作中的作用相当重要，他们能够确保软件符合实际需求。

(6) 测试时间不足。测试时间不足是一种普遍的抱怨，问题在于如何将计划各部分划分出优先级，以便在给定的时间内测试应该测试的内容。

(7) 过分依赖测试人员。项目开发人员知道测试人员会检查他们的工作，所以他们只集中精力编写代码，对代码中的问题产生依赖心理，这样通常会导致更高的缺陷级别和更长的测试时间。

(8) 测试人员处于进退两难的状态。一方面，如果测试人员报告了太多的缺陷，那么大家会责备他们延误了项目；另一方面，如果测试人员没有找到关键性的缺陷，大家会责备他们的工作质量不高。

(9) 不得不说"不"。对于测试人员来说这是最尴尬的境地，有时不得不说"不"。项目相关人员都不愿意听到这个"不"字，所以测试人员有时也要屈从于进度和费用的压力。

## 2.2.3 测试计划的标准

制订测试计划的主要目的在于使测试工作有目标、有计划地进行。从技术的角度来看，测试计划必须有明确的测试目标、测试范围、测试深度，还要有具体实施方案及测试的重点；从管理的角度来看，测试计划能够预估出大概的测试进度及所需的人力物力。一个好的测试计划应具备以下特点。

(1) 测试计划应能有效地引导整个软件测试工作正常运行，并能使测试部门配合编程部门，保证软件质量，按时将产品推出。

(2) 测试计划所提供的方法应能使测试高效地进行，即能在较短的时间内找出尽可能多的软件缺陷。

(3) 测试计划应该能够提供明确的测试目标、测试策略、具体步骤以及测试标准。

(4) 测试计划既要强调测试重点，也要重视测试的基本覆盖率。

(5) 测试计划所指定的测试方案尽可能充分利用公司可以提供给测试部门的人力物力资源，而且是可行的。

(6) 测试计划所列举的所有数据都必须是准确的，如外部软件硬件的兼容性所要求数据、输入输出数据等。

(7) 测试计划对测试工作的安排应有一定的灵活性，使测试工作可以应付一些突然的变化情况，如需求发生变更。

以上列举的是一个好的测试计划所具备的特点。由于各类软件具有各自的特性，因此制订测试计划也应针对这些特性。

## 2.2.4 制订测试计划

制订测试计划时，由于各软件公司的背景不同，他们撰写的测试计划文档也略有差异。实践表明，制订测试计划时，使用正规化文档通常比较好。为了使用方便，在这里给出

IEEE 829—1998 软件测试计划文档模块,如图 2.1 所示。这个测试计划需要规定测试活动的范围、方法、资源、进度、要执行的测试任务以及每个任务的人员安排等,在实际应用中可根据实际测试工作情况对模块进行增删或部分修改。

1. 测试计划标识符

测试计划标识符是一个由公司声明的唯一值,它用于标识测试计划的版本、等级以及与测试计划相关的软件版本等。

2. 简要介绍

测试计划的介绍部分主要是对测试软件基本情况的介绍和对测试范围的概括性描述。测试软件的基本情况主要包括产品规格,软件的运行平台和应用的领域,如特定和主要的功能模块的特性,数据是如何存储、如何传递的,每一个部分是怎么实现数据更新的以及一些常规性的技术要求等。对于大型测试项目,测试计划还要包括测试的侧重点。对测试范围的概括性描述可以是:"本测试项目包括集成测试、系统测试和验收测试,但是不包括单元测试,单元测试由开发人员负责进行,超出本测试项目的范围"。另外,在简要介绍中还要列出与计划相关的经过核准的全部文档、文献和其他测试依据文件,如项目批文、项目计划等。

3. 测试项目

测试项目包括所测试软件的名称及版本,需要列出所有测试单项、外部条件对测试特性的影响和软件缺陷报告的机制等。

测试项目纲领性描述在测试范围内对哪些具体内容进行测试,确定一个包含所有测试项在内的一览表,凡是没有出现在这个清单里的工作,都排除在测试工作之外。

这部分内容可以按照程序、单元、模块来组织,具体要点如下。

(1) 功能测试。理论上测试要覆盖所有的功能项,例如,在数据库中添加、编辑、删除记录等,这是一项浩大的工程,但是有利于测试的完整性。

(2) 设计测试。设计测试是检验用户界面、菜单结构、窗体设计等是否合理的测试。

(3) 整体测试。整体测试需要测试数据从软件中的一个模块流到另一个模块的过程中的正确性。

IEEE 标准中指出,可以参考下面的文档来完成测试项目。

(1) 需求规格说明。

(2) 用户指南。

(3) 操作指南。

(4) 安装指南。

(5) 与测试项相关的事件报告。

总的来说,测试需要分析软件的每一部分,明确它是否需要测试。如果没有测试,就要说明不测试的理由。如果由于误解而使部分代码未做任何测试,就可能导致没有发现软件潜在的错误或缺陷。但是,在软件测试过程中,有时会对软件产品中的某些内容不做测试,这些内容可能是以前发布过的,也可能是测试过的软件部分。

IEEE 829—1998 软件测试文档编制标准

软件测试计划文档模板

目录

1. 测试计划标识符
2. 简要介绍
3. 测试项目
4. 测试对象
5. 不需要测试的对象
6. 测试方法(策略)
7. 测试项通过/失败的标准
8. 中断测试和恢复测试的判断标准
9. 测试完成所提交的材料
10. 测试任务
11. 测试所需的资源
12. 测试人员的职责
13. 人员安排与培训需求
14. 测试进度表
15. 风险及应急措施
16. 审批

**图 2.1　IEEE 软件测试计划文档模板**

4. 测试对象

测试计划中的这一部分需要列出待测的单项功能及功能组合。这部分内容与测试项目不同，测试项目是从开发者或程序员管理者的角度计划测试项目，而测试对象是从用户的角度规划测试的内容。例如，测试某台自动提款机的软件，其中的"需要测试的功能"可能包括取款功能、查询余额功能、转账以及交付电话费、水电费功能等。

5. 不需要测试的对象

测试计划中的这一部分需要列出不测试的单项功能及组合功能，并说明不予测试的理由。对某个功能不予测试的理由很多，可能是因为它暂时不能启用，或者是因为它有良好的跟踪记录等。但是，一个功能如果被列入到这个部分，那么它就被认为具有相对低的风险。这部分内容肯定会引起用户关注，所以在这里需要谨慎地说明决定不测试某个特定功能的具体原因。

需要注意的是，如果测试工作延迟，这部分内容将会增加。若风险评估工作已经确定了每个功能的风险，那么，当测试工作延迟时可将那些具有最低风险的额外功能，从"需要测试的功能"选项中转移到"不需要测试的功能"选项中。

6. 测试方法(策略)

这部分内容是测试计划的核心所在，需要给出有关测试方法的概述以及每个阶段的测试方法，所以有些测试公司更愿意将其标记为"策略"，而不是"方法"。这部分内容主要描述如何进行测试，并解释对测试成功与否起决定作用的所有相关问题。

测试策略描述测试人员测试整个软件和每个阶段的方法，还要描述如何公正、客观地开展测试，要考虑模块、功能、整体、系统、版本、压力、性能、配置和安装等各个因素。测试策略要尽可能地考虑到细节，越详细越好，并制作测试记录文档的模块，为即将开始的测试做准备。关于测试记录的具体说明如下。

(1) 公正性声明。测试记录要对测试的公正性、遵照的标准进行说明，证明测试是客观的。整体上，软件功能要满足需求并与用户文档的描述保持一致。

(2) 测试用例。测试记录要描述测试用例是什么样的，采用了什么工具，工具的来源是什么，测试用例是如何执行的，用了什么样的数据。测试记录要为将来的回归测试留有余地，当然，也要考虑同时安装的其他软件对正在测试的软件有可能造成的影响。

(3) 特殊考虑。有的时候，针对一些外界环境的影响，要对软件进行一些特殊方面的测试。

(4) 经验判断。借鉴在以往的测试中经常出现的问题，并结合本测试具体情况来制定测试方法。

(5) 设想。采用一些联想性的思维，往往有助于找到测试的新途径。

衡量测试是否成功，主要是看测试是否达到预期的测试覆盖率及精确性，为此须给出判断测试覆盖率及精确性的技术依据和判断准则。

进行决策是一项复杂的工作，需要由经验相当丰富的测试人员来做，因为这将决定测试工作的成败。另外，使项目小组全体成员都了解并同意预定的测试策略是极为重要的。

7. 测试项通过/失败的标准

测试计划中的这一部分需要给出"测试项目"中描述的每一个测试项通过或失败的标准。正如每个测试用例都需要一个预期的结果一样，每个测试项目也同样都需要一个预期的结果。一般来说，通过/失败的标准是由通过/失败的测试用例，缺陷的数量、类型、严重性和位置，可靠性或稳定性等来描述的。随着测试等级的不同和测试组织的不同，所采用的确切标准也会有所不同。下面是测试项通过/失败的标准的一些常用指标。

(1) 通过的测试用例占所有测试用例的比例。

(2) 缺陷的数量、严重程度和分布情况。

(3) 测试用例覆盖情况。

(4) 用户对测试的成功结论。

(5) 文档的完整性。

(6) 是否达到性能标准。

8. 中断测试和恢复测试的判断准则

测试计划中的这一部分需要给出测试中断和恢复测试的标准，在哪种情况下应中断测试。例如，如果缺陷总数达到了某一预定值，或者出现了某种严重程度的缺陷，就可能会暂停测试工作。同时，对恢复测试也要给出规定，例如，重新设计了系统的某个部分、修改了出错的代码等。测试计划还要给出某种测试的替代方法以及恢复测试前须重做的测试等。常用的测试中断标准如下。

(1) 关键路径上存在未完成任务。

(2) 大量的缺陷。

(3) 严重的缺陷。

(4) 测试环境不完整。

(5) 资源短缺。

### 9. 测试完成所提交的材料

测试完成所提交的材料需要包含测试工作中开发设计的所有文档、工具等。例如，测试计划、测试设计规格说明书、测试用例、测试日志、测试数据、自定义工具、测试缺陷报告和测试总结报告等。

### 10. 测试任务

测试计划中的这一部分需要给出测试前的准备工作以及测试工作所需完成的一系列任务。在这里还需要列举所有任务之间的相互关系和完成这些任务可能需要的特殊技能。在制订测试计划时，常常将这部分内容与"测试人员的工作分配"项一起描述，以确保每项任务都由专人完成。

### 11. 测试所需的资源

测试所需的资源是实现测试策略所必需的。在测试开始之前，要制订一个项目测试所需的资源计划，包含每一个阶段的任务所需要的资源。当发生资源超出使用期限或者资源共享出现问题等情况的时候，要更新这个计划。在该计划中，测试期间可能用到的任何资源都要考虑到。测试中经常需要的资源如下。

(1) 人员。考虑测试人员的人数、经验和专长，他们是全职、兼职、业余还是学生。

(2) 设备特性。要考虑计算机、打印机等硬件指标，如所需设备的机型要求，内存、CPU、硬盘的最低要求等；还要考虑设备的用途，如计算机是否作为数据库服务器、Web 服务器等；也要考虑某些特殊约束，如是否开放外部端口、封闭某端口、进行性能测试等。

(3) 办公室和实验室空间。办公室和实验室在哪里？空间有多大？怎样排列？

(4) 软件。字处理程序、数据库程序、自定义工具及每台设备上部署的自开发软件和第三方软件的名称和版本号等。

(5) 其他资源。是否需要 U 盘、各类通信设备、参考书、培训资料等。

(6) 特殊的测试工具。

具体的资源需求取决于项目、小组和公司的特定情况，测试计划工作要仔细估算所需资源。如果开始没有做好预算，通常到项目后期获取计划外的资源会很困难，甚至无法做到。因此，创建完整清单是不容忽视的。

### 12. 测试人员的工作职责

测试计划中的这一部分需要明确指出每一名测试人员的工作责任。测试小组的工作由许多人员组成，如果责任未明确，整个测试项目就会受到影响，测试工作效率低下。

有时测试需要定义的任务的类型不容易被分清，不像程序员编写程序那样明确。复杂的任务应有多个执行者或者由多人共同负责。

### 13. 人员安排与培训需求

人员安排与培训需求部分是明确测试人员具体负责软件测试工作的哪些部分以及他们需要掌握的技能。

培训需求通常包括学习如何使用某个工具、测试方法、缺陷跟踪系统、配置管理，或者与被测试系统相关的业务基础知识。各个测试项目的培训需求会各不相同，它取决于具体项目的情况。

14. 测试进度表

测试进度表主要列出测试的重要日程安排，估算各项测试任务所需的时间，给出测试进程时间表。

测试进度是围绕着项目计划中的主要时间来构造的。合理安排测试进度在测试计划工作中至关重要。因此，往往一些原以为很容易设计和编制的测试工作，在实际进行测试时却是非常耗时的。作为测试计划的一部分，完成测试进度的计划安排，可以为项目管理员提供信息，以便更好地安排整个项目的进度。

在实际测试工作中，测试进度可能会不断受到项目中先前时间的影响。例如，项目中某一部分交给测试组时比预定晚了2周，而按照计划这一部分只有3周测试时间，结果会怎么样呢？或者是3周的测试安排在1周时间内进行；或者把项目推迟2周。这种问题就是所谓的进度危机。摆脱进度危机的一个方法是在测试进度计划中避免规定启动和停止任务的具体日期，构造一个没有规定具体日期的普通进度表。

相反，如果测试进度根据测试阶段采用相对日期，那么测试任务的开始日期就依赖于先前时间的交付日期。

合理的进度安排会使测试过程容易被管理。通常，项目管理员或者测试管理员最终负责进度安排，而测试人员负责安排自己的具体任务进度。

15. 风险及应急措施

风险及应急措施部分需要列出测试过程中可能存在的一些风险和不利因素，并给出规避方案。

软件测试人员要明确地指出计划过程中的风险，并与测试管理员和项目管理员交换意见。这些风险应该在测试计划中明确被指出，在安排进度中予以考虑。有些风险是真正存在的，而有些风险最终可能没有出现，但是列出风险是必要的，这样可以避免在项目晚期发现风险时感到惊慌。一般而言，大多数测试小组都会发现自己能够支配的资源有限，不可能穷尽软件测试的所有方面。如果能勾画出风险的轮廓，将有助于测试人员排定待测试项的有限顺序，并且有助于测试人员集中精力去关注那些极有可能失效的领域。在软件测试中常见的潜在问题和风险如下。

(1) 由于设备、网络等资源限制，测试工作不全面。测试人员需要明确说明欠缺哪些资源，会产生什么约束。

(2) 由于研发模式为现场定制，且上线时间压力大，测试工作不充分。测试人员需要明确说明在此种约束下，测试如何应对。

(3) 不现实的交付日期。

(4) 系统之间的接口不完善。

(5) 软件极其复杂。

(6) 有过缺陷历史的模块。

(7) 发生过许多复杂变更的模块。

(8) 安全性、性能和可靠性问题。

(9) 难于变更或测试的特性。

风险分析是一项十分艰巨的工作，尤其是第一次尝试进行时更是如此，但是在软件测试中风险分析是十分必要的。

16. 审批

审批人应该是有权宣布已经为测试工作转入下一个阶段的某个人或几个人。测试计划审批部分中一个重要的部件是签名页，审批人除了在适当的位置签署自己的名字和日期外，还应该表明他们是否建议通过评审的意见。

上面是一个测试计划的基本框架，在编写测试计划过程中，可以根据所测试软件的特性、各测试部门的具体情况和条件，对测试计划各要素进行补充和修改，大可不必完全照搬。测试计划是一项全体测试人员参与的工作，做好测试计划一般要花费几周甚至数月的时间。

# 2.3　软件测试环境

软件测试环境与资源规划是测试计划中的一项重要内容，测试环境的配置是测试实施的重要环节，测试环境是否适合将严重影响测试结果的真实性和正确性。

## 2.3.1　什么是测试环境

简单地说，测试环境就是软件运行平台，即进行软件测试所必需的工作平台和前提条件，可用如下公式来表示：

$$测试环境=硬件+软件+网络+历史数据+测试工具$$

其中，硬件环境指进行测试所需要的服务器、客户端、网络连接设备，以及打印机、扫描仪等辅助硬件设备所构成的环境。软件环境则指被测软件运行时的操作系统、数据库及其他应用软件等构成的环境。网络环境则主要是针对 C/S 和 B/S 构架的软件。历史数据是指测试用例执行所需要初始化的各项数据。测试工具是指测试进行中用例的执行、跟踪、管理等软件工具。

测试环境对测试的完成具有非常重要的作用，主要体现在如下几个方面。

(1) 加快测试速度。稳定、可控的测试环境，可以使测试人员花费较少的时间就能完成测试用例的执行，也无须为测试用例、测试过程的维护花费额外的时间。

(2) 准确重现缺陷。稳定而可控的测试环境可以保证每一个被提交的缺陷都可在任何时候准确地重现。

(3) 提高工作效率和软件质量。经过良好规划和管理的测试环境，可以尽可能地减少环境变动对测试工作的不利影响，并可积极推动测试工作效率和质量的提高。

## 2.3.2　软件环境的分类

软件的环境可以分为软件开发环境和软件生产运行环境两种。软件开发环境是指软件在开发过程中使用的环境，一般包括 Java、VB、VC 等一些开发工具。软件生产运行环境是指最终用户使用的环境。

软件测试环境要与软件生产运行环境保持一致，要从开发环境中独立出来。

良好的软件测试环境应具备以下三个方面的特征。

(1) 良好的测试模型。良好的测试模型有助于高效地发现缺陷，它并不仅仅包含一系列测试方法，更重要的是，它是在长期实践中积累下来的一些历史数据，包括有关某类软件的缺陷分布规律、有关项目小组历次测试的过程数据等。这些历史数据可以相应反映出针对某类软件的测试关注点、项目小组的开发与测试效率等内容，有助于提高后续类似产品的开发与测试的效率。

(2) 多样化的系统配置。测试环境在很大程度上应该是用户的真实使用环境,或至少应搭建模拟的使用环境,使之尽量逼近软件的真实运行环境。为此,应测试在各种系统配置条件下模拟软件的运行情况,通用型软件系统的测试更应如此。

(3) 熟练使用工具的测试员。在系统测试尤其是性能测试环节,通常需要有自动化测试工具的支持,否则将无法模拟或再现系统运行环境。但若仅有测试工具,没有熟悉工具如何使用的测试人员,或缺乏对被测软件系统的特性了解的测试人员,是无法发挥自动化测试工具的巨大优势的。

### 2.3.3　怎样搭建测试环境

一般情况下,单元测试和集成测试由开发人员在开发环境中进行,验收测试主要在用户的最终应用环境中进行,系统测试需要搭建测试环境,用来对被测软件系统进行测试。

搭建测试环境一般来说要真实,也就是尽量模拟相关软件使用的真实环境;干净,即测试环境中尽量不要安装其他与被测软件无关的软件;无毒,也就是指测试环境中没有病毒;独立,即测试环境、开发环境等都应是相互独立的。

搭建测试环境之前,要先对测试环境进行规划。规划测试环境的第一步就是要明确如下一些问题。

(1) 执行测试所需的计算机数量和对每台计算机的硬件配置要求,包括 CPU 速度、硬盘和内存容量、网卡支持的速度等。

(2) 部署服务器所需的操作系统、数据库管理系统(DBMS)、中间件、Web 服务器等(以下统称支撑软件环境)的名称、版本,必要时还需明确相关补丁的版本。

(3) 用于保存文档和数据(这里主要是指测试过程中生成的文档,而非测试参考文档或存放测试结果的最终文档)的服务器必需的支撑软件环境中各软件的名称、版本,必要时也应明确相关补丁的版本。

(4) 测试机所需支撑软件环境中各软件的名称、版本,必要时应明确相关补丁的版本。

(5) 用于对被测软件系统的服务器环境和测试管理服务器环境进行备份的专用计算机(该环节是可选的)。这对安全性测试、可恢复性测试等会导致重大软件缺陷的测试类型是非常重要的,测试后若出现重大缺陷,应能利用备份来恢复测试前的原始环境。

(6) 测试所需的网络环境。

(7) 执行测试工作所需的一些辅助软件。如文档编写工具、测试管理系统、性能测试工具、缺陷管理系统等,应明确这些软件的名称、版本、License(授权证书)数量和可能需要的相关补丁的版本。对于性能测试工具,还需要重点留意是否支持被测软件系统所用的协议。

(8) 为执行测试用例所需初始化的各项数据。对性能测试而言,还需重点留意执行测试用例之前应满足的历史数据量,以及在测试过程中受到影响的数据的恢复问题。

第二步是在明确以上问题之后,确定哪些条件可以得到满足,哪些条件需要其他部门来协调、采购或支援。

第三步是将上述问题整理为检查表,为每个问题指定责任人,在搭建测试环境的过程中,对照检查表来逐步完成每项问题的设置和检查,填写相关内容,最终形成的文档就作为测试环境的配置说明文档。若时间或其他条件允许,还需要做好应急预案,尽量保证在环境失效时不会对正常工作产生太大的影响。

建立测试环境的一个重要组成部分是软、硬件配置,只有在充分认识测试对象的基础上,才知道每一种测试对象需要什么样的软、硬件配置，才有可能配置一种相对公平、合理的测试环境。在资源允许的条件下，最好建立一个待测试软件所需的最小硬件配置。配置测试的软、硬件环境还要考虑到其他因素，如操作系统、办公处理软件、视频设备、网速、显示分辨率、数据库权限、硬盘容量等，如果条件允许，最好能配置几组不同的测试环境。

## 2.3.4　测试环境的维护和管理

搭建好测试环境之后通常还需要不断调整环境。例如，软件新版本的发布、需求的变化等，都有可能对测试环境产生一些影响。为此应考虑如下问题。

### 1. 设置测试环境管理员

每个测试小组都应配备一名专门的测试环境管理员，其职责如下。

(1) 搭建测试环境。包括安装和配置支撑软件环境涉及的所有必需软件，编写相关安装、配置手册。

(2) 详细记录构成测试环境的各台机器的硬件配置、IP 地址、端口配置、机器用途和当前网络环境情况。

(3) 部署被测软件系统，编写发布文档。

(4) 执行和记录测试环境的各项变更情况。

(5) 备份和恢复测试环境。

(6) 有效管理支撑软件环境所涉及的所有用户名、密码和权限。

(7) 当测试小组内的多名成员都需要占用服务器，且相互存在冲突的时候，负责分配和管理服务器时间。

### 2. 明确测试环境管理所需的文档

(1) 各台计算机上支撑软件环境中各项软件的安装配置手册。

(2) 各台机器的硬件环境文档。

(3) 被测软件系统的发布手册，特别要注意记录数据库表的创建、数据导入等内容。

(4) 测试环境的备份和恢复方法手册。

(5) 用户权限管理文档。

对于每个文档，都应详细记录各项信息的变更历史。

### 3. 管理测试环境的访问权限

应为每个访问测试环境的测试人员和开发人员设置单独的用户名，根据工作需要设置各自的访问权限，以避免误操作从而破坏测试环境，具体原则如下。

(1) 测试环境管理员统一管理访问支撑软件环境和被测软件系统涉及的所有用户名、密码及权限。

(2) 测试环境管理员拥有全部的权限。

(3) 对于开发人员，仅给予对被测软件系统的访问权限，如有特殊要求，可给予测试环境其他部分的只读权限。

(4) 对于普通测试员，不给予删除权限。

### 4. 管理测试环境的变更

对于变更，最重要的是能够对每次变更进行追溯和控制，基本的原则如下。

(1) 由开发人员或测试人员提出书面申请变更测试环境，由测试环境管理员负责执行，且不接受任何非正式的变更申请，如口头申请等。

(2) 对测试环境的任何变更申请文档、软件、脚本等，一律保留原始备份，并作为配置项进行管理。

(3) 开发人员将整个系统(包括数据库、应用层、客户端等)打包为可直接发布的格式，由测试环境管理员负责实施。测试环境管理员不接受任何不完整的版本发布申请。

5. 备份和恢复

因为缺陷必须重现，无法恢复测试环境就意味着无法执行原有的测试用例，缺陷重现更加无从谈起，更不要说去修复了。一般应在以下情况下考虑对测试环境进行备份。

(1) 当测试环境，尤其是软件环境发生重大变动时，主要是在安装或卸载测试中会遇到这样的情况。

(2) 每次发布软件新版本时，应做好当前版本的数据库备份。

(3) 性能测试之前，应做好数据备份或充分准备好数据的恢复方案。

## 2.4　软件测试用例

测试用例是设计测试方案的重要内容，下面对测试用例所包括的内容、编写注意事项、使用更新等情况进行讲解，并给出简单的例子作参考。

### 2.4.1　什么是测试用例

1. 测试用例

测试用例指的就是在测试执行之前设计的一套详细的测试方案，包括测试环境、测试步骤、测试数据和预期结果。

测试用例，英文为 Test Case，缩写为 TC。可以形象简明地用一个公式来表示测试用例：

$$测试用例=输入+输出+测试环境$$

其中，"输入"包括测试要用的数据和操作步骤；"输出"指的是测试后的期望结果；"测试环境"指的就是系统环境设置，包括硬件、软件和网络等。

2. 测试用例包含的信息

为了便于测试用例的管理，达到方便查询、便于责任认定、提高测试工作效率等目的，测试用例报告中还应包含更多支持管理信息。

(1) 标识符(ID)。每个测试用例应有一个唯一的标识符，作为所有与测试用例相关的文档/表格引用和参考的依据。为了便于跟踪和维护，应根据自身需要定义编号规则。

(2) 项目/软件。被测项目或软件的名称。项目名称通常应反映项目的主要内容，也可以与项目内容完全不相关，常用英文缩写表示，这样既简便易懂，便于交流，又可以达到一定程度的保密要求。

(3) 程序版本。该软件目前的版本号。版本号的命名是有一般规律的。

(4) 编制人。编制该测试用例的人的名字。

(5) 编制时间。编制测试用例的日期。

(6) 功能模块。被测模块的名称。

(7) 测试项(Test Item)。被测试部分的主要功能、详细特性、代码模块等，它往往比测试设计说明书中所列出的特性描述得更加具体。测试项可以理解为测试需求。

(8) 测试目的。测试所期望达到的目标。这主要是指针对测试所期望达到的目标。

(9) 预置条件。测试该模块之前所需完成的前期工作。如对登录邮箱的测试，应预先开设有效的账户设定有效密码。

(10) 参考文献。测试的依据文档，即测试用例预期输出的定义标准，如需求文档、设计文档的具体章节。值得注意的是：不少人将参考文献误以为是平常论文写作中所指的参考文献，这里二者名称相同，而实质是完全不同的。

(11) 测试环境。即测试用例的执行所需的软件、硬件、历史数据及网络环境。若需要用到自动化测试工具，环境中也需将工具包含在内。一般的，整个测试模块中可包含整个测试环境的特殊需求，而每个测试用例的测试环境则应表明该用例所需的特殊环境要求。

(12) 测试输入。提供测试执行中各种输入条件，包括正常和异常输入情况，以判断软件能否执行基本功能，并具有阻止异常输入的能力。这些输入条件是根据软件需求的输入条件来确定的，若软件需求中没有很好的定义输入，测试用例设计中就会碰到很大的障碍。

(13) 操作步骤。提供测试执行过程的步骤。对于复杂的测试用例，其输入需要分为几个步骤完成，一般的，每个测试用例包含的步骤应控制在 3～9 步，若达到 15 个操作步骤，则表明该测试用例的易操作性会大大降低，测试用例的执行过于复杂，操作过程容易出错，这时，应考虑对该测试用例进行分解。

(14) 预期结果。针对测试输入的每一项，提供对应测试执行的预期结果。预期结果应根据相应参考文献中有关对软件需求中输出的描述而得出。

(15) 执行结果。即测试用例执行的最终结果。一般情况下，若在实际的测试过程中，得到的实际结果与预期结果不符合，则认为测试失败，反之测试通过。

但对于执行结果需要注意以下三点。

第一，执行结果并不等于测试用例的实际结果。而当测试用例失败时，在提交的缺陷报告中将详细描述测试用例的执行结果，也不必要在测试用例表格中列出实际执行结果。因此，执行结果是关于测试用例最终通过与否的状态描述。

第二，测试用例的执行结果包括"通过"(Pass)、"失败"(Fail)、"警告"(Warn)、"阻塞"(Block)和"跳过"(Skip)这五种情况。

① 通过：当测试用例执行后实际结果与预期执行结果完全一致，且未出现其他意外结果，则该测试用例通过。

② 失败：测试用例的执行结果与预期结果截然不同，甚至出现完全相反的情况，则应视为失败。

③ 警告：测试用例的执行结果虽然与预期结果不一致，但对功能实现没有严重影响，功能仍然正常实现，例如错误提示的文字描述差异等，当然，也有些人喜欢将这类情况也标识为"失败"，只不过在提交缺陷报告时，将缺陷的严重性划分为"轻微的"。

④ 阻塞：是指该测试用例的执行中途受到阻碍，部分步骤或子步骤无法继续执行，测试用例无法顺利进行下去，则标记为阻塞。阻塞可能是由于中间某个步骤出错而导致的，也可能是由于某些资源不到位而引起的。

⑤ 跳过：测试人员不执行测试用例的某个步骤或子步骤即为跳过。注意：阻塞是客观原

因导致的，跳过则是测试人员主观原因导致的。不管怎样，只要是有某些步骤不执行的情况，都应明确原因。

第三，在实际的项目中，一个测试用例(主要是功能测试用例)往往包含多个执行步骤，每个步骤可能产生不同的执行结果，有不同的检验方式。一般的，只要一个步骤失败，该测试用例就无法通过，但中间步骤失败并不代表后续所有步骤都无法运行，也不代表后续所有步骤都失败(在自动化功能测试中经常有这样的情况，如设置了多个检查点，前面的检查点失败并不代表后面的检查点就无法通过)。因此，在记录执行结果时，可将执行细节记录到每个步骤。例如步骤 1 通过，步骤 2 失败，步骤 3 被步骤 2 中的失败所阻塞等。此时应对测试用例指定双重状态，如 Block/Fail、Skip/Pass 等。

具体来讲，一个测试用例应包含以上信息，其中第(1)、(12)、(13)和(14)项是测试用例设计中的核心要素，这些要素缺一不可。

## 2.4.2 编写测试用例的注意事项

编写测试用例要注意四个问题：为什么要写测试用例、什么时候写测试用例、由谁来写测试用例和根据什么写测试用例。

### 1. 为什么要写测试用例

编写测试用例便于团队交流。如果一个测试团队有多个成员参与测试，大家测试的时候都各自为政，没有一个统一的标准，测试工作可能就会是无效和无序的。相反，如果成员都遵循统一的用例规范去测试，就会解决上述问题。

编写测试用例便于重复测试。软件在实际开发过程中会有不同的版本，如果不写测试用例，在测试新版本时，就不会记得做过哪些测试。所以测试用例就像一个备忘录一样，便于重复测试。

编写测试用例便于统计跟踪。这一点对项目管理来说非常重要。项目负责人通过查看测试用例的执行情况了解测试项目的进展情况，如已经执行了哪些测试，还有哪些测试没有执行，测试没有通过的地方主要在哪些模块等。

编写测试用例便于用户自测。有些软件，尤其是项目软件，有时候用户自己期望测试一下软件产品，但用户大多数都是非专业人士，他们需要根据写好的测试用例来检验软件产品的质量。

当然编写测试用例需要花费大量的时间，通常编写测试用例所花费的时间比实际执行测试的时间还要长。

### 2. 什么时候写测试用例

什么时候写测试用例没有一个统一严格的标准，但应尽早开始。

根据软件开发生命周期和软件测试生命周期，测试用例通常会在测试设计阶段来编写，即在《需求规格说明书》和《测试计划》都已完成之后进行。

### 3. 由谁来写测试用例

在测试团队中测试人员会有不同的角色，一般分为测试经理、由测试设计人员、测试执行人员和测试工具开发人员等。

一般测试用例是由测试设计人员来编写，由测试执行人员来执行。这就要求测试设计人员要有一定的用例设计经验，并对被测试的系统有深入的了解。

当然在测试人员很少的公司里，测试人员的分工往往不是很明确，一个人身兼数职，测试人员既是测试设计人员，又是测试执行人员。

### 4. 根据什么写测试用例

编写测试用例的唯一标准就是用户需求，具体的参考资料有《系统需求规格说明书》和软件原形。软件原形指的就是没有嵌入全部代码的软件界面。

用户的需求不是一成不变的，而是在一直变化的，这就需要测试人员根据不断调整变化的用户需求，来修改和维护已经写好的测试用例，这也需要一定的工作量。

## 2.4.3　测试用例的组织和跟踪

测试用例的完成并非是一劳永逸的，因为测试用例来源于测试需求，一般来说，测试人员可以根据不同阶段已经确定下来的测试需求进行测试用例的设计，然后随着开发过程的继续，在测试需求增补或修改后不断地调整测试用例。评价测试用例好坏的普通的认可标准有两个：是否可以发现尚未发现的软件缺陷；是否可以覆盖全部的测试需求。

测试用例的组织和跟踪可分为 8 个步骤，包括整理模块需求、撰写测试计划、设计测试思路、编写测试用例、评审测试用例、修改更新测试用例、执行测试用例、分析评估测试用例质量。

### 1. 整理模块需求

产品的需求往往不是一次就完成的，一开始经常会存在遗漏、错误理解、不一致、无法测试等各种缺陷，而交到测试小组手中的很可能就是这样的文档。所以并不是一拿到软件就开始测试。首先应对被测系统各功能模块的需求进行检查、理解和整理。熟悉业务流程、熟悉产品特性是设计好的测试用例的最重要的前提条件之一。而完善的需求也是测试设计最重要的依据。一旦需求出错，会致使大量测试用例报废，只会浪费测试人员的时间，拖延进度。

### 2. 撰写测试计划

撰写测试计划是后续测试设计、执行和评估的基础，所有工作都应在良好的计划指导下完成。测试计划的制订除了需要提取测试需求之外，还应对测试工作涉及的人力、物力资源、风险等进行多方面考虑。就测试用例而言，主要是提取测试需求。从需求规格说明书中可以拟出各方面的测试需求，即需要测试的软件特性和可测试项。例如，系统测试中是否全部内容都需要测试，还是仅进行功能测试、安装测试和用户界面测试。一般的提取原则是从大到小，从子系统或大的功能模块进行不断分解，一直达到最小的模块，并得到测试计划书。

### 3. 设计测试思路

通过分析测试计划中的测试特性，设计测试的思路，即对测试需求进一步细化，因此，可将这一个环节看成是对测试需求的细化。测试计划中的测试需求仅指出要进行的测试项，而此时的测试需求则应从测试用例设计的角度来分析，如对正常情况、边界情况和异常情况的测试。以登录时用户身份验证的功能测试为例，需要从正常登录、无效登录的识别这些角度来设计测试。这个阶段交付的产品是测试设计说明书。

4. 编写测试用例

根据测试设计，分别设计具体的测试用例，应灵活使用测试方法，并遵循测试阶段策略。这个环节得到的是测试用例的说明书。当然，为了节省时间，减少文档撰写的工作量，测试设计和测试用例可以合并起来，通过一些管理工具或简洁的模板来记录。并且建议给出具体的测试数据和测试执行步骤的说明。

5. 评审测试用例

测试用例在设计编写过程中应组织同级互查，编写完成后应组织专家进行评审，获得通过才可以使用。不幸的是，测试用例的评审是整个测试用例相关工作中最容易被忽视的部分。因为测试用例的评审一般仅在正规的公司中才有可能实施，它要求开发小组的成员予以积极地配合，否则只能流于形式。简单地说，若有时间，最好做详细的用例评审；没有时间也应进行内部评审。

有效的测试用例评审一般分为两种形式。

1) 测试部门内部的评审

内部评审工作主要是部门内部同行针对测试策略的评审，重点在于检查测试策略和测试用例的设计思路是否正确，以保证测试用例的有效性。此时可以组织正式的评审，以用例设计人员讲解、大家共同讨论的形式进行，若时间紧张，也可以直接将文档发给部门同事来交叉评审。

内部评审在设计和编写测试用例的过程中就可以开展，但这一环节往往会被省略掉。

2) 测试部门外部的评审

外部评审工作主要由开发部、项目实施部，甚至市场部共同参与，涉及项目经理、测试人员、开发人员、销售人员等，有时还会邀请客户代表来参加，其目的是查找测试人员编写的测试用例是否有遗漏。一般采用非正式评审的形式进行。在实际的工作中，若时间很紧迫，也可以提前启动测试，等评审完成之后来修改测试用例。通常，测试工作进行一段时间后评审就会结束了。测试执行人员根据修改意见对测试用例进行动态调整。外部评审相比内部评审更为重要，因为开发人员更容易发现测试用例遗漏了哪些内容，并很容易发现错误的用例，找到需求理解存在偏差的地方。

外部评审通常是在测试用例编写完成之后进行的。

6. 修改更新测试用例

测试用例经评审之后需根据评审意见进行修改。注意：原则上测试用例应经多次修改才能通过，但实际工作中通常仅进行一次评审，修改测试用例之后就不再进行评审了。

随着软件版本的不断修改和升级，测试用例将随之发生变化。例如，测试过程中发现设计测试用例时考虑不周，还需要完善；因设计测试用例时存在覆盖的漏洞导致缺陷未检查出来而被用户发现，应针对这些漏洞补充测试用例；由于新增的功能或特性，导致部分测试用例的输入或输出发生变化。不管怎样，应及时修改更新测试用例，使之始终与对应的软件版本保持一致。

小的修改和完善可以在原测试用例文档中进行，给出变更记录即可。若是软件的版本升级，则测试用例也应配套升级更新版本。具体的测试用例修改更新策略如下。

(1) 若新版本的特性没有变化，只是出现缺陷被用户发现的情况，此时可以修改测试用例，并给出变更记录。且当前修改的测试用例，对目前和以前的版本都有效。

(2) 若新版本中原有的产品特性发生了变化，且属于功能增强的情况，则原有测试用例仅对原先版本有效，对新版本无效，此时不能修改测试用例，而应该增加新的测试用例，即原有的测试用例仅对原版本有效，新增测试用例对当前版本有效。

(3) 若新版本中原有功能取消，此时不需要做太多工作，仅需在新版本上写明对应测试用例设置为无效即可。

(4) 若新版本中原有产品特性不仅发生了变化，而且属于完全新增加的特性，那么需要针对新增的特性补充测试用例。

7. 执行测试用例

测试用例经修改之后就可以使用了，通常交叉进行测试用例的执行。使用过程是从版本控制库中取出测试用例，在测试用例上记录测试的结果。将测试结果记录在测试用例中的好处如下。

(1) 每次执行该测试用例时都可以方便地看到上次执行的结果，可起到提醒的作用。

(2) 便于将发现的缺陷统一录入到数据库，输入时还可以避免输入重复的缺陷。

测试用例的执行也应尽量实现自动化，可极大地提高测试效率。但同时也应注意提高自动化脚本的重用率，否则将毫无效率可言。

8. 分析评估测试用例质量

测试用例全部执行之后，需对测试用例的质量进行分析和评估。可从以下两个方面来分析。

1) 测试用例的设计质量

可从测试用例对代码以及缺陷的覆盖率来衡量。每百行代码的测试用例数目越多，则测试用例的密度越高，对代码的覆盖程度越高，但太高的覆盖率反而有可能带来成本的激增，效果却不一定很好。所有缺陷中，被测试用例所发现的缺陷率越高，证明测试用例的漏洞越小，当测试用例对缺陷的覆盖率低到一定程度的时候，说明亟须提高测试人员的技术水平。

2) 测试用例的执行情况

可从每轮测试中测试用例的执行率、通过率、平均每天执行测试用例的数目、平均每天执行测试用例的通过率、不同模块的测试用例通过率等指标来表示。从这些指标可以看出哪些模块可能存在设计不合理或测试覆盖不够全面等问题，并有针对性地对开发或测试过程加以改进。

若采用测试管理工具，测试用例数据的统计分析会相当方便。否则，仅靠 Excel 文档统计这些测试用例数据，计算负担还是很重的。

## 2.4.4　测试用例案例

测试用例可以用 Word 或 Excel 软件来编写，除了具体的测试用例外，还需要包括项目或软件的名称、程序版本号、测试环境、编制人、编制时间等。

为测试 Windows 中自带的计算器的加法而编写的测试用例见表 2-1。

表中的阴影部分内容为编写测试用例需要填写的项目，其他内容为测试设计人员设计的测试用例，测试完成后将测试结果填入"测试结果"栏。

表 2-1    Windows 计算器加法测试用例表

| 项目名称 | Windows 自带计算器 | | 程序版本 | 5.0 |
|---|---|---|---|---|
| 测试环境 | 硬件环境：CPU 赛扬 1.7GHz，内存 256MB，硬盘剩余空间 10GB | | | |
| | 软件环境：Windows 2000 Professional SP4 | | | |
| | 网络环境：校园网 100Mbps 自适应 | | | |
| 编制人 | ××× | | 编制时间 | 2009.8.1 |
| 功能模块名 | 加法运算 | | | |
| 功能特性 | 实现 2 个数的加法运算 | | | |
| 测试目的 | 验证功能的正确性和容错性 | | | |
| 预置条件 | 选择"开始"菜单中的"程序"→"附件"→"计算器"命令，运行计算器程序 | | | |
| 参考信息 | 无 | | 特殊规程说明 | 无 |
| 用例编号 | 测试步骤 | 输入数据 | 预期结果 | 测试结果 |
| JF001 | 依次单击"1""+""2""="按钮 | 1、2 | 3 | |
| JF002 | 依次单击"1"".""4""+""3""."."6""="按钮 | 1.4、3.6 | 5 | |
| JF003 | 依次单击"8""+""="按钮 | 8 | 16 | |
| JF004 | 依次单击"99999…"（直到不能增加为止）"+""="按钮 | 所能允许输入的最大数 | 计算溢出 | |
| JF005 | 依次单击"+""="按钮 | 无 | 0 | |

这里只是给出一个简单的例子，在进行具体软件测试时，应根据具体的测试软件写出更详细的测试用例及设计说明书。

表 2-2 是一个典型的测试用例评审检查单，可用作模板。

表 2-2    测试用例评审检查单

| 项目名称 | | | | |
|---|---|---|---|---|
| 检查人 | | 检查日期 | | |
| 序号 | 检查内容 | 结论 | 原因 | 备注 |
| 1 | 入口检查 | | | |
| 1.1 | 需求规格说明书是否评审 | 是[ ]否[ ]免[ ] | | |
| 1.2 | 是否按照测试计划规定的时间完成测试用例的编写 | 是[ ]否[ ]免[ ] | | |
| 1.3 | 针对需求新增和变更是否进行了相应的调整 | 是[ ]否[ ]免[ ] | | |
| 1.4 | 是否按公司定义的模板来编写测试用例 | 是[ ]否[ ]免[ ] | | |
| 2 | 设计 | | | |
| 2.1 | 测试用例是否覆盖了需求规格说明书 | 是[ ]否[ ]免[ ] | | |
| 2.2 | 测试用例编号是否与需求相对应 | 是[ ]否[ ]免[ ] | | |
| 2.3 | 是否在测试用例中列出并说明了非功能测试需求或不可以测试需求 | 是[ ]否[ ]免[ ] | | |
| 2.4 | 测试用例设计是否包含了正面和反面的用例 | 是[ ]否[ ]免[ ] | | |

续表

| 2.5 | 每个测试用例是否清楚地填写了测试特性、操作步骤和预期结果 | 是[ ]否[ ]免[ ] | | |
|------|------------------------------------------------------------------|-----------------|---|---|
| 2.6 | 操作步骤和输入数据部分是否清晰，是否具备可操作性 | 是[ ]否[ ]免[ ] | | |
| 2.7 | 测试用例是否包含测试数据、测试数据的生成办法或输入的相关描述 | 是[ ]否[ ]免[ ] | | |
| 2.8 | 测试用例是否包含边界值、等价类分析、因果图、错误推测等方法？是否针对需求的不同部分设计使用不同的设计方法 | 是[ ]否[ ]免[ ] | | |
| 2.9 | 重点需求的测试用例设计至少应有 3 种设计方法 | 是[ ]否[ ]免[ ] | | |
| 2.10 | 每个测试用例是否都阐述了预期结果及其评估方法 | 是[ ]否[ ]免[ ] | | |
| 2.11 | 涉及打印、表格、导入、导出的接口是否包含打印位置、表格名称、指定数据库表名或文件位置？表格和数据格式是否有说明或附件 | 是[ ]否[ ]免[ ] | | |
| 3 | 详细内容 | | | |
| 3.1 | 测试用例是否覆盖业务流程中最长的流程 | 是[ ]否[ ]免[ ] | | |
| 3.2 | 业务流程中每个环节的终止和回退是否存在条件和组合的设计 | 是[ ]否[ ]免[ ] | | |
| 3.3 | 测试用例中是否设定角色和用户？是否设计有跨流程的角色 | 是[ ]否[ ]免[ ] | | |
| 3.4 | 菜单、必输项和相关控件是否有说明 | 是[ ]否[ ]免[ ] | | |
| 3.5 | 存在系统自动生成的输出项是否列出了生成规则 | 是[ ]否[ ]免[ ] | | |
| 3.6 | 对于查询和表格是否设计了可以产生数据的测试用例 | 是[ ]否[ ]免[ ] | | |
| 3.7 | 查询和自定义报表的结果是否根据条件组合设计至少 3 个测试用例以保证覆盖 | 是[ ]否[ ]免[ ] | | |
| 3.8 | 无法在界面显示的字段是否编写了 SQL 语句进行后台的表查询 | 是[ ]否[ ]免[ ] | | |
| 4 | 统计 | | | |
| 4.1 | 测试用例覆盖是否达到相应的质量指标 | 是[ ]否[ ]免[ ] | | |
| 4.2 | 测试用例预期缺陷率是否达到相应质量指标 | 是[ ]否[ ]免[ ] | | |

# 本 章 小 结

本章是在学习掌握了第一章软件测试基础知识的基础上，开始学习软件测试的实施。首先通过对软件测试流程的学习，对软件测试的整个过程有一个概括性的了解。然后对软件测试计划、软件测试环境的搭建、软件测试用例的编写这 3 个最主要的阶段进行了讲解。在讲解中以国际上常用的标准，如 IEEE 软件测试标准为模板，通过从模仿到具有个性与针对性的软件测试计划、测试环境的搭建、测试用例的编写等过程的训练，掌握软件测试设计与实施的基本技能。

# 能力拓展与训练

1．在同学中自愿组合，组成一个 4～6 人的测试小组，并在小组中讨论，确定一个模拟测试的软件项目，例如 Windows 系统中的扫雷程序。

2．通过查找有关组织的测试计划模板，例如 IEEE 829—1998 软件测试计划文档，结合小组拟定的项目，设计并编写小组测试计划。

3．根据小组测试计划，搭建符合项目要求的测试环境。

4．根据测试项目及环境，每人写出项目的 3 个测试用例。

# 第 **3** 章　软件测试实施与管理

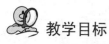
## 教学目标

本章讲授软件测试实施中的管理，包括软件测试过程中的缺陷、文档、工具、过程等主要管理内容。通过本章的学习：

(1) 掌握软件缺陷的重要属性：可重现性、严重性、处理优先级、可修复性，并能够根据实际软件测试中发现的缺陷确定相应的管理属性。

(2) 掌握软件测试缺陷的状态与状态转换，能够根据实际的软件测试情况，进行缺陷状态的跟踪处理与管理。

(3) 掌握软件测试前置作业文档与后置作业文档的作用与要求，能够根据实际的软件测试任务要求编写相关的测试文档。

(4) 了解常用的软件测试工具软件和软件测试管理软件的名称、性能、特点、适用场合等，并学会使用一款缺陷管理软件。

## 教学要素

| 知识点 | 技能点 | 资　源 |
|---|---|---|
| 缺陷的可重现性、严重性、处理优先级、可修复性 | 能够根据实际软件测试的要求，确定所发现缺陷的可重现性和可修复性，然后确定缺陷的严重性级别和处理优先级别 | 教案、演示文稿、课程录像、漫画解释、教学案例、实训项目、拓展资源 |
| 软件缺陷报告 | 编写软件缺陷报告 | |
| 缺陷的状态，缺陷的状态转换 | 能够根据实际的软件测试情况，进行缺陷状态的跟踪处理与管理 | |
| 缺陷管理软件 | 使用缺陷管理软件进行缺陷管理 | |
| 软件测试前置作业文档，软件测试后置作业文档 | 编写软件测试前置作业文档，编写软件测试后置作业文档 | |
| 软件测试工具软件，软件测试管理软件 | 了解常用的软件测试工具软件和软件测试管理软件的名称、性能、特点、适用场合 | |

# 3.1　软件缺陷管理

在 1.4 节中，学习了软件缺陷的基本概念，本节将学习软件缺陷的分类及优先级、软件缺陷的报告、软件缺陷的管理及相应的软件工具。

## 3.1.1　软件缺陷的属性

每个软件缺陷都具有一些基本的属性，如严重性、优先级、生命周期等，当提交缺陷报告时，应有选择性地在报告中包含其中部分属性，也就是指出它所属的类型。下面将针对其中较为重要的 4 个属性进行描述。

### 1. 可重现性

1) 定义

缺陷的可重现性是指测试人员报告的缺陷应该在同样的条件下可以反复出现，且每次出现的形式都完全一样。

可重现性是缺陷的一个非常重要的属性。对于开发人员而言，若无法重现缺陷，就无法对缺陷进行定位，只能将缺陷报告打回给测试人员，让其补充必要的步骤，并展示缺陷信息的界面截图。对于测试人员来说，若其提交的缺陷不可重现，他就无法向开发人员提供足够的证据，既影响开发小组的工作效率，也会影响自己的声誉。

事实上，开发人员会习惯性地抛弃那些无法重现缺陷的报告，项目经理也会要求开发人员不要理睬那些不具备重现性的报告，不必为缺陷报告中描述混乱的问题而耗费时间。

2) 不是所有缺陷都可以重现

受到偶然性和苛刻条件的影响，并非所有缺陷都可以重现。

(1) 有些缺陷是具有积累效应的，由长期积累而形成，如系统内存泄露问题。

(2) 有些缺陷涉及对日期待的处理，只有满足特殊条件的日期出现时，才会触发缺陷，如"千年虫"问题。

(3) 有些缺陷仅在第一次运行的时候才出现，其他时候都运行正常。

(4) 有些缺陷会导致恶劣的影响，以至于系统崩溃、数据丢失等，此时由于破坏了初始环境或部分处理的数据，且因测试前未及时备份，导致无法完全恢复到原始状态，这使得缺陷的重现更加困难。

3) 提高缺陷的可重现性

尽管如此，作为测试人员，仍应努力使得缺陷尽可能重现，以下这些技巧和习惯可有助于提高缺陷的可重现性，同时也有利于提高缺陷报告的可信度。

(1) 在测试过程中，应随时记录操作步骤和被测系统的响应情况，一旦出现缺陷，就可以很快写出执行步骤及出错的情况，降低操作导致的不可靠因素。必要时候可以利用相机拍摄，或利用屏幕录制工具协助完成这一过程。

(2) 重复测试至少 3 次，确保每次执行同样的步骤可以得到相同表现的缺陷。对于严重性较高的缺陷，更应如此。在缺陷报告中也建议注明重复测试的次数，这对开发人员认可该缺陷可以起到一个很好的证据作用。

(3) 对于随机性出现的缺陷，如执行相同的测试步骤 3 次，仅有两次出现相同的缺陷。此时应尝试使用不同的测试数据、改变测试环境等，试图找到影响缺陷出现的根本原因。

若缺陷确实不可重现，测试人员也应实事求是，在缺陷报告中注明"该缺陷不可重现"，但注意此时应将自己的努力过程也记录在缺陷报告中，例如，尝试了哪些数据、测试了哪些不同的配置等。

2. 严重性

1) 定义

缺陷的严重性是指缺陷对被测系统造成的破坏程度的大小，这种破坏既包括缺陷对被测系统的影响程度，也包括缺陷妨碍系统使用的程度。它可能是即时的破坏，也可能是一段时间之后对系统带来的破坏。

严重性是对缺陷的客观评价，反映了缺陷自身对系统和对用户使用造成的绝对影响。

2) 严重性的分级

关于严重性的级别划分，并没有绝对确定的答案。Beizer 曾给出了 10 个等级的划分，包括等级 1(较轻的，如拼写错误)到等级 10(影响巨大的，如导致其他系统失效、甚至引发战争等)。但研究表明，超过 3 个等级就很难可靠地评价问题了。因为等级数目越多，则等级之间的差异就越小，这样，不同的人对相同的缺陷划分严重性等级时的分歧就会越大，导致严重性划分的稳定性差。因此，一般将严重性划分为 3~5 个等级。

若将严重性分为 5 个等级，可按如下方式划分。

(1) 致命的：被测系统任何一个主要功能完全缺失，用户的重要数据丢失或遭到破坏，硬件或其他软件损坏或出现安全问题。例如，系统崩溃、挂起或死机，安装被测软件后导致操作系统出现大的安全漏洞等。

(2) 严重的：无替代方案的功能丢失，表现为被测试系统主要功能部分缺失，无法保存数据，系统次要功能完全缺失，系统功能或服务受到明显影响，且无解决办法。

(3) 一般的：有替代方案的功能丢失，表现为被测系统次要功能没有完全实现，但不影响所有用户的正常使用。例如，系统响应时间长等。

(4) 次要的：使用户的操作不便，但不影响功能的执行。这类缺陷通常不难解决，一般是指界面上诸如拼写之类的小问题。例如，系统提示信息模棱两可，用户界面不美观，个别不影响产品理解的错别字等。

(5) 建议的：不影响被测系统的所有功能，对性能也无明显影响，但测试人员认为是缺陷，应有针对性地予以解决。例如，程序代码中前后判定节点之间存在变量的关联性，导致程序中有大量不可行路径，这样虽不存在缺陷，但测试人员认为程序结构应进一步改良和优化，则会定级为"建议的"。

当缺陷数量并不是很多的时候，一般分为 3 个等级即可。

(1) 严重的：包括"致命的"和"严重的"缺陷。

(2) 一般的：包括"一般的"缺陷。

(3) 次要的。包括"次要的"和"建议的"缺陷。

通常将缺陷严重性定级定为"一般的"。若将缺陷的严重性等级确定为"次要的"或"建议的"，则该缺陷往往得不到修复。因此，对于太多的拼写或界面错误，应将这些缺陷补充汇总为一份后续报告，并定级为"严重的"。该缺陷由测试人员独立决定，当存在疑虑时，也可以经过小组讨论决定。然而，严重性一旦确定下来，不能随意改动，只有发现并报告该缺陷的测试人员或者主任测试员才有权改动它。

3. 优先级

1) 定义

缺陷的优先级是指缺陷必须被修复的紧急程度。优先级是对缺陷的主观评价，反映了项目小组对缺陷风险的评估结论，若认为缺陷带来的风险不大，则设定该缺陷的优先级别较低，反之，则定级较高。

2) 优先级的分级

关于优先级的级别划分，也没有绝对确定的答案。有的公司会将级别定得特别细，多到10~15 个级别。同样的，级别越多，定级越困难，不利于缺陷的及时修复，而且会增加整个项目团队的任务量。

一般地，可将优先级划分为如下 5 个级别。

(1) 立即修复：该缺陷完全阻碍了进一步的开发或测试工作，需要立刻修复。

(2) 马上修复：该缺陷阻碍了部分的开发工作，或对测试工作产生较大影响，应优先考虑修复，一般要求在下一个里程碑之前必须修复。

(3) 高优先级：即尽快修复，该缺陷在产品发布之前必须修复。

(4) 正常修复：该缺陷对当前被测系统的影响并不大，且有充足的时间修复，因此，只要时间允许则应将缺陷进行正常排队等待修复。这类缺陷也应在产品发布之前得到修复。

(5) 低优先级：可能会在开发人员有时间的时候考虑修复，但不修复也能发布产品。

对应地，为了简化定级工作，也可将优先级缩减为 3 个等级。

(1) 高优先级：将"立即修复"和"马上修复"合并。

(2) 中优先级：仅包含"高优先级"。

(3) 低优先级：将"正常修复"与"低优先级"合并。

通常将缺陷优先级定为"中优先级"，即在产品发布之前必须修复。

缺陷的优先级随着项目的推进可能会发生变化。例如，原先标记为"低优先级"的缺陷随着产品发布日期的临近，可能优先级会变为"正常修复"。作为发现并报告缺陷的测试人员，应密切关注缺陷的状态，确保自己同意对该缺陷优先级所做的变动，并提供进一步的测试数据或说服开放小组促成缺陷的修复。

优先级一般由项目经理来设置，普通的测试人员并无设置缺陷优先级的权限。项目经理要求开发人员根据优先级别从高到低的次序，逐步修复缺陷。优先级一经确定，也不可随意变更，只有项目经理才能改动缺陷的优先级。

受到缺陷群集现象的影响，在实际的工作中，当开发人员修复优先级高的缺陷时，可能会顺便将存在于同一模块的一些低优先级的缺陷也同时修复了。因此，处理优先级也只是一个相对指导性的次序而已，并非要 100%严格按照优先级顺序来修复缺陷。

4. 可修复性

1) 定义

可修复性是指缺陷可能或可以得到修复的概率。它是缺陷的一个潜在指标，在缺陷报告中并不会评估一个缺陷的可修复性，但该属性是切实影响到缺陷的其他属性的，如优先级。

2) 不是所有缺陷都可以修复

测试人员的工作目标是：确保所有发现的缺陷在产品发布之前得到解决，而这里的解决并非指修复。因为，不管测试的计划和执行多么令人满意，并非所有的缺陷都可以得到修复，原因如下。

(1) 时间紧迫。很多项目都是在赶工的状态中进行的，特别在长期以来国内这种重开发轻测试的氛围之下，当急于发布产品，或受到前期进度拖延的影响而导致后期时间紧张的时候，被压缩的一定是测试，如取消一些针对设计或代码的复审会议、缩短系统测试时间等，使得测试人员即使想进行全面的测试也是心有余而力不足。且在这样短的时间内展开工作，就算找到了不少缺陷，开发人员也根本没有足够的时间来修复这些缺陷。

(2) 不是缺陷。受到长期的轻测试思想影响，测试人员的素质普遍偏低，对被测软件系统的特性不是很了解，因此，测试人员提交的缺陷报告往往存在对缺陷描述不清、缺陷无法重现、甚至是误将软件功能看成是软件缺陷等问题，使得那些充满了自信的开发人员对测试人员很是鄙视，进而殃及缺陷报告，对缺陷报告多持有怀疑态度，对于那些无法按照报告中所描述的步骤重现出来的缺陷一般都会当成"符合设计"(即不是缺陷)，并被打回给测试小组。这些缺陷很可能最终都得不到修复。

(3) 修复的风险太大。如前面所述，当产品面临发布时，若针对某些缺陷进行修复，可能需要重新修改整个软件的架构，易导致超期，拖得时间太长，可能连合同都会自动终止。项目小组不愿意承担这样大的风险，采取的对策就是对这些缺陷视而不见。

(4) 不值得修复。对于一些不影响程序正常使用的问题，开发人员往往会想当然地认为缺陷太微小，用户不会介意，因此不必修复。也有些所谓的"缺陷"只是可测试性较差，不太符合编程规范，程序执行还是正确的。这类建议型的缺陷也多半会被认为是不值得修复而被弃之不用。

一般地，单元测试阶段是不允许有遗留缺陷的，作为后续集成测试和系统测试的基础，必须保证良好的单元质量。而系统测试阶段允许有遗留缺陷。因此，并非所有缺陷都可以得到修复。但应注意：所有缺陷都必须在产品发布之前得到解决。

5. 严重性与优先级的关联性

一般情况下，缺陷的严重性与优先级之间是存在密切关联的，即严重性越高，处理优先级别越高。然而，它们之间并非绝对的对应，存在高严重性低优先级和低严重高优先级的缺陷。

1) 高严重性，低优先级

当某缺陷的发生概率非常低(如执行测试用例出现缺陷的概率低于 5%)，或仅在极端条件下才引发缺陷时，可以将其优先级定得很低。这里其实包含了风险评估的思想，当缺陷具有高严重性时，缺陷对系统造成的破坏力是很强的，但因发生概率很低，开发方会认为该缺陷被用户发现的概率非常低，在产品受到发布压力的时候，开发方会选择将该缺陷留在下一个发布版本之前再进行修复。这种缺陷一旦被发现，就很可能引发让人追悔莫及的后果。例如，著名的 Intel 奔腾处理器芯片的浮点错误招致了很大的麻烦。

另一种情况的高严重性缺陷是，由于在需求分析或设计阶段做得不充分，导致缺陷遗漏到开发后期才发现，对于这类缺陷的修复，很可能需要重新修改整个软件的架构，此时，已经没有充足的时间来修复该缺陷，且会冒出现更多未知缺陷的风险。若贸然修复，易导致产品发布延期，错过最佳的上市时机。若不修复，也可能导致产品陷入用户唾骂的困局，致使产品形象一落千丈。当然，这是开发方最不愿意看到的情况。

2) 低严重性，高优先级

低严重性的缺陷通常只是些界面的小问题,为何要优先处理？对于直接关系产品和公司形象的界面错误，如公司名称、公司图标这类缺陷，是绝对不可容忍的，应立即修复或尽快修复。实际上，这类缺陷通常是很容易修复的。

## 3.1.2　软件缺陷报告

### 1. 缺陷报告的定义

缺陷报告就是记录缺陷各方面信息的文档，包括谁、何时、在何处、发现了什么缺陷，谁、何时、在何处、针对缺陷给出怎样的解决意见，若针对缺陷进行了修复，是如何修复的，谁、何时、在何处、如何验证缺陷，结果是否通过等。

受到不正确修复的影响，缺陷会不断被激活、处理和关闭，以上过程可能重复出现。或者当开发人员与测试人员针对同一个缺陷在处理意见上出现分歧的时候,缺陷在其流程的"解决"环节也会不断发生状态变化，直至最终达成一致意见。

### 2. 缺陷报告的核心

缺陷报告的核心是针对缺陷的描述，主要包括三部分内容。

1) 标题

缺陷的标题相当于一个有关缺陷的摘要，标题一般不超过 20 个字，从标题应能反映出缺陷的典型表现、缺陷所在位置等主要信息。若测试人员明确知道负责开发对应模块的开发人员，应在标题中明确写出该功能模块的名称，这样便于项目经理分配缺陷到对应负责的开发人员。

2) 操作步骤

操作步骤一栏详细记录测试人员的每个操作步骤，包括需要输入的测试数据，并指明系统对每个操作的反馈，如指示信息、呈现界面等，必要时应附上界面截图。

3) 隔离

由于测试用例涉及的测试数据总是很有限的少量数据，当执行某测试用例出现缺陷时，往往意味着系统针对某一类数据都无法正确处理。因此，测试人员还应在原测试用例的周边(例如给出更多数据、改变测试环境设置等)进行探索性测试，观察系统执行结果并记录下来，以利于找到缺陷的内在规律，帮助开发人员更快地定位缺陷、修复缺陷。

### 3. 缺陷的处理信息

通过阅读缺陷描述可以使缺陷重现，但要有效地管理缺陷，清晰地划分责任，了解缺陷历史，在出现不一致意见时方便仲裁，还需在缺陷报告中提供缺陷的处理信息。

缺陷的处理信息主要包括以下几个方面。

1) ID

每个缺陷都要一个唯一的身份标识，一般由系统按照添加到数据库中的次序自动进行编号，而无需人工按照某种特定的方式来编号。这与对需求、测试用例的编号是完全不同的。由于缺陷与测试用例总是密切关联，通过对测试用例的 ID 进行人工编号，可以实现功能需求→模块→测试用例→缺陷的对应关系，且缺陷的出现是不可预知的，因此没有必要再对缺陷进行人工编号。

2) 缺陷所在的位置(如功能模块、类等)

应记录被测软件系统的名称、功能模块名称等。

3) 版本号

缺陷管理的过程中，一定要密切追踪版本信息。在软件的开发过程中，会有多个版本，尤其是在开发组内部，会有多个 build 版本，在每个 build 版本中发现的缺陷往往到下一个 build

版本才能得到修复。因此，版本号必不可少。程序提交测试或修复后提交测试的时候，若不指定 build 版本号，还很可能出现测试人员在未修复的版本中进行缺陷验证测试的情况，从而造成人力、资源和时间的浪费。

4）严重性/优先级

测试人员根据有关严重性等级划分的原则，指定缺陷的严重性等级。若不清楚如何定级，一般可定为"一般的"严重性。缺陷报告提交项目经理后，由项目经理划定缺陷的处理优先级。一般的，应给出划分的理由。尤其是对于严重性等级较高而处理优先级较低的缺陷，更应如此。

5）是否可重现

测试人员常常会在缺陷报告的操作步骤中指出"重复执行以上步骤 3 次，出现相同的缺陷×次"。一般的，缺陷至少重复出现 3 次就比较有说服力了。关于缺陷的可重现性，测试人员应关注以下问题。

（1）随机出现的缺陷。缺陷不能连续重现，可视为随机缺陷。对这类缺陷务必要归档，并指出缺陷出现的概率。因为缺陷只要出现一次，就一定存在，不能重现只能说明尚未找到触发缺陷的合适条件而已。更重要的是，应明确指出缺陷可以重现和不可重现的平台。

（2）自动消失的缺陷。有些时候，测试人员会发现某些未修复的缺陷在新的版本中竟然自动消失了，这有可能是因为该缺陷本来就是由其他缺陷所导致的，对其他相关缺陷的修复自动消除了该缺陷。也有可能是因受到其他缺陷修复的影响，改变了该缺陷。

开发人员拿到缺陷报告之后，将根据报告中描述的操作步骤执行系统，并观察是否出现缺陷，若出现的缺陷与报告中描述的不一致，或步骤描述不完整、不清晰，以至于完全无法执行下去，都将在报告中回复"不可重现"，并打回给测试人员。此时，测试人员应首先确保测试的软件版本正确，步骤描述完整、正确，若这些都确认无误，且缺陷可重现，则可联系开发人员，查看是否因为开发机器与测试机器的配置、环境等有差别，而导致缺陷无法重现。

6）缺陷类型

根据不同的开发阶段，会有不同类型的缺陷。需求分析阶段可能的缺陷包括：模糊、不清楚的需求，被遗漏的需求，相互冲突的需求，不具有可测性的需求等；在概要设计和详细设计阶段，缺陷可分为遗漏的设计、混乱的设计等；在实现阶段，出现的缺陷有消息错误、用户界面错误、遗漏的功能、内存泄露或程序崩溃等；在文档撰写阶段，则有文档的描述错误，与需求、设计和执行不一致的缺陷等。不同的公司和项目组会定义不同的缺陷类型，例如，BugFree 中定义的缺陷类型包括：代码错误、界面优化、设计变更、新增功能、数据校对、事务跟踪和其他。

这里特别提醒要关注两种类型的缺陷：回归缺陷和迟现缺陷。

回归缺陷，顾名思义，就是回归测试中发现的缺陷，是因开发新的软件特性或修复缺陷而导致以前正常工作的软件特性罢工。这种情况常常会出现在产品开发过程中。回归缺陷又可分为两种。

（1）发布回归：与上一个发布的软件版本相比而出现的缺陷。

（2）构建回归：相对前面某个内部 build 版本而出现的缺陷。

导致回归缺陷的主要原因是不充分的单元测试或测试环境问题。一般的，回归缺陷的误报率也比较高，争议常常会很大。

控制回归缺陷的途径如下。

（1）重视单元测试。

(2) 严格控制缺陷的重打开比例。

(3) 增加代码评审的频率。

(4) 引入自动测试。

然而，实践表明，使用上述方法也仅能将回归缺陷控制到整体缺陷的 20%～30%，即使继续努力也无法降低回归缺陷的比例了。

迟现缺陷从字面上看是指发现晚了的缺陷，也就是漏检的缺陷。这类缺陷是测试人员最不愿意看到的。实践中的每个发布版本中都会发现无数个在前次发布版本的测试中未发现的缺陷，且该数目一般也会达到整体缺陷数量的 20%～30%。

产生这类缺陷的主要原因如下。

(1) 测试不可能达到 100%的测试覆盖率。无论是语句覆盖、判定覆盖，还是路径覆盖，抑或是其他的覆盖指标，都会有遗漏的缺陷。

(2) 每个人都存在测试盲区，这与测试人员的经验，以及对被测试系统的熟悉程度有关。

可从以下方面来控制漏检。

(1) 增加随机测试。

(2) 交叉测试，以减少测试盲区。

7) 相关缺陷

缺陷之间可能存在各种关联，如某个缺陷必须在另一个缺陷得到正确修复之后才能进行修复。

8) 指派的修复人员

通过指派修复人员，缺陷报告确认提交之后将由对应的修复人员负责给出处理意见。项目经理或开发人员针对可重现的缺陷给出处理意见。值得注意的是：对于非正常的处理方式，如暂缓、不修复或外部原因等，应给出非正常解决的理由。

9) 附件

附件包括测试过程使用到的测试数据文件、缺陷的界面截图、测试日志文件等。测试人员为了提高测试效率，往往专门设计了文件存放测试用到的一批数据，开发人员是不拥有这样的文件的，缺陷往往与这些测试数据相关，因此，应将测试数据文件作为附件加在缺陷报告中。若测试中涉及其他相关文件的操作，也应附带这些文件。

另外，记录缺陷表现形式的界面截图应满足以下要求。

(1) 图片不要太大，最好不要用 bmp 格式存储图片，除非是涉及显示图片一类的缺陷，对图片细节质量要求非常高。

(2) 在图中应添加醒目的注释文字，或用粗线条(如圆圈)标出缺陷所在，让开发人员快速了解缺陷的位置和形式。

(3) 仅给出最重要的截图，可以是全屏，也可以仅截取活动窗口或局部区域。

很多时候，开发人员希望测试人员提供日志文件，以利于分析和调试存在问题的系统。若日志不大，则可以直接复制粘贴在缺陷报告中；若日志较大，则应以附件方式给出。

10) 个人注释

只要是对缺陷报告中的某些内容存在疑问，或对缺陷处理方式等有意见或建议，都应毫不犹豫地在缺陷报告中写下自己的注释。注释有助于测试人员、项目经理、开发人员等不同角色之间的交流，使缺陷得到最快捷、最合理的处理。

4. 缺陷报告案例

典型缺陷报告模板见表3-1。

表 3-1　典型的缺陷报告模板

| 测试人 | ×××| | 时间 | | ××-××-×× | |
|---|---|---|---|---|---|---|
| 软件名称 | ××× | | 编号/版本 | | 1.0 | |
| 功能模块名 | 用户登录 | | | | | |
| 用例编号 | DL001 | | | | | |
| 严重程度 | 一般 | 优先级 | 高优先级 | | 状态 | 激活 |
| 测试环境 | | | | | | |

硬件环境

　　服务器端：IBM 小型机

　　客户端：2 台 PC(CPU：奔腾 4　2.4GHz；RAM：512MB)

软件环境

　　服务器端：操作系统——Linux 9.0；数据库——Oracle 9i；Web 服务器——Websphere 4.0

　　客户端：操作系统——Windows XP；浏览器：IE 7.0

| 分配给 | programmer@sohu.com |
|---|---|
| 发送给 | pm@sohu.com |
| 缺陷标题 | 用户无法正常登录 |

详细描述：

1. 从登录页面进入

2. 输入用户名(user)和密码(user)，单击"登录"按钮(第一次登录)

预期结果：

网站强制用户修改密码，即显示修改密码页面，让用户自由选择修改密码

实际结果：

无法显示修改密码页面，弹出错误提示窗口

| 附件 | 错误提示窗口界面截图.jpg |
|---|---|
| 相关缺陷 | 无 |
| 注释 | |

　　有关模板与测试用例模板类似，不同公司和项目组有各自适用的模板，且会要求测试小组成员遵循该模板，这些模板只是形式稍有变化，其内容基本是一致的。

## 3.1.3　缺陷处理流程

1. 缺陷的状态

　　缺陷或缺陷报告在整个生命周期中会处于不同的状态，这些状态定义了不同角色(如测试人员、项目经理、开发人员等)对缺陷的处理方式。典型的状态如下。

　　(1) 打开。每当测试人员发现缺陷，并提交一个新的缺陷报告时，该缺陷处于"打开"状态。它提醒项目经理关注这份报告，对报告中提交的缺陷划分处理优先级，并将缺陷指派给相关的开发人员进行处理。

(2) 指派。有时用"处理中"来代替。项目经理对缺陷报告进行初步验证后，将缺陷分配给相关的开发人员负责修复，此时缺陷处于"指派"状态。指派状态实际意味着缺陷正在处理中。有时，若测试人员知道被发现缺陷所在的模块由谁来负责开发，那么，他也会直接将缺陷报告发送/分配给对应的开发人员，等待开发人员修复该缺陷。

(3) 已解决。开发人员拿到缺陷报告，针对缺陷做出一定的处理，并在缺陷报告中简要说明解决的措施和步骤，这时缺陷处于"已解决"状态。

(4) 关闭。测试人员对从开发人员那里返回的缺陷报告进行检查，对于已经修复的缺陷，则需要重新执行相关测试用例，通过观察测试用例是否通过来验证缺陷是否正确修复。测试人员确认提交的缺陷的关闭权限严格限定在个别测试员的手中，如主任测试员或测试经理。注意，一般情况下，谁发现缺陷，谁负责验证该缺陷是否得到正确的修复，并负责决定是否关闭该缺陷，因为发现缺陷的人最熟悉缺陷的表现，最了解可能受到缺陷修复影响或原有缺陷影响的地方，能针对这些位置展开验证测试和回归测试。

(5) 重新打开。已经关闭的缺陷很可能在后续的某个时候再次出现，这往往是由于开发人员没有找到缺陷的根源所在，未全面修复缺陷所致的。此时，应将已经关闭的缺陷重新打开，再次进入处理循环，等待项目经理进行分配。

这里所给出的状态并非适用于所有公司和项目组。每个公司会根据自己的缺陷管理流程设定缺陷的状态。例如，以下的缺陷状态分类也很常见。

(1) 激活。某个缺陷被激活。该状态不区分到底是一个新建的缺陷，还是一个重新打开的缺陷，只要是被激活，该缺陷就应提交项目经理分配解决责任人。项目小组的成员(不管是开发人员还是测试人员，或者是项目经理等)从缺陷报告的处理历史中可以很方便地区分该缺陷到底是一个新缺陷，还是重新打开的缺陷。

(2) 已解决。开发人员对缺陷做了处理，等待测试人员的验证。

(3) 关闭。测试人员对缺陷处理意见进行处理，若不同意开发人员的处理意见，会仔细检查自己提交的缺陷报告是否存在有疑问的地方，检查更新之后将重新提交该缺陷报告等待处理；若测试人员同意开发人员的处理意见，则将根据不同的意见做出相应的操作，主要是对那些确认有效且已经修复的缺陷展开验证测试和回归测试，以确认缺陷不再出现，之后就可将该缺陷关闭了。而对于那些确认有效但暂时不修复的缺陷则在短期内将不予理会。

注意事项如下。

注意之一：所有缺陷都应确保得以处理。这里的处理不一定是修复，也可能是不修复或暂缓修复。但一定不能有悬而未决的缺陷状态。

注意之二：即使是关闭的缺陷也不会且不应从缺陷数据库中删去，只是开发人员将不再处理这些缺陷而已。

**2. 缺陷的处理流程**

缺陷报告一经提交，就在测试员、项目经理、开发人员等不同角色之间流转，进入不同的状态。一般的缺陷处理流程十分简单：打开→分配→修复→关闭。

(1) 首先由测试人员发现缺陷，提交缺陷报告，缺陷呈打开状态。

(2) 其次由项目经理(或开发经理)负责将缺陷分配给对应的开发人员，等待修复，缺陷呈分配状态。

(3) 再次，由开发人员(程序员)重现缺陷，修复缺陷，提交测试人员验证，缺陷呈修复状态。

(4) 最后，经测试人员验证后，缺陷不再出现，于是关闭缺陷，缺陷呈关闭状态。

为了将缺陷进行有效管理，需要建立缺陷管理系统，其重要性体现在如下几个方面。

1) 便于交流

缺陷管理系统的核心是缺陷,如何描述缺陷？如何将缺陷交到合适的人手中进行修复？如何了解缺陷修复正确与否？缺陷管理系统以缺陷报告来回答以上问题。所有人仅需关注缺陷报告即可。

2) 提高效率

面对有限的时间和资源，应确保最严重的、风险最高的缺陷优先得到修复。缺陷管理系统通过自动对缺陷 ID 进行编号，可以精确区分和跟踪每个缺陷，通过重要性级别来评估缺陷，并通过优先级来确定修复的次序，从而避免缺陷遗留到用户手中。

3) 降低风险

暂缓的缺陷经常会被大家所遗忘。缺陷管理系统通过记录缺陷的处理历史来追踪每个缺陷的状态变化，推动每个暂缓的缺陷能够在产品发布之前得到及时的修复。

4) 改善流程，评估软件质量

缺陷报告的读者主要有两类，一类是开发人员，他们关心的是详尽的操作步骤的直观的缺陷表现，他们希望能迅速、方便地重现缺陷、定位缺陷，并修复缺陷。另一类是项目经理等管理者，他们关心的是缺陷的严重性、缺陷的分布和趋势。缺陷管理系统通过提供统计查询功能达到对缺陷的立体分析，有助于了解阶段性缺陷发现和修复的工作进度与质量，有助于评估产品发布时的缺陷数目，以决定是否发布产品，并有助于及时调整测试和开发过程。

### 3.1.4 缺陷的跟踪和管理

#### 1. 缺陷的处理方式

当缺陷到达开发人员手中，开发人员会根据缺陷报告的描述，执行操作步骤，观察系统的表现，判断是否出现了测试人员所描述的缺陷，并决定如何处理缺陷。对缺陷的处理方式一般分为以下 7 种。

(1) 已修复。表示问题被修复。开发人员定位缺陷，对相关部分(如代码、设计等)进行修改，在缺陷报告中说明自己的修复步骤，等待测试人员的验证，以确保缺陷得到正确的修复。特别地，开发人员还应注意明确指出是针对哪个版本进行的修复。这是最常见的处理方式，也是测试人员最希望看到的回复意见。

(2) 暂缓。项目经理初步验证后承认缺陷确实存在，但受到技术、发布时间压力等因素的影响，予以处理优先级较低，认为该缺陷在当前版本中不需要处理，而将在软件的下一个版本中讨论是否应对该缺陷进行修复。注意，那些标记为暂缓的缺陷需要定期讨论的，讨论的结果可能是将该缺陷的处理优先级升级为立即修复，也可能认为该缺陷不值得修复，最终会将其忽略掉。

(3) 外部原因。表示是由于外部技术原因(如操作系统或其他第三方软件)而导致的缺陷，开发人员无法修复该缺陷。也有可能是因为缺陷的影响范围太大，需要由审核委员会来决定如何处理。

(4) 不修复。表示虽然认为该缺陷有效，但该缺陷太轻微，或被用户发现的概率非常小，不值得花时间来修复。

(5) 重复的。表示该问题是个重复的缺陷，已由其他测试人员发现并提交。一般地，对重复提交的缺陷，会直接将这类缺陷关闭，但很多时候，不能关闭掉可能是相似而非相同的缺陷，因为关闭这样相似的缺陷可能会带来风险，所以应谨慎处理。

(6) 不可重现。开发人员根据缺陷报告中描述的步骤执行之后，无法触发该缺陷，也没有更多线索来证实该缺陷的存在。这时，应由测试人员在当前版本中检查缺陷重现的步骤，确认该缺陷是否存在，同时仔细检查是否对每个步骤都有清晰的描述。若需增加新的步骤，应将处理状态改为"打开"状态，并在注释中说明所进行的操作。"不可重现"这一处理方式也很常见，这也是导致测试人员被开发人员轻视、致使缺陷修复的进度延迟的主要原因之一。

(7) 符合设计。项目经理认为提交的缺陷并不是一个缺陷，程序本身就是这样设计的，或者认为程序运行的情况就是设计要求的预期情况。

以上 7 种处理方式中，前 4 种是有效缺陷，因为均认可缺陷存在。而后 3 种是无效缺陷。但是，有效缺陷不一定能够得到修复，无效缺陷也不一定得不到修复。

不同的公司和项目组，会根据自己的缺陷管理流程来决定缺陷的处理方式。例如，有的公司还会在其缺陷管理系统中设定这样的解决方式："需更多信息"，表示开发人员可以重现该缺陷，但需要测试人员提供更多有关缺陷的信息，如缺陷的日志文件、缺陷呈现的界面截图等。测试人员必须回复这些疑问，提供必要的辅助材料。

2. 缺陷管理注意事项

注意之一：暂缓与符合设计是不同的概念。暂缓意味着承认是缺陷，对于项目经理而言，意味着承认失败。而符合设计则不存在这样的风险。所有暂缓的缺陷都是需要由审核委员会定期讨论的，一般是每隔几周时间讨论一次，临近项目结束的时候更应如此，可能达到每天一次。审查会上将讨论决定每一个暂缓的缺陷最终是维持暂缓状态，还是应该在产品发布之前予以修复。对于某些审核委员会来说，他们仅讨论暂缓的缺陷，而不关心符合设计的缺陷。因此，若将缺陷设定为符合设计，则可以逃避审查。然而这样的做法很有可能使得少量严重的缺陷逃脱修复而最终留到用户手中，给用户和公司带来巨大的损失。

注意之二：对修复缺陷的验证分为以下两部分。

(1) 一部分是针对提交缺陷本身修复情况的验证，是完全执行原先的测试用例，观察是否通过，若通过，则证明缺陷已修复，可将该缺陷关闭。

(2) 另一个部分是回归测试，针对缺陷修复可能造成的影响，在相关模块中进行测试。这时若发现了新的问题，应作为一个新缺陷予以提交。若在验证过程中，发现原先的缺陷并没有消除，但缺陷呈现的信息稍有不同，也应将原先的缺陷关闭，同时提交一个针对新缺陷的全新的缺陷报告。

注意之三：缺陷状态与缺陷处理方式是两个截然不同的概念，不可混为一谈。

(1) 缺陷状态是贯穿于打开缺陷→分配缺陷→解决缺陷→关闭缺陷这个基本流程中的，"打开"、"关闭"这些操作触发状态的变迁。

(2) 缺陷的处理方式仅针对解决缺陷这个环节，主要由项目经理或开发人员决定如何对缺陷进行处理。

(3) 缺陷处理方式的不同直接影响缺陷从打开到关闭的执行路径的长度。

注意之四：暂缓修复与遗漏测试是完全不同的，但二者的表现形式很相似。

(1) 缺陷一旦被暂缓修复，其后果常常是被忽略掉，在产品交付给用户之前没有得到及时的修复。暂缓修复的缺陷是存在于缺陷库中的,其有迹可循。所有暂缓修复的缺陷在下一个发布版本开始测试之前将全部恢复为"激活"状态,等待分配和修复。

(2) 而遗漏测试是由于测试人员的过错或在进度压力之下不得不放弃部分测试,而导致对软件的某些部分没有展开测试,使得部分缺陷根本没有测试出来就漏到用户手中。这类缺陷根本就没有任何记录,在被用户发现之后才有可能加入到缺陷库中,等待在后续版本中进行修复。

### 3.1.5 常用缺陷管理工具

缺陷管理作为软件质量管理的重要组成部分,除了可以对需求的完成度进行控制,同时也可以对软件本身的质量进行控制,以保证软件开发迭代的顺利进行。过去在软件项目开发过程中都是通过单纯的表格形式来记录和跟踪缺陷,虽然可以实现项目管理和项目执行度的交互,但效率与实时性不高,且难以维护和统计。因此,国内外越来越多的公司开始进行相关管理工具的开发,通过软件技术解决软件项目的管理问题。同时,随着人们对缺陷管理工具的需求逐渐增多且更加明确,人们渴望能够得到物美价廉的可用版本(当然大多数都有免费的试用版)。下面简要介绍国内外较知名的缺陷管理软件。

1. 缺陷管理系统的需求

要选择或开发一个缺陷管理系统,该系统至少应具有以下功能。

(1) 支持对项目、各类用户及缺陷的管理,特别针对测试人员分散在不同地方、需要异地协同工作的需求,应支持用户不管在何时何地都能及时参与到整个测试过程中。

(2) 具备权限控制功能。

(3) 具有内部公告功能。

(4) 可对流程进行定制,支持字段的自定义。

(5) 可通过 E-mail 通知和监控。

(6) 可方便地进行缺陷的统计查询,并形成各种形式的报表,且可以方便导出。

(7) 易于安装。

(8) 易于使用。

(9) 易于扩展。

对于使用缺陷管理系统的人员而言,不同角色对系统的需求见表 3-2。

表 3-2　不同角色对缺陷管理系统的需求

| 角　　色 | 需　　求 |
|---|---|
| 管理人员 | 根据缺陷数据统计结果,了解项目状态,查看的内容包括:<br>(1) 项目整体缺陷分布<br>(2) 项目整体缺陷工作量与进度<br>(3) 某开发人员在不同项目的开发工作量<br>(4) 项目某个版本的工作量情况 |
| 项目经理 | 评估缺陷和分配缺陷,具体工作内容包括:<br>(1) 查看缺陷的详细信息<br>(2) 分配缺陷<br>(3) 填写缺陷的预期修复时间及修复估算工作量 |

续表

| 角　　色 | 需　　求 |
|---|---|
| 开发人员 | 处理缺陷，提交工作量记录，具体工作内容包括：<br>(1) 接受缺陷，并处理缺陷<br>(2) 填写对缺陷的处理意见和具体的解决措施<br>(3) 填写处理缺陷所花的工作量 |
| 测试人员 | 提交缺陷，跟踪缺陷，具体工作内容包括：<br>(1) 提交缺陷，填写缺陷详细信息<br>(2) 根据不同过滤条件查看不同的缺陷，进行缺陷的跟踪处理<br>(3) 验证缺陷的处理情况 |

2. BugFree

目前市面上已经出现一大批缺陷管理工具，有的工具专门进行缺陷管理，有的工具则将缺陷管理、测试过程管理等全部集成在一个平台上。其中较著名的商业软件包括 MI 公司的 TestDirector(TD)、Rational 公司的 ClearQuest(CQ)，而开源软件则主要有 Bugzilla、BugFree 等。接下来介绍开源缺陷管理工具 BugFree。

1) 什么是 BugFree

BugFree 是借鉴微软公司的研发流程、缺陷管理理念以及内部缺陷管理工具 ProductStudio，使用 PHP+MySQL 独立编写的一个缺陷管理系统。该系统基于 Browser/Server 架构，免费且开放源代码。服务器在 Linux 和 Windows 平台上都可以运行，客户端通过浏览器即可自由使用。

如何有效地管理软件产品中的缺陷，是每一家软件企业必须面临的问题。遗憾的是很多软件企业仍停留在作坊式的研发模式中，研发流程、工具和人员管理均不尽人意，无法有效地保证软件产品的质量、控制软件开发进度，并使产品可持续发展。BugFree 就是为了解决上述问题而开发的。

2) BugFree 的命名

BugFree 是由中国人王春生、刘振飞和李玉鹏 3 人作为小组设计、开发和维护的。命名为 BugFree 包含两层含义：一是希望软件中的缺陷越来越少直到没有，实现真正 Free；二是表示该软件是免费且开源的，可以自由使用传播，即"Free use"。

BugFree 同时也是"易软开源"网站的一个组成部分，网址为：http://www.1zsoft.com，其含义为"easy soft"的谐音，所以"1zsoft"的首字母是数字"1"，而非字母"1"。

3) BugFree 的使用流程

BugFree 的早期版本(BugFree 1.1 以前版本)仅能完成缺陷的管理，目前的版本(BugFree 2.0 版本)集成了缺陷(Bug)、测试用例(Test Case)和测试结果(Test Result)的管理。

具体使用流程是：首先创建 Test Case，运行 Test Case 产生 Test Result，运行结果为 Fail 的 Case 将直接创建 Bug。将 Test Case 的标题、步骤和 Test Result 运行环境等信息直接复制到新建的 Bug 中。

4) BugFree 下载与安装

BugFree 可直接从官方网站 http://www.bugfree.org.cn 下载。以在 Windows 平台上安装为例，对于全新安装而言，安装步骤如下。

(1) 在 Windows 服务器上安装 Apache、PHP 和 MySQL 软件包，如 xampp、easyhph 等。

（2）下载 BugFree 安装包，解压并上传到服务器的 bugfree 虚拟目录下。

（3）在浏览器上打开 http://servername/bugfree/install.php，选择安装语言，并选择全新安装，单击"下一步"按钮。

（4）按提示输入数据库连接信息等内容。

（5）单击 Install 按钮安装 BugFree。安装完毕后，删除 install.php 文件。

对于从 BugFree 1.1 版本升级安装而言，安装步骤如下。

（1）下载 BugFree 安装包，解压并上传到服务器的 bugfree 虚拟目录下。

（2）在浏览器上打开 http://servername/bugfree/install.php，选择语言，并选择从 BugFree 1.x 升级，单击"下一步"按钮。

（3）输入与 BugFree 1.1 相同的数据库连接和邮件功能设置。

（4）单击 Install 按钮安装 BugFree。安装完毕后，同样需要删除 install.php 文件。

（5）将 1.1 版的 BugFree 目录下的文件复制到 2.0 版的 BugFree 目录下。

事实上，目前网上也可以下载 BugFree 早期版本的绿色安装包，将 Apache、PHP 和 MySQL 的安装与配置打包在一起，支持几乎傻瓜式的安装，使得 BugFree 的安装更加方便、快捷。

## 3.2  软件测试管理

随着软件开发规模的增大、复杂程度的增加，以寻找软件故障为目的的测试工作就显得更加困难。为了尽可能多地找出程序中的故障，开发出高质量的软件产品，必须对测试工作进行组织策划和有效管理，采取系统的方法建立起软件测试管理体系。对测试活动进行监管和控制，以确保软件测试在软件质量保证中发挥应有的关键作用。

### 3.2.1  建立测试管理体系

根据对国际著名 IT 企业的统计，软件测试费用占整个软件工程所有研发费用的 50% 以上。相比之下，我国软件企业在软件测试方面与国际水准仍存在较大差距。大多数企业在管理上随意、简单，没有建立有效、规范的软件测试管理体系。

应用系统方法建立软件测试管理体系，也就是把测试工作作为一个系统，对组成这个系统的各个过程加以识别和管理，以实现设定的系统目标。同时要使这些过程协同作用、互相促进，尽可能发现和排除软件故障。测试系统主要由下面 6 个相互关联、相互作用的过程组成。

1. 测试计划

确定各测试阶段的目标和策略。这个过程将输出测试计划，明确要完成的测试活动，评估完成活动所需要的时间和资源，设计测试组织和岗位职权，进行活动安排和资源分配，安排跟踪和控制测试过程的活动。

测试计划与软件开发活动同步进行。在需求分析阶段，要完成验收测试计划，并与需求规格说明书一起提交评审。类似地，在概要设计阶段，要完成和评审系统测试计划；在详细设计阶段，要完成和评审集成测试计划；在编码实现阶段，要完成和评审单元测试计划。对于测试计划的修订部分，需要进行重新评审。

2. 测试设计

根据测试计划设计测试方案。测试设计过程输出的是各测试阶段使用的测试用例。测试设计也与软件开发活动同步进行，其结果可以作为各阶段测试计划的附件提交评审。测试设计的另一项内容是回归测试设计，即确定回归测试用例集。对于测试用例的修订部分，也要求进行重新评审。

### 3. 测试实施

使用测试用例运行程序，将获得的运行结果与预期结果进行比较，分析、记录、跟踪和管理软件故障，最终得到测试报告。

### 4. 配置管理

测试配置管理是软件配置管理的子集，作用于测试的各个阶段。其管理对象包括测试计划、测试方案(用例)、测试版本、测试工具及环境、测试结果等。

### 5. 资源管理

资源管理包括对人力资源和工作场所，以及相关设施和技术支持的管理。如果建立了测试实验室，还存在其他的管理问题

### 6. 测试管理

采用适宜的方法对上述过程及结果进行监视，并在适用时进行测量，以保证上述过程的有效性。如果没有实现预定的结果，应进行适当的调整或纠正。

此外，测试系统与软件修改过程是相互关联、相互作用的。测试系统的输出(软件故障报告)是软件修改的输入。反过来，软件修改的输出(新的测试版本)又成为测试系统的输入。

根据上述 6 个过程，可以确定建立软件测试管理体系的 6 个步骤。

(1) 识别软件测试所需的过程及其应用，即测试规划、测试设计、测试实施、配置管理、资源管理和测试管理。

(2) 确定这些过程的顺序和相互作用，前一过程的输出是后一过程的输入。其中，配置管理和资源管理是这些过程的支持性过程，测试管理则对其他测试过程进行监视、测试和管理。

(3) 确定这些过程所需的准则和方法，一般应制定这些过程形成文件的程序，以及监视、测量和控制的准则和方法。

(4) 确保可以获得必要的资源和信息，以支持这些过程的运行和对它们进行监测。

(5) 监视、测量和分析这些过程。

(6) 实施必要的改进措施。

建立软件测试管理体系的主要目的是确保软件测试在软件质量保证中发挥应有的关键作用，包括对软件产品的特性进行监视和测量，对软件产品设计和开发进行验证，以及对软件过程的监视和测量。

对软件产品的特性进行监视和测量，主要依据软件需求规格说明书验证产品是否满足要求。所开发的软件产品是否可以交付，要预先设定质量指标，并进行测试。只有符合预先设定的指标，才可以交付。对于软件测试中发现的软件故障，要认真记录它们的属性和处理措施，并进行跟踪，直至最终解决。在排除软件故障之后，要再次进行验证。

对软件产品设计和开发进行验证，主要通过设计测试用例对需求分析、软件设计、程序代码进行验证，确保程序代码与软件设计说明书一致，以及软件设计说明书与需求规格说明书一致。对于验证中发现的不合格现象，同样要认真记录和处理，并跟踪解决。解决之后，还要再次进行验证。

对软件过程的监视和测量，是从软件测试中获取大量关于软件过程及其结果的数据和信息，用于判断这些过程的有效性，为软件过程的正常运行和持续改进提供决策依据。

## 3.2.2  软件测试管理的基本内容

软件测试项目范围管理就是界定项目所必须包含且只需要包含的全部工作，并对其他的测试项目管理工作起指导作用，以确保测试工作顺利完成。这里的"必须包含且只需要包含"意味着在项目中进行最基本的工作，但不做额外的工作。这样的策略才能确保测试耗费最低的成本和最短的时间。

项目目标确定后，下一步就是确定需要执行哪些工作或者活动来完成项目的目标，这就是要确定一个包含项目所有活动在内的一览表。准备这样的一览表通常有两种方法：一种是让测试小组利用"头脑风暴法"根据经验总结并集思广益，这种方法比较适合小型测试项目；另一种是对更大型、更复杂的项目建立一个工作分解结构和任务一览表。

工作分解结构是将一个软件测试项目分解成易于管理的更多部分或细目，所有这些细目构成了整个软件测试项目的工作范围。工作分解结构是进行范围规划时使用的重要工具和技术之一，它是测试项目团队在项目期间要完成或处理的最终细目的等级树，它组织并定义了整个测试项目的范围，未列入工作分解结构的工作将排除在项目范围之外。进行工作分解是非常重要的工作，它在很大程度上决定了项目能否成功。对于细分的所有要素需要统一编码，并按规格化进行要求。这样，将给所有的项目管理人员提供一个一致的基准，即使项目人员变动，也有一个互相可以理解和交流沟通的平台。

## 3.2.3  软件测试管理原则

软件测试项目管理应先于任何测试活动，且持续贯穿于整个测试项目的定义、计划和测试之中。为了保证测试项目过程的成功管理，坚持下列的测试项目管理的基本原则是非常必要的。

### 1. 始终能够把质量放在第一位

测试工作的根本目标在于保证产品的质量，应该在测试小组中建立起"质量是生存之本"的观念，建立一套与之相适应的质量责任制度。

### 2. 可靠的需求

做好测试工作的根本就是要正确理解需求定义，所以应当有一个经各方一致同意的、清楚的、完整的、详细的切实可行的需求定义。测试人员充分理解了软件的需求定义，包括纸面上的或者默认的规范，才能够制订测试策略、有计划地安排工作、制订系统的解决方案、制订合理的时间表。

### 3. 尽量留出足够的时间

经验表明，随着系统分析、设计和实施的进展，客户的需求不断地被激发，需求不断变化，导致项目进度、系统设计、程序代码和相关文档的变化和修改，而且在修改过程中又可能产生新的问题，结果受影响最大的是软件测试。因为程序设计和实现被拖延，同时最后的时间期限又被严格控制，结果造成测试时间被严重挤压。所以，应当为测试计划、测试用例设计、测试执行以及评审等留出足够的时间，不应使用突击的办法来完成项目的测试工作。

## 4．足够重视测试计划

在测试计划里应该清楚地描述测试目标、测试范围、测试风险、测试手段和测试环境等。项目计划中要为改错、再测试、变更留出足够时间。

## 5．要适当地引入测试自动化或测试工具

现代项目管理工具提供了项目管理的理念和方法，可以使测试人员方便地完成项目管理的过程控制以及进度、费用跟踪。软件测试工具在适合的项目中，可以大大减小工作量，并保证测试结果的准确性。测试工作有一个特点，就是"重复"。前期准备工作要充分，不能盲目，要为测试工作建立一个支撑平台。首先至少应当有一个测试用例管理工具，用来存储测试用例以及执行信息。其次，应当有一个测试报告工具，用来统计、分析测试数据。

## 6．建立独立的测试环境

对测试环境不能掉以轻心，要和有关人员审查环境的软、硬件配置。环境有大有小，财力不足的，几台计算机也是一个测试环境，但是重要的是"独立"，在这个测试环境只做测试，不做其他任何工作。不能用开发人员的计算机来做测试工作，否则测试环境的混乱必然会影响测试结果。

## 7．通用项目管理原则

通用项目管理原则包括流畅的有效沟通、文档的一致性和及时性、项目的风险管理等。对测试的风险需要细心对待，需要更及时的应对措施。在软件测试项目中，最大的威胁就是沟通的失败。软件测试项目成功的 3 个主要因素是用户的积极参与、与开发项目组的协调配合和管理层的大力支持。三要素全部依赖于良好的沟通技巧。沟通管理的目标是及时并适当地创建、收集、发送、存储和处理项目的信息。有效的沟通管理能够创建良好的风气，让项目成员对准确的报告项目的状态感到安全，让项目在准确的、基于数据的事实基础上运行。

### 3.2.4　常用软件测试管理工具

软件测试管理工具是指帮助完成测试计划，跟踪测试运行结果等的工具。

软件测试管理工具主要用于对测试进行管理，包括测试用例管理、缺陷跟踪管理和配置管理。一般而言，测试管理工具对测试计划、测试用例、测试实施进行管理，这类工具还包括有助于需求、设计、编码测试及缺陷跟踪的管理工具。测试管理工具的代表有 Rational 公司的 TestManager、Compuware 公司的 TrackRecord 等。一个小型软件项目可能就有数千个测试用例要执行，使用捕获/回放工具可以建立测试并使其自动执行，但还需要测试用例管理工具对成千上万、杂乱无章的测试用例进行管理。

软件测试管理工具是支持软件测试的主要自动化工具。目前国外有代表性的软件测试管理工具有 Mercury Interactive 公司的 TestDirector，Rational 公司的 Rational TestManager 和 Test Studio，Microsoft 公司的 RAIDS 以及 Compuware 公司的 QA Director 等。

## 1．TestDirector 测试管理工具

TestDirector 是 MI 公司开发的一款知名的测试管理工具，是一个用于规范和管理日常测试项目工作的平台。与 MI 公司的其他黑盒测试、功能测试和负载测试工具(如 LoadRunner、WinRunner 等)不同，TestDirector 用于对白盒测试和黑盒测试的管理，可以方便地管理测试过

程，进行测试需求管理、计划管理、实例管理、缺陷管理等。TestDirector 是一个基于 Web 的专业测试项目管理平台软件，用户只需要在服务器端安装软件，就可以通过局域网或 Internet 访问 TestDirector，使用该管理工具的对象可以从项目管理人员扩大到软件质量控制部门、用户和其他人员，方便测试人员的团队合作和沟通交流。TestDirector 能够很好地与 MI 公司的其他测试工具进行集成，并且提供了强大的图表统计功能，测试管理者可以准确全面地了解测试项目的概况和进度。同时 TestDirector 也是一款功能强大的缺陷管理工具，可以对缺陷进行增加、删除等操作。

TestDirector 提供了四大功能模块，即需求管理模块、测试计划管理模块、测试执行管理模块和缺陷管理模块，可以有效地控制需求分析覆盖、测试计划管理、自动化测试脚本的运行和对测试中产生的错误报告进行跟踪等。其测试管理的流程为：分析并确认测试需求、制订测试计划、创建测试实例并执行、缺陷跟踪和管理。

### 2. Rational 公司的 TestManager

Rational TestManager 是一个开放的可扩展的构架，它可将所有测试工具、工件和数据组合在一起，帮助团队制定并优化测试目标。TestManager 是针对测试活动管理、测试执行和测试结果分析的一个中央控制台，管理测试输入、测试计划、测试设计、测试执行和测试结果分析等整个测试过程。它支持单纯的人工测试方法以及各种自动化范型(包括单元测试、功能回归测试和性能测试等)。通过它，团队可以创建、维护和对照测试计划，组织测试用例以及配置测试，创建测试报告，提交测试结果。TestManager 可以由项目团队的所有成员访问，确保了测试覆盖信息、缺陷跟踪和应用程序准备状态的高度可视化。最重要的是，它提供给整个项目组一个在任何过程点上判断系统状态的平台。质量保证专家可以使用 TestManager 协调和跟踪他们的测试活动，测试人员可以使用 TestManager 了解需要的测试工作以及测试人员和数据，测试人员还可以了解其工作范围是否会受到开发过程中全局变化的影响等。作为一个集成解决方案，TestManager 还可与 Rational 的其他工具集成，提升 Rational 在功能测试、可靠性测试、性能测试和测试管理方面的综合测试能力，提高团队的工作效率。

### 3. Compuware 公司的 QA Director

QA Director 是 Compuware 公司开发的一款测试管理和设计系统。其分布式的测试能力和多平台支持，能够使开发和测试团队跨越多个环境控制测试活动，允许开发人员、测试人员和 QA 管理人员共享测试资源、测试过程和测试结果，以及当前和历史的信息等，为客户提供最完全彻底的、一致的测试。

QA Director 可以协调整个测试过程，并提供计划和组织测试需求、自动测试和手工测试管理、测试结果分析、测试需求管理、缺陷跟踪等功能，可将分析过程与测试过程结合，以确保测试计划符合最终用户需求；可以从各种各样的自动测试工具中选择工具自动执行测试，也允许使用手动测试，方便将信息加载到缺陷跟踪系统等，为测试管理提供全方位的支持。

### 4. RAIDS 和 TestStudio

RAIDS 的一个特点是提交缺陷十分方便快捷，RAIDS 将缺陷分为 open、verify、close 这 3 个状态，并在缺陷列表中以不同的颜色显示出来，使人一目了然。RAIDS 允许同时提交多个缺陷到缺陷数据库中，提供有强大的缺陷查询功能，允许任意组合查询条件，动态生成查询界面，测试人员和开发人员可以通过 RAIDS 方便地进行沟通和交流，沟通和交流记录可以动态地显示在缺陷描述的结尾。

TestStudio 是 Rational 公司开发的一款单机版测试管理工具，主要用于对测试用例进行管理，它按层次组织测试用例，易于查询和运行测试用例。TestStudio 将测试用例分成 NotRun、pass、failed、blocked 这 4 个不同的状态，来标识测试用例的运行情况。TestStudio 的一个突出特点是，它支持测试用例不同轮次的运行，而且可以多轮次同时进行，使用时在客户端安装，但使用者需要提供一个测试用例数据库的本地副本。

RAIDS 具有强大的缺陷管理功能，而 TestStudio 具有测试用例管理功能，将两者组合在一起，可以很好地对缺陷和测试用例进行管理和跟踪，但 TestStudio 建立在一个已生成的测试用例库基础之上，它们并不具有需求管理的功能，不直接支持测试用例的生成，也不能支持测试进度计划管理、测试文档管理、测试任务管理等。

### 5. 国产测试管理工具 TestCenter

测试管理工具 TestCenter 是一款基于 B/S 体系结构的国产自动化测试管理软件，主要用于满足国内中、小型软件公司的测试需要，在国内软件测试市场占有一定的比例。

TestCenter 的核心是完成功能测试管理，能够实现测试需求管理、测试用例管理、测试业务组件管理、测试计划管理、测试执行、测试结果日志分析、测试结果分析、缺陷管理，支持测试需求和测试用例之间的关联关系，可以通过测试需求索引测试用例等。

TestCenter 主要特色如下。

(1) 高度的测试用例复用。通过强大的参数化和对 Bussiness Proccess Testing 的支持，能够使测试用例、测试脚本和测试集合被复用。例如，一个测试用例可以在多个不同的测试计划中被复用；一个测试脚本可以被多个不同的测试用例复用。

(2) 测试设计与测试脚本实现分离。这成功地解决了测试设计人员缺乏编写脚本经验的问题，而自动测试能实现人员(一般是测试工程师)无法完成的，将测试设计划分为测试需求、测试设计、测试实现和测试执行与分析等几个完整阶段，并且将其无缝地衔接在一起。

(3) 灵活的测试场景管理。TestCenter 给测试计划定义了严格的数据场景，能够保证测试在不同的场景下执行，提高了测试效率。

(4) 测试集合能够“一次定义，多处运行”。测试集合被定义的时候，TestCenter 支持通过给各个测试用例设置角色的方式来设定测试用例被执行的用户权限管理。在测试集合被执行的时候，TestCenter 自动给各个测试用例分配测试设备和自动设置测试环境，使测试集合设计不需要过多地考虑测试设备和测试环境，达到了“一次定义，多处运行”的目的，实现了在不同测试环境条件下的自动执行。

## 3.3　软件测试工具

为了提高软件测试效率，加快软件开发过程，一些测试工具相继问世，主要有白盒测试工具、黑盒测试工具、测试制定工具、测试执行工具、测试管理工具和测试支持工具等几大类。它们的应用范围和功能相差很大，提供辅助的程度也各不相同。

### 3.3.1　软件测试工具分类

#### 1. 白盒测试工具

白盒测试工具一般是针对被测源程序进行的测试，测试中发现的故障可以定位到代码级，根据测试工具的原理不同, 又可以分为静态测试工具和动态测试工具。

1) 静态测试工具

静态测试工具是在不执行程序的情况下, 分析软件的特性。静态分析主要集中在需求文档、设计文档以及程序结构上, 可以进行类型分析、接口分析、输入输出规格说明分析等。常用的静态分析工具有: McCabe&Associates 公司开发的 McCabe Visual Quality ToolSet 分析工具; ViewLog 公司开发的 Logiscope 分析工具; Software Research 公司开发的 TestWork/Advisor 分析工具; Software Emancipation 公司开发的 Discover 分析工具; 北京邮电大学开发的 DTS 缺陷测试工具等。

按照完成的功能不同, 静态测试工具有以下几种类型: 代码审查、一致性检查、错误检查、接口分析、输入输出规格说明分析、数据流分析、类型分析、单元分析和复杂度分析等。

2) 动态测试工具

动态测试工具与静态测试工具不同, 它直接执行被测试程序以提供测试支持。它所支持测试的范围十分广泛, 包括功能确认与接口测试、覆盖率分析、性能分析、内存分析等。

覆盖率分析可以对测试质量提供定量的分析。换言之, 覆盖率分析对所涉及的程序结构元素或数据流信息(如变量的定义、变量的定义、使用路径等)进行度量, 以确定测试运行的充分性。这种测试覆盖率分析工具对所有软件测试机构都是必不可少的, 它可以反映被测软件产品中哪些部分已被测试过, 哪些部分还没被覆盖到, 需要进一步的测试。

动态测试工具的代表有 Compuware 公司开发的 DevPartner 软件、Rational 公司研制的 Purify 系列等。

2. 黑盒测试工具

黑盒测试是在已知软件产品应具有的功能的条件下, 在完全不考虑被测程序内部结构和内部特性的情况下, 通过测试来检测每个功能是否都按照需求规格说明书的规定正常使用。黑盒测试工具的代表有 MI 公司的 WinRunner、Compuware 公司的 QACenter。

常用的黑盒测试工具可分为功能测试工具和性能测试工具两类。

功能测试工具主要用于检测被测试程序能否达到预期的功能要求并正常运行。

性能测试工具主要用来确定软件和系统的性能, 有些工具还可用于自动多用户客户/服务器加载测试和性能测试, 用来生成、控制并分析客户端/服务器应用的性能等。

3. 测试设计和开发工具

测试设计是说明测试被测软件特征或特征组合的方法, 确定并选择相关测试用例的过程。测试开发是将测试设计转换成具体的测试用例的过程。像制订测试计划一样, 对最重要、最复杂的测试设计过程来说, 工具的作用不大。但测试执行和评估类工具, 如捕获/回放工具, 是有助于测试开发的, 也是实施计划和设计合理测试用例的最有效手段。

测试设计和开发工具主要包括: 测试数据生成器、基于需求的测试设计工具、捕获/回放工具和覆盖率分析工具等。

测试数据生成工具非常有用, 可以为被测程序自动生成测试数据, 减少人们在生成大量测试数据时所付出的劳动, 同时还可避免测试人员对一部分测试数据的偏见。其中, 路径测试数据生成器是一类常用的测试数据生成工具。主要的测试数据生成工具有: Bender&Associates 公司提供的功能测试数据生成工具 SoftTest、Parasoft 公司提供的 C/C++单元测试工具 Parasoft C++test 等。

#### 4. 测试执行和评估工具

测试执行和评估是执行测试用例并对结果进行评估的过程，包括选择用于执行的测试用例、设置测试环境、运行所选择的测试、记录测试执行活动、分析潜在的软件故障并度量测试工作的有效性。评估类工具对执行测试用例和评估效果的过程具有辅助作用。

测试执行和评估工具类型有：捕获/回放、覆盖率分析和存储器测试。

对于不断重复运行的测试，可选择捕获/回放工具使测试自动化，换言之，它可以根据需要，几个小时、一个晚上或 24 小时不间断地运行测试而不需要值班管理。利用存储器测试工具可以在故障发生之前确认、跟踪并消除故障。存储器测试工具大多是语言专用和平台专用的，有些可用于最常见的环境。这方面最好的工具是非侵入式的，且使用方便、价格合理。

#### 5. 测试管理工具

测试管理工具是指帮助完成测试计划，跟踪测试运行结果等的工具。

测试管理工具主要用于对测试进行管理，包括测试用例管理、缺陷跟踪管理和配置管理。一般而言，测试管理工具对测试计划、测试用例、测试实施进行管理，这类工具还包括有助于需求、设计、编码测试及缺陷跟踪管理的工具。具体的测试管理工具已在上两节中介绍。

### 3.3.2　常用软件测试工具

目前市场上专业开发软件测试工具的公司很多，但以 MI、Rational 和 Compuware 公司开发的软件测试工具最为常见，这 3 家世界著名软件公司的任何一款测试工具都可构成一个完整的软件测试解决方案。

#### 1. MI 公司产品介绍

MI 公司为行业提供一整套综合的自动软件测试解决方案，其开发的软件测试工具在市场上占绝对的主导地位。2004 年国际数据统计中心(IDC)的统计数据表明，MI 公司的四大主流产品 LoadRunner、WinRunner、TestDirector 和 QTP 在全球市场的占有率达到 55%以上。

LoadRunner 是一款适用于企业级系统、各种体系架构的自动性能测试工具，它可以建立多个虚拟用户，记录用户的操作，通过模拟实际用户的操作和实时性监测来确认和查找问题，预测系统行为并优化系统性能。LoadRunner 是跨平台的，可以安装在 Windows、Linux 等多种操作系统中。目前，越来越多的国内软件企业使用 LoadRunner 为自己的产品进行性能测试。据 MI 公司预测，中国将成为 MI 最大的市场。

WinRunner 是一款基于微软 Windows 操作系统的自动功能测试工具，可以按照预期的设计来执行测试，支持测试脚本的编辑和执行，可保证测试脚本的可重复性，主要用于监测应用程序是否能够达到其预计的功能及正常运行，帮助用户自动处理测试整个过程，提高测试效率和质量。

TestDirector 是一款测试管理工具，包括需求分析、测试计划、运行和缺陷管理 4 个主要部分。它不仅可以用于对白盒测试进行管理，而且还可以用于对黑盒测试进行管理，是一个基于 Web 的测试管理工具。这就意味着用户可以通过局域网或 Internet 访问 TestDirector 工具，将使用管理工具的对象从项目管理人员扩大到了软件质量保证部门、用户和其他相关部门，这是以往测试管理工具做不到的。

QTP(Quick Test Professional)是另一款功能测试工具，其功能与 WinRunner 类似。

2. IBM Rational 公司产品介绍

IBM Rational 公司开发的软件测试工具的市场占有率仅次于 MI 公司。但 IBM Rational 公司不仅开发软件测试工具,也开发软件工程其他领域的产品,如著名的建模工具 Rational Rose。公司意在为客户提供一整套软件生命周期解决方案,其主要测试工具有:Rational Robot(功能/性能测试工具)、Rational Purify(白盒测试工具)、Rational TestManager(测试管理工具)和 Rational ClearQuest(缺陷/变更管理工具)等。

Robot 是一个面向对象的软件测试工具,主要针对 Web、ERP 等进行自动功能测试。Robot 的使用非常方便,通过点击鼠标就可以实现各个属性的测试,包括识别和记录应用程序中各种对象;跟踪、报告和图形化测试进程中的各种信息;检测、修改各个问题;记录同时检查和修改测试脚本;测试脚本可跨平台使用等。

Purify 是一款白盒测试工具,属于 Ratonal PurifyPlus 自动软件测试工具集中的一种,可用来测试 Visual C/C++、VB 和 Java 代码中与内存相关的错误。Purify 可检查的错误类型有:堆栈相关错误、Java 代码中与内存相关的错误、指针错误、Windows API 相关错误、句柄错误、未初始化的局部变量、未申请的内存、使用已释放的内存和数组越界等。

TestManager 是一款测试管理工具,用于对测试计划、测试用例设计、测试实施、测试结果分析等方面进行管理和控制,使测试人员可以随时了解需求变更对测试的影响。

ClearQuest 是一款极具扩展性的缺陷/变更管理工具。不管开发团队使用的是 Windows 平台还是 UNIX 或 Web 平台,都可使用 ClearQuest 进行捕获、跟踪和管理任何类型的变更。ClearQuest 支持多种企业数据库。

3. Compuware 公司产品介绍

美国 Compuware 公司是全球第四大软件公司,主要从事应用软件开发流程和技术的研究并开发相应的测试工具,为全球计算机用户提供从开发、集成、测试、运行、管理到维护的全方位服务和保障。其主要测试工具有:自动黑盒测试工具 QACenter、自动白盒测试工具 DevPartner 和 Vantage 应用级网络性能监控管理软件。

黑盒自动测试工具 QACenter 能够自动地帮助管理测试过程,快速分析和调试程序,能够针对回归测试、强度测试、单元测试、并发测试、集成测试、移植测试、容量和负载测试建立测试用例,自动执行测试并产生相应的文档。主要包括:功能测试工具 QARun、性能测试工具 QALoad、可用性管理工具 EcoTools 和性能优化工具 EcoScope。

白盒自动测试工具 DevPartner 是一组功能完善的白盒测试工具套件,主要用于代码开发阶段,检查代码的可靠性和稳定性。它提供了先进的错误检查和调试解决方案,可以充分改善软件的质量。该工具套件主要包括:静态代码审查模块(Static Code Review)、错误检测模块(Error Detection)、内存分析模块(Memory Analysis)、代码覆盖率分析模块(Code Coverage Analysis)和性能分析模块(Performance Analysis)等。

应用级网络性能监控管理软件 Vantage 主要用来帮助网络用户快速发现和解决应用的性能问题,它包括网络应用性能分析工具 Application Expert、网络应用性能监控工具 Network Vantage 和服务器数据库性能监控工具 Server Vantage 等。

### 3.3.3 如何选择软件测试工具

面对如此多的测试工具,对工具的选择就成了一个比较重要的问题。在考虑选用工具的时候，可以按照以下步骤来权衡和选择。

(1) 将工具与其目的、用途进行匹配。因为工具是完成任务的一种辅助手段，工具越适合于需完成的任务，测试的过程就越有效，这就要求测试者对工具及其使用都非常熟悉，这样才能做出恰当的选择。如 Rational XDE Tester，它是一个基于 Windows 和 Linux 平台，针对 Java 和 HTML 应用程序的自动回归测试工具。Web Validator Professional 是 Web 软件测试辅助工具。Compuware 公司的 QACenter，它包括针对回归、强度、单元、并发、集成、移植、容量和负载建立测试用例，可自动执行测试和产生文档结果。

(2) 选择适合于软件生命周期各阶段的工具。测试的种类随着测试所处的生命周期阶段的不同而不同，因此为软件生命周期选择其所使用的恰当工具就非常必要。如程序编码阶段可选择 Telelogic 公司的 Logiscope 软件、Rational 公司的 Purify 系列和 DevPartner StudioPJava 等；测试和维护阶段可选择 Compuware 的 DevPartner 和 Telelogic 的 Logiscope 等。

(3) 选择与测试人员的技能水平相符的测试工具。个人必须选择适合其技能水平的测试工具来进行测试。

(4) 考虑工具的价值，选择可支付的工具。使用了测试工具，不能说就已经进行了有效测试，测试工具通常只支持某些应用的测试自动化，因此在进行软件测试时常用的做法是：使用一种主要的自动化测试工具，然后用传统的编程语言如 Java、C++、Visual Basic 等编写自动化测试脚本以弥补测试工具的不足。

# 3.4　软件测试文档

软件测试文档是对要执行的软件测试及测试的结果进行描述、定义、规定和报告的任何书面或图示信息。由于软件测试是一个很复杂的过程，同时也涉及软件开发中其他一些阶段的工作，软件测试对于保证软件的质量和软件的正常运行有着重要意义。因此，必须把对软件测试的要求、规划、测试过程等有关信息和测试的结果以及对测试结果的分析、评价等内容以正式的文档形式建立起来。测试文档与用户有着密切的关系。用户协助编制测试文档将有助于他们了解开发过程。同时，也有助于用户澄清他们一些可能模糊的认识。如果对应用系统如何工作的细节并不了解，那就不可能给出测试条件并根据这些条件取得预期的结果。项目小组对测试条件的评价有利于认清用户的需求。

在设计阶段的一些设计方案也应在测试文档中得到反映，以利于设计的检验。测试文档对于测试阶段工作的指导与评价的作用更是非常明显的。需要特别指出的是，在已开发的软件投入运行的维护阶段，常常还要进行再测试或回归测试，这时还会用到测试文档。测试文档的编写是测试管理的一个重要组成部分。

## 3.4.1　软件测试文档的作用

测试文档的重要作用体现在以下几个方面。

### 1. 促进项目组成员之间的交流沟通

基本上，测试文档的编写和建立主要是进行一些标准认证的基本工作，它是测试小组成员之间相互交流的基础和依据，使测试小组成员之间的交流和沟通事半功倍。一个软件的开发过程需要相当多的开发步骤和各类人员共同努力才能完成。当软件开发进入测试阶段，对软件整体部分最清楚的是测试人员,项目组成员之间的交流沟通以文档的形式进行交接是方便、省时、省力的方式。

2. 便于对测试项目的管理

测试文档可为项目管理者提供项目计划、预算、进度等各方面的信息,编写测试文档已是质量标准化的一项例行基本工作。

3. 决定测试的有效性

完成测试后,把测试结果写入文档,这对分析测试的有效性,甚至整个软件的可用性提供了必要的依据。有了文档化的测试结果,就可以分析软件系统是否完善。

4. 检验测试资源

测试文档不仅用文档的形式把测试过程以及要完成的任务规定下来,还应说明测试工作必不可少的资源,进而检验这些资源是否可以得到,即它的可用性如何。如果某个测试计划已经开发出来,但所需资源还是不能落实,那就必须及早解决。

5. 明确任务的风险

记录和了解测试任务的风险有助于测试小组对潜在的、可能出现的问题,事先做好思想上和物质上的准备。

6. 评价测试结果

软件测试的目的是为了保证软件产品的最终质量,在软件开发的过程中,需要对软件产品进行质量控制。一般来说,对测试数据进行记录,并根据测试情况撰写测试报告,是软件测试人员要完成的最重要的工作。这种报告有助于测试人员对测试工作进行总结,并识别软件的局限性和发生失效的可能性。完成测试后,将测试结构与预期结果进行比较,便可对已测试软件提出评价意见。

7. 方便再测试

测试文档中规定和说明的部分内容,在后期的维护阶段往往由于各种原因需要进行修改完善,凡是修改完善后的内容都需要进行重新测试,有了测试文档,就可以在维护阶段进行重复测试,测试文档在维护过程中对于管理测试和复用测试都非常重要。

8. 验证需求的正确性

测试文档中规定了用以验证软件需求的测试条件,研究这些测试条件对弄清用户的需求是十分有益的。

测试文档记录了测试的完成过程以及测试的结果,文档是测试过程必要的组成部分,测试文档的编写也是测试工作规范化的一个组成部分。在测试中,应该坚持按照软件系统文档标准编写和使用测试文档。

### 3.4.2 软件测试文档的类型

根据测试文档所起的不同作用,通常把它分成两类,即前置作业文档和后置作业文档。

测试计划及测试用例的文档属于前置作业文档。测试计划详细规定了测试的要求,包括测试的目的、内容、方法、步骤以及评价测试的准则等。由于要测试的内容可能涉及软件需求和软件的设计，因此必须及早开始测试计划的编写，测试计划的编写应从需求分析阶段开始。测试用例就是将软件测试行为和活动进行科学化的组织和归纳，测试用例的好坏决定着测试工作的效率，选定测试用例是做好测试工作的关键一步。在软件测试过程中，软件测试行为必须能够量化，这样才能进一步让管理层掌握所需要的测试进程，测试用例就是将测试行为和活动具体量化的方法之一，而测试用例文档是为了将软件测试行为和活动转换为可管理的模式，在测试文档编制过程中，按照规定的要求精心设计测试用例有着重要意义。前置作业文档可以使记下来将要进行的软件测试流程更加流畅和规范。

后置作业文档是在测试完成后提交的，主要包括软件缺陷报告和分析总结报告。在软件测试过程中，对于发现的大多数软件缺陷，要求测试人员简洁、清晰地把发现的问题以文档的形式报告给管理层和判断是否进行修复的小组，使其得到所需要的全部信息，然后决定是否对软件缺陷进行修复。测试分析报告应说明对测试结果的分析情况，经过测试证实了软件具有的功能以及它的欠缺和限制，并给出评价的结论性意见。这个意见既是对软件质量的评价，又是决定该软件能否交付用户使用的一个依据。

根据测试文档编制的不同方法，它又可以分为手工编制和自动编制两种。所谓自动编制，其特点在于，编制过程得到文档编制软件的支持，并可将编号的文档记录在机器可读的介质上。借助于有力的工具和手段，更容易完成信息的查找、比较、修改等操作。常用的各种文字编辑软件都可用于测试文档的编制。

### 3.4.3　主要软件测试文档

在实际测试工作中，许多项目的文档写得比较粗糙，很难读懂，或者不完整。虽然这种情况在不断改善，但许多组织仍然没有把足够的注意力放在编制高质量的测试文档上。测试文档的质量与测试的质量一样重要。软件测试文档标准是保证文档质量的基础，根据一定的标准编写文档，可以实现一致的外观、结构和质量等。为了使用方便，在这里给出 IEEE 所有软件测试文档模块，在实际应用中可根据软件测试工作实际增删和进行部分修改。

1. 软件测试文档

IEEE 829—1998 给出了软件测试主要文档的类型。

目录：

测试计划

测试设计规格说明

测试用例说明

测试规程规格说明

测试日志

测试缺陷报告

测试总结报告

2. 测试计划

测试计划主要对软件测试项目、所需要进行的测试工作、测试人员所应该负责的测试工作、测试过程，测试所需的时间资源，以及测试风险等作出预先的计划和安排。在 2.2 节中已经作了介绍。

3. 测试设计规格说明

测试设计规格说明用于每个测试等级，以制定测试集的体系结构和覆盖跟踪。

目录：

测试设计规格说明标识符

待测试特征

方法细化

测试标识

通过/失败准则

4. 测试用例说明

软件测试用例说明用于描述测试用例。

目录：

测试用例规格说明标识符

测试项

输入规格说明

输出规格说明

环境要求

特殊规程需求

用例之间的相关性

5. 测试规程规格说明

测试规程规格说明用于执行一个测试用例集的步骤。

目录：

测试规程规格说明标识符

目的

特殊需求

规程步骤

    记录

    准备

    开始

    进行

    度量

    中止

    重新开始

    停止

    完成描述恢复环境所需的活动

    应急措施

6. 测试日志

测试日志用于记录测试的执行情况，可根据需要选用。

目录：

测试日志的标识符

描述

活动和事件条目

## 7. 测试缺陷报告

测试缺陷报告用来描述出现在测试过程或软件中的异常情况,这些异常情况可能存在于需求、设计、代码、文档或测试用例中。

目录:

软件缺陷报告标识符

软件缺陷总结

软件缺陷描述

　　　输入

　　　期望得到的结果

　　　实际结果

　　　异常情况

　　　日期和时间

　　　软件缺陷发生步骤

　　　测试环境

　　　再现测试

　　　测试人员

　　　见证人

　　　影响

## 8. 测试总结报告

测试总结报告用于报告某个测试项目完成情况。

目录:

测试总结报告标识符

总结

差异

综合评估

结果总结

　　　已解决的意外事件

　　　未解决的意外事件

评价

建议

活动总结

审批

以上 IEEE 的测试文档供读者在训练或实际工作中参考使用。

# 本 章 小 结

在软件测试的实施过程中,重点是要发现缺陷并加以解决,这就必然要对发现的缺陷进行管理,同时要生成相应的缺陷管理文档。所以本章重点讨论了缺陷的属性、缺陷的状态及转换管理、缺陷报告等内容。编制各种测试文档也是软件测试工作的重要内容,是软件可持续发展的基础之一,所以本章也对软件测试文档的类型、要求等进行了讲授。同时也对软件测试中使用的测试工具软件和测试管理软件进行了介绍与说明。

# 能力拓展与训练

1. 确定一家软件公司,与有关技术人员实地调研,了解该家企业软件缺陷的处理流程。

2. 了解 3 家软件测试企业或测试部门所使用的测试工具软件与测试管理软件,为什么选择这些工具软件?

3. 在网上查找学习并保存有关软件测试文档,包括软件测试计划文档、软件测试缺陷报告、软件测试总结报告。

第 **4** 章 单机软件测试的设计与实施

 教学目标

本章将介绍单机软件测试的设计与实施方法,包括黑盒测试各种方法和白盒测试各种方法的介绍。通过本章的学习:

(1) 了解单机软件测试的设计与实施,能够为单机软件编写测试计划和测试报告。

(2) 掌握黑盒测试设计测试用例的方法,并能够使用该类方法为单机软件及其他软件设计测试用例。

(3) 掌握白盒测试设计测试用例的方法,并能够使用该类方法为单机软件及其他软件设计测试用例。

教学要素

| 岗位技能 | 知识点 |
|---|---|
| 掌握为单机软件撰写测试文档的能力 | 测试计划、报告 |
| 理解等价类法的基本概念,并能够使用等价类法为单机软件设计测试用例 | 黑盒测试的等价类法技术 |
| 理解边界值法的基本概念,并能够使用边界值法为单机软件设计测试用例 | 黑盒测试的边界值法技术 |
| 理解因果图法的基本概念,并能够使用因果图法为单机软件设计测试用例 | 黑盒测试的因果图法技术 |
| 理解流程图法的基本概念,并能够使用流程图法为单机软件设计测试用例 | 黑盒测试的流程图法技术 |
| 理解静态测试的基本概念,能够使用代码走查,代码评审和技术评审进行静态分析 | 白盒静态分析技术 |
| 理解动态测试的概念并区分动态测试与黑盒测试,能够使用逻辑驱动覆盖进行动态测试 | 白盒动态测试技术 |

在前面3章中学习了软件测试的基础知识,对软件测试中涉及的主要有关概念与知识进行了讲解,同时,对软件测试的过程、操作与管理进行了学习,对软件测试中涉及的主要过程、设计与实施有了初步了解,为软件测试的实施奠定了基础。

在对软件测试有了总体的了解和框架性的学习之后,从这一章开始,拟基于工作过程的教学思想,将"软件测试"学习领域,以学生可能的就业岗位所面对的"软件产品"为载体,分为7种学习情境,依次学习单机软件测试的设计与实施、网络软件测试的设计与实施、游戏软件测试的设计与实施、数据仓库软件测试的设计与实施、软件安全测试的设计与实施、嵌入式软件测试的设计与实施、开源软件测试的设计与实施。

# 4.1　单机软件案例分析

在本章中,将通过一个具体的项目案例,详细讲解单机软件测试的设计与实施,重点分析其测试计划的撰写,测试总结报告的完成,同时介绍黑盒测试、白盒测试中用到的一些主要方法。

本章案例是在赵斌编著的《软件测试技术经典教程》中的案例基础上编写而成的。

## 4.1.1　项目及被测软件简介

1. 测试项目情况

项目名称:《某管理系统》软件测试

任务提出者:某公司

开发者:某公司开发部

用户:某公司

2. 被测软件项目

《某管理系统》的实施主要是为提高某公司的人事管理效率而编制的,目标是完成一个计算机人事管理系统,实现人事管理的自动化。

3. 被测软件基本功能

系统的主要功能包括:输入员工资料,删除、查询、修改指定员工资料,计算员工月薪,保存、输出、排序、打印、清空资料。

4. 技术架构

本软件是单机版,该项目是用C语言开发的,运行在DOS平台上,员工信息保存在文件中,不需要网络和数据库的支持。

## 4.1.2　测试目的与要求

1. 目的

通过《测试计划》文档的实现,提出软件总体要求,作为软件开发人员和最终使用者之间相互了解的基础;提出软件功能、性能、接口、数据结构等要求,作为软件设计和程序编制的基础;为软件测试提供依据。

本软件测试计划说明的读者对象主要是项目主管、软件设计人员和测试人员。

2．范围

(1) 测试计划和设计：根据需求规格说明书和最终的系统设计，制订测试计划、测试方案，包括收集测试方法、测试用例、可能的测试工具等。

(2) 单元测试：对各个模块的源代码进行测试，保证各模块基本功能能够正确实现。

(3) 集成测试：将各个模块进行组合测试，保证所有功能都能够正确实现。

(4) 系统测试：根据需求规格说明书对管理系统进行功能测试，对重点模块进行性能测试，并结合可能的用户测试。

(5) 验收测试：根据用户手册对功能进行检查，复查报告库中所有的 Bug，对 Release 版本进行安装测试。

在这部分中，需要对项目的情况有一个总体性的概述。其中，可以包括撰写软件测试计划的目的，如"明确目标和方法，便于团队交流"；通过测试希望达到的目标，可以是功能、性能、界面等的目标；该项目的提出背景，可以参考需求规格说明书中的原话，它又包括项目背景、基本功能和技术架构 3 部分；在测试的各个阶段需要做哪些工作，可以分别简要列出进行测试和不进行测试的性能指标和功能点等。

# 4.2　测试知识扩展

在单机软件产品的测试及其他软件产品的测试中，常常会用到黑盒测试和白盒测试。在1.5 节中，已经介绍过黑盒测试与白盒测试的基本概念，本节将进一步扩展，讲解黑盒测试和白盒测试中的一些具体技术方法。

## 4.2.1　已学相关知识回顾

黑盒测试是指不基于内部设计和代码的任何知识，而是基于需求和功能性，通过软件的外部表现来发现其缺陷和错误。黑盒测试法把测试对象看成一个黑盒子，不考虑程序内部结构和处理过程。

与黑盒测试相对应的有白盒测试和灰盒测试。

白盒测试是指基于一个应用代码的内部逻辑知识来设计测试用例。测试退出条件是基于代码覆盖。由于能清楚地了解程序结构和处理过程并以此而进行测试，因而被称为白盒测试。

灰盒测试技术是一种有效的、介于白盒测试与黑盒测试之间的技术，它既关注程序运行时的外部表现，又注意程序内部高层逻辑结构。灰盒测试的优点是测试结果可以对应到程序的内部粗粒度路径，便于缺陷的定位、分析和解决。

软件测试方法的技术分类与软件开发过程相关联，单元测试一般应用白盒测试方法，集成测试应用灰盒测试方法，而系统测试和确认测试应用黑盒测试方法。

## 4.2.2　黑盒测试技术

常用的黑盒测试技术有等价类技术、边界值技术、因果图技术和业务流程图技术。

1. 等价类技术

1) 等价类定义

在进行软件测试时，进行穷举测试往往是不可能的，所以必须引入等价类思想。

等价类划分是一种黑盒测试技术，它不考虑程序的内部结构，只是根据软件的需求说明对输入的范围进行细分，然后再在分出的每一个区域中选取一个有代表性的测试数据。如果等价类分得好，这个代表性的测试数据的作用就等于其区域内的其他取值。

等价类的定义：等价类是指某个输入域的子集合。在该子集合中，各个输入数据对于揭露程序中的错误都是等效的。

等价类又可以分为有效等价类和无效等价类。有效等价类是指符合需求规格说明书的、合理的输入数据集合。无效等价类是指不符合需求规格说明书的、无意义的输入数据集合。

2) 等价类划分的步骤

(1) 先考虑输入数据的数据类型(合法类型和非法类型)。

(2) 再考虑数据范围(合法类型中的合法区间和非法区间)。

(3) 画出示意图，区分等价类。

(4) 为每一个等价类编号。

(5) 从一个等价类中选取一个测试数据构造测试用例。

3) 常用的等价类划分方法

(1) 如果规定了输入值的范围(闭区间)，可以分为一个有效等价类和两个无效的等价类。如 $1<X<100$，则有效等价类为"$1<X<100$"，无效等价类则为输入范围两边的值。

(2) 如果输入值是布尔表达式，可以分为一个有效等价类和一个无效等价类。如要求密码非空，则有效等价类为非空密码，无效等价类为空密码。

(3) 如果规定了输入数据的一组值，而且程序对不同输入值作不同的处理，则每个允许的输入值是一个有效的等价类，此外还有一个无效的等价类(任意一个不允许的输入值)。

(4) 如果规定了输入数据必须遵守的规则，可以划分为一个有效的等价类(符合规定)和若干个无效的等价类(从不同的角度违反规则)。

从理论上说，如果等价类里面的一个数值能够发现缺陷，那么该等价类里面的其他数值也能够发现该缺陷。但是在实际测试过程中，由于测试人员的能力和经验所限，导致等价类的划分就是错误的，因而也就得不到正确的结果。

2. 边界值技术(Boundary Value Testing)

"错误隐含在角落"(errors hide in the corners)，大量的测试实践经验表明，边界值是最容易出现问题的地方，也是测试的重点。需要说明的是，在白盒测试中也应用到了边界值的测试思想，边界值技术不是黑盒测试的专利。

测试边界值时，一般测试边界值和正好超出边界值一个单位的值。

其实边界值和等价类的联系是很紧密的，边界值就是在划分等价类的过程中产生的。而且由于边界的地方最容易出错，所以在从等价类中选取测试数据时也常选取边界值。

3. 因果图技术

因果图法也是一种黑盒测试技术，但不如等价类、边界值那样常用。所谓的原因，指的就是输入；所谓的结果，指的就是输出。因果图法比较适合输入条件比较多的情况，测试所有的输入条件的排列组合。

1) 因果图的步骤

(1) 找出所有输入条件和输出条件，并编号。

(2) 分析输入条件之间的关系，是互斥还是可以同时满足。

(3) 画出输入条件的排列组合情况。

(4) 编写测试用例。

2) 因果图的应用场合

当软件的输入条件较多的时候，可以考虑用因果图法设计测试用例，考虑输入的所有的排列组合情况，防止遗漏。

3) 因果图的局限性

假如有 N 个条件，每一个条件有真或假两种取值，那么理论上就有 $2^N$ 种排列组合，这大大增加了测试用例的数目，不便于维护，可以根据实际情况尽量精简输入条件的个数。

4. 业务流程图技术(Workflow Method)

在编程的时候，一般都需要画出程序的算法流程图。可以将这一思想应用到黑盒测试领域，算法流程图是针对程序内部结构的，而黑盒测试的流程图是针对整个系统业务功能流程的。

例如，测试一个 B2C(商家对顾客)的电子商务网站，可以画一个顾客购物的流程图；测试某个机票预定系统，可以画一个订票的流程图。凡是涉及业务流程的地方，都可以应用这个方法，甚至在安装的过程中也可以应用。

流程图法的步骤如下。

第一步：详细了解需求。

第二步：根据需求说明或界面原型，找出业务流程的各个页面以及各页面之间的流转关系。

第三步：画出业务流图(路径图)。

第四步：写用例，覆盖所有的路径分支。

流程图法一般不是针对具体某个页面或是某个模块的测试，而是将被测试系统看作一个完整的系统，从宏观上分析其业务流程，然后再画出流程图。其好处在于能够使测试人员对被测系统有一个总体的把握，防止测试的时候有遗漏的页面或模块。

## 4.2.3　黑盒测试技术的综合运用

在实际测试过程中，往往需要综合运用各种测试技术，例如黑盒测试技术综合如图 4.1 所示。

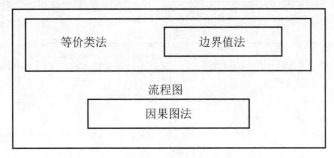

图 4.1　黑盒测试技术综合

首先应用流程图画出被测试软件的总体业务流程，然后针对具体某个页面或是模块，再应用等价类的思想划分输入范围(重点测试边界值)，如果涉及多个输入条件的组合情况，再应用因果图法考虑所有情况的排列组合。

在使用计算机或软件的过程中，常常要进行注册或登录，下面的案例中就对用户名和密码进行测试，见表 4-1。

表 4-1　注册测试用例

| 用例编号 | 测试步骤 | 输入数据 | 预期结果 |
|---|---|---|---|
| 1 | 输入用户名，密码，密码确认，单击"提交表单"按钮 | 用户名：a09.—_z<br>密码：123456<br>密码确认：123456 | 注册成功 |
| 2 | 输入用户名，密码，密码确认，单击"提交表单"按钮 | 用户名：@#$<br>密码：123456<br>密码确认：123456 | 提示"用户名非法，请重新输入" |
| 3 | 输入用户名，密码，密码确认，单击"提交表单"按钮 | 用户名：空格<br>密码：123456<br>密码确认：123456 | 提示"用户名非法，请重新输入" |
| 4 | 输入用户名，密码，密码确认，单击"提交表单"按钮 | 用户名：aa0<br>密码：123456<br>密码确认：123456 | 注册成功 |
| 5 | 输入用户名，密码，密码确认，单击"提交表单"按钮 | 用户名：0aa<br>密码：123456<br>密码确认：123456 | 注册成功 |
| 6 | 输入用户名，密码，密码确认，单击"提交表单"按钮 | 用户名：—_<br>密码：123456<br>密码确认：123456 | 提示"用户名只能以数字或字母开头和结尾，请重新输入" |
| 7 | 输入用户名，密码，密码确认，单击"提交表单"按钮 | 用户名：aaa<br>密码：123456<br>密码确认：123456 | 注册成功 |
| 8 | 输入用户名，密码，密码确认，单击"提交表单"按钮 | 用户名：aaaaaaaaaaaaaaaaaa(18 个)<br>密码：123456<br>密码确认：123456 | 注册成功 |
| 9 | 输入用户名，密码，密码确认，单击"提交表单"按钮 | 用户名：aa<br>密码：123456<br>密码确认：123456 | 提示"用户名的长度为3~18,请重新输入" |
| 10 | 输入用户名，密码，密码确认，单击"提交表单"按钮 | 用户名：aaaaaaaaaaaaaaaaaaa(19 个)<br>密码：123456<br>密码确认：123456 | 提示"用户名的长度为3~18,请重新输入" |
| 11 | 输入用户名，密码，密码确认，单击"提交表单"按钮 | 用户名：bbb<br>密码：az09,@<br>密码确认：az09,@ | 注册成功 |

续表

| 用例编号 | 测试步骤 | 输入数据 | 预期结果 |
|---|---|---|---|
| 12 | 输入用户名，密码，密码确认，单击"提交表单"按钮 | 用户名：ccc<br>密码：空白<br>密码确认：空白 | 提示"密码不能为空，请重新输入" |
| 13 | 输入用户名，密码，密码确认，单击"提交表单"按钮 | 用户名：ccc<br>密码：123456<br>密码确认：234567 | 提示"密码和密码确认不一样，请重新输入" |
| 14 | 输入用户名，密码，密码确认，单击"提交表单"按钮 | 用户名：ccc<br>密码：123456<br>密码确认：123456 | 提示"密码的长度为6~16，请重新输入" |
| 15 | 输入用户名，密码，密码确认，单击"提交表单"按钮 | 用户名：ccc<br>密码：aaaaaaaaaaaaaaaa(16 个)<br>密码确认：aaaaaaaaaaaaaaaa(16 个) | 注册成功 |
| 16 | 输入用户名，密码，密码确认，单击"提交表单"按钮 | 用户名：ccc<br>密码：aaaaaaaaaaaaaaaaa(17 个)<br>密码确认：aaaaaaaaaaaaaaaaa(17 个) | 提示"密码的长度为6~16，请重新输入" |
| 17 | 输入用户名，密码，密码确认，单击"提交表单"按钮 | 用户名：ccc<br>密码：abcdefg<br>密码确认：ABCDEFG | 提示"密码和密码确认不一样,请重新输入" |

## 4.2.4 白盒测试技术

根据是否运行源代码，白盒测试又可分为静态分析和动态测试。

1. 静态分析

不实际运行程序,只是静态地分析程序的代码是否符合相应的编码规范或检查程序里面的逻辑错误。静态测试又可以分为代码走查(Walk Through)、代码评审(Inspection)、技术评审(Review)。

(1) 代码走查：是在开发组内部进行的，采用讲解、讲座和模拟运行的方式进行的查找错误的活动。

(2) 代码评审：在开发组内部进行的，采用讲解、提问并使用编码模板进行的查找错误的活动。一般有正式的计划、流程和结果报告。

(3) 技术评审：开发组、测试组和相关人员联合进行的，采用讲解、提问并使用编码模板进行的查找错误的活动，一般有正式的计划、流程和结果报告。

代码走查、代码评审、技术评审 3 种静态分析的比较见表 4-2。

表 4-2 静态分析比较表

| 静态分析项目 | 参与人员 | 是否有计划和报告 | 正式程度 |
|---|---|---|---|
| 代码走查 | 开发组内部 | 无 | 低 |
| 代码评审 | 开发组内部 | 有 | 中 |
| 技术评审 | 开发组、测试组和相关人员 | 有 | 高 |

## 2. 动态测试

动态测试是与静态分析相对应的概念，需要实际运行被测软件来测试。动态测试是白盒测试的重点，也是发现缺陷的主要手段，其中比较实用的技术有边界值、逻辑驱动覆盖、路径图法等。

(1) 边界值测试：既可以在黑盒测试中使用，也可以在白盒测试中使用。具体方法是根据输入数据的范围找到边界值，然后测试边界值和正好超出边界值的数据。重点测试数据类型边界值、数组的边界值、分支判断语句的边界值。

(2) 逻辑驱动覆盖：是传统的白盒测试技术，专门用来测试程序中的顺序结构、分支结构和循环结构。

顺序结构的测试比较简单，只需要构造合适的测试用例，使得程序的每条语句都执行一次即可。

分支结构的测试包括语句覆盖、分支覆盖、条件覆盖、分支—条件覆盖、条件组合覆盖、路径覆盖。语句覆盖测试就是设计若干测试用例，使得程序中的每条语句至少执行一次。分支覆盖测试是指设计若干个测试用例，使得程序中每个分支的取真分支和取假分支至少执行一次。条件覆盖测试是选取足够多的测试数据，使被测程序中不仅每条语句至少执行一次，而且每个判断表达式中的每个条件都取到各种可能的结果。分支—条件覆盖测试是选取足够多的测试数据，使得程序中每个分支的取真分支和取假分支至少执行一次，而且每个判断表达式中的每个条件都取到各种可能的结果。条件组合覆盖测试是选取足够多的测试数据，使得判断表达式中条件的各种可能组合都至少出现一次。路径覆盖测试是选取足够多的测试数据，使得程序的每条可能路径都至少执行一次。

循环结构的测试是一种特殊的路径测试，可以分为简单循环测试、串接循环测试、嵌套循环测试和不规则循环测试。简单循环测试要注意循环变量的初值是否正确，循环变量的最大值是否正确，循环变量的增量是否正确，以及何时退出循环。在进行串接循环测试时，如果串接循环的循环体都彼此独立，可以使用简单循环的测试方法；如果两个循环串接起来，并且第一个循环是第二个循环的初始值，则建议采用嵌套循环的测试方法。在进行嵌套循环测试时，要注意当外循环变量为最小值，内层循环也为最小值时运算的结果；当外循环变量为最小值，内层循环为最大值时运算的结果；当外循环变量为最大值，内层循环为最小值时运算的结果；当外循环变量为最大值，内层循环也为最大值时测试运算的结果；循环变量的增量是否正确；何时退出内循环；何时退出外循环。在进行不规则循环测试时，需要重新设计成结构化的程序后再进行测试。

# 4.3 软件测试计划

软件测试计划是软件测试流程的第一个环节。

## 1. 测试参考文档和测试提交文档

### 1) 测试参考文档(表 4-3)

表 4-3 测试参考文档

| 名 称 | 版 本 | 发表日期 | 出版单位 | 作 者 |
|---|---|---|---|---|
| 《某批文》 | | | | |
| 《某合同》 | | | | |

续表

| 名　　称 | 版　　本 | 发表日期 | 出版单位 | 作　　者 |
|---|---|---|---|---|
| 《需求规格说明书》 | | | | |
| 《用户手册》 | | | | |

2) 测试提交文档(表 4-4)

表 4-4　测试提交文档

| 名　　称 | 使用工具 | 提交日期 | 责任人 |
|---|---|---|---|
| 《测试计划》 | Word 2003 | | 测试经理 |
| 《测试用例》 | Excel 2003 | | 测试经理 |
| 《测试日志》 | Word 2003 | | 测试组所有成员 |
| 《缺陷报告》 | Bugzilla | | 测试组所有成员 |
| 《测试报告》 | Word 2003 | | 测试经理 |

在"测试参考文档和测试提交文档"一项中，需要将测试所涉及的文档都列举出来，最好以表格的形式表示。注意测试参考文档和测试提交文档的区别。

2. 测试进度(表 4-5)

表 4-5　测试进度

| 测试活动 | 计划开始日期 | 实际开始日期 | 结束日期 |
|---|---|---|---|
| 制订测试计划 | | | |
| 设计测试 | | | |
| 集成测试 | | | |
| 系统测试 | | | |
| 性能测试 | | | |
| 安装测试 | | | |
| 用户验收测试 | | | |
| 对测试进行评估 | | | |
| 产品发布 | | | |

在计划测试进度的时候可以参考项目经理的项目开发进度，可以使用相对日期：如×××工作开始于×××部门，×××工作的结束并提交××××东西。在工作过程中，如果无法按照预定的进度完成，也不要害怕或者沮丧，进度的作用就像一把尺子，而不是鞭子。在工作中不断地用这把尺子来衡量哪些地方需要调整。

3. 测试资源

1) 人力资源

表 4-6 列出了在此项目的人员配备方面所作的各种假定。

表 4-6　人力资源表

| 角　　色 | 所推荐的最少资源 | 具体职责或注释 |
|---|---|---|
| 测试经理 | | 资源管理和监督：<br>(1) 提供技术指导<br>(2) 分配测试资源<br>(3) 编写测试计划、测试方案<br>(4) 收集管理测试用例<br>(5) 管理缺陷报告<br>(6) 参加测试 |
| 测试员 | | 测试员职责<br>(1) 执行测试计划<br>(2) 编写测试用例 |
| 管理人员 | | (1) 记录测试结果<br>(2) 重现错误<br>(3) 整理缺陷报告 |

2) 测试环境

(1) 软件环境：操作系统——Windows 2000 Professional 中的 MS-DOS 系统

(2) 硬件环境：CPU——Intel Celeron 2.66GHz，内存——512MB

3) 测试工具

表 4-7 列出测试使用的工具。

表 4-7　测试工具表

| 用　　途 | 工　　具 | 生产厂商 | 版　　本 |
|---|---|---|---|
| 测试计划 | Word | Microsoft | 2003 |
| 测试用例 | Excel | Microsoft | 2003 |
| 缺陷报告 | Bugzilla | Bugzilla | 1.0 |
| 性能测试 | LoadRunner | MI | 1.0 |

这里的人力资源包括测试人员、开发人员、项目负责人，客户代表所有与项目有关的人员，即项目关系人。在计划人力资源时需要思考以下问题。

(1) 测试工作需要多少人？

(2) 都有哪些角色？

(3) 这些角色的责任是什么？

(4) 哪些人负责哪些工作？

(5) 出了什么样的问题应该找谁？

(6) 人员之间用什么交流？

一个项目到底需要多少测试人员呢？这个问题没有统一的答案，国内一般的项目软件中，开发和测试的人员比例大概在 5：1～10：1，甚至更高。同一个项目的不同阶段需要的测试人员也是不一样的。

测试的特点就是"前松后紧"，项目的早期，只需要写计划和用例，需要的测试人员不多；

而到项目后期的系统和验收测试阶段，则需要大量的测试人员。测试经理可以根据这一特点来决定项目组人员安排。

如何搭建测试环境已经在 2.3 节中讲解过，再次强调，测试环境要与开发环境分开，不能安装开发工具，尽量接近用户的真实使用习惯。

测试工具的购买和培训也是需要成本的，要详细列出项目中要使用的工具，最好加上预算。

4. 系统风险、优先级(表 4-8)

表 4-8　系统风险与优先级表

| 风险编号 | 风险内容 | 优先级 | 解决方案 |
| --- | --- | --- | --- |
| 1 | 技术风险 | 高 | |
| 2 | 市场风险 | 中 | |
| 3 | 人员流动风险 | 低 | |

要对系统进行风险分析，最好是由小组讨论决定，这里面包括了风险的内容、优先级和解决方案。

5. 测试策略

1) 功能测试(表 4-9)

表 4-9　功能测试策略表

| 目　　标 | 确保测试的功能正常，其中包括数据输入、处理、查询和排序等功能 |
| --- | --- |
| 方　　法 | (1) 集成测试阶段主要针对大的功能实现进行测试<br>系统测试主要依据需求规格说明书逐项测试<br>验收阶段依据说明书逐项测试<br>(2) 重要的功能应该投入更多的精力进行测试，并及时小结 |

2) 用户界面测试(表 4-10)

表 4-10　用户界面测试策略表

| 目　　标 | 程序界面符合相关的规范 |
| --- | --- |
| 方　　法 | (1) 按照相关规定逐项检查，包括菜单、按钮、版权信息等<br>(2) 检查提示信息中的文字和标点符号、图标等 |

3) 可用性测试(表 4-11)

表 4-11　可用性测试策略表

| 目　　标 | 验证系统能否满足用户需要 |
| --- | --- |
| 方　　法 | (1) 测试主要针对重点模块进行<br>(2) 测试主要针对重点模块进行，包括输入、保存等<br>(3) 测试时应该考虑尽量多的情况 |

测试策略描述测试小组用于测试整体和每个阶段的方法，确定测试策略要从模块、功能、整体、系统、版本、压力、性能、配置和安装等各个方面考虑。测试策略是最能体现测试经验的地方，也最容易流于形式。

当然，测试策略的撰写不一定要遵循上面的形式，只要能说明问题即可，下面再举一个测试策略的案例。

### "中科院环境预报系统"测试策略

**后台模式的测试策略**

基本功能：检测程序的基本功能，包括是否可以正常运行，是否可以正常发布报警和报警内容是否正确，是否可以正常写日志，是否正常发送状态消息等(需要和监管平台、任务中心联合起来集成测试)。

容错性：包括是否可以处理 3 个数据库连接错误，是否可以处理任务中心连接错误等。

错误恢复：包括在任何情况下程序中止，是否可以再次启动，从错误点开始计算等。

稳定性：程序连续运行 72 小时，察看运行情况和结果。

**前台界面的测试策略**

布局：测试界面是否简洁与美观，布局是否合理，各个输入框是否对齐，文字是否有乱码，能否完全显示等，这个需要用户配合和最终确认。

风格统一：测试界面风格是否统一，测试各个子系统的界面风格的一致性(防止出现有的界面是 Windows 2000 风格，有的界面是 Windows XP 风格，有的界面是 iOS 风格)。

按钮：包括工具栏上的按钮、主窗体上的操作按钮等，检查其是否简洁美观，是否与其对应的功能相匹配，鼠标放上时是否有提示。

快捷键：尝试只用键盘操作程序，检查所有的快捷键是否可用。

**前台功能的测试策略**

翻页功能：尽快统一翻页按钮的风格，检查翻页按钮的各种状态以及和查询时间下拉列表框配合使用的情况。

图像显示：测试图像显示的正确性，取若干点，与数据库里的值比较(重点检测断点和原点处的值)；检查横、纵坐标的显示情况，包括刻度是否等分，边界是否有值等。

增删改功能：对涉及增删改功能的程序进行测试，包括是否有提示信息，提示信息是否统一，是否有重复判断等。

手工输入的校验：对于程序中涉及手工输入的部分，测试其是否有长度要求，是否允许输入特殊字符等。

**前台性能的测试策略**

测试页面载入和翻页的速度：测试是否有明显的延迟，对于图像较多、数据量较大的页面，翻页的过程中应该有进度提示。

测试任务中心和监管平台的性能：运行所有的后台程序，测试任务中心是否处理此时的消息量，任务中心和监管平台是否崩溃，内存是否溢出。

测试预报操作员平台和效应分析平台的稳定性：连续运行监控中心 72 小时，察看系统是否崩溃，内存是否溢出。

测试任务中心和监管平台的稳定性：运行所有后台程序，运行 72 小时，任务中心和监管平台是否崩溃，内存是否溢出。

测试监控中心的稳定性：连续运行监控中心 72 小时，察看系统是否崩溃，内存是否溢出。

# 4.4　软件测试的实施

完成软件测试计划之后，接下来就是软件测试的主体部分，即软件测试的用例设计和实施。

软件测试的用例设计和实施是软件测试工作的主体部分，也是决定软件测试工作成败的关键。这里主要讲解具体的流程问题和注意事项。

测试用例一般包括功能测试用例、非功能测试用例、白盒测试用例。

功能测试用例主要是指需求规格说明书上所规定的业务逻辑需求，是设计的重点，一般用 Excel 模板编写。

非功能测试用例主要包括界面测试用例、易用性测试用例、性能测试用例兼容性测试用例等，对于界面和易用性测试用例，可以用一个简易的测试用例模板(Checklist)编写，性能和兼容性的测试用例比较少，可以用 Word 模板提交。

白盒测试用例一般在单元测试之前编写，需要用到白盒测试的基本知识。

在测试实施的过程中，一般先执行功能测试用例，再执行非功能测试用例。

表 4.12～4.15 列举了 4 个测试用例(界面测试用例、易用性测试用例、性能测试用例、兼容性测试用例)，供学习参考。

表 4-12　界面测试用例

| 编号 | 测试项 | 测试结果 |
|---|---|---|
| 1 | 软件窗口的长度和宽度接近黄金比例，使用户赏心悦目 | |
| 2 | 窗口上按钮的布局要与页面相协调，不要过于密集，也不要过于空旷 | |
| 3 | 界面上的字体一般为宋体，字号一般为 8～12 号 | |
| 4 | 颜色和搭配要赏心悦目，不要使用大红大绿的颜色，应与 Windows 标准窗体的颜色风格一致 | |
| 5 | 菜单的深度不要超过三级，快捷键没有重复，应采用"主要-次要-帮助"的布局形式 | |
| 6 | 无错别字，无中英文混合 | |
| 7 | 字体样式统一，无全角半角混用 | |
| 8 | 测试窗体在常用分辨率下的显示情况，包括 800×600、1024×768 等 | |
| 9 | 屏幕对角线交点的上方是最容易吸引用户的位置，要重点测试 | |
| 10 | 工具栏上的图标简洁美观，尽量符合其真实含义 | |
| 11 | 状态栏上要实时显示操作后窗体发生的变化 | |

表 4-13　简易性测试用例

| 编号 | 测试项 | 测试结果 |
|---|---|---|
| 1 | 常用的功能要有快捷方式，如快捷键、工具栏上的按钮等，而且同一软件的不同版本之间尽量保持快捷方式相同 | |

续表

| 编号 | 测试项 | 测试结果 |
|---|---|---|
| 2 | 将功能相同或相近的空间划分到一个区域，方便用户查找 | |
| 3 | 对于可能造成较长等待时间的操作，应该提供取消功能，并显示进度 | |
| 4 | 工具栏上的图标要能够直观地代表要完成的操作 | |
| 5 | 必须提供友好的软件联机帮助，用户按 F1 键可以将其调出 | |
| 6 | 如果软件运行时出现问题，要在提示信息中提供相应的技术支持联系方式 | |
| 7 | 根据实际需要，提供自动过滤空格功能 | |

表 4-14　性能测试用例

| 编制人 | 赵×× | 审定人 | | 时间 | 2010-4-7 |
|---|---|---|---|---|---|
| 软件名称 | 某网站 | | 编号/版本 | | |
| 测试用例 | 前、后台用户对登录时间测试 | | | | |
| 用例编号 | T02 | | | | |

参考信息

　　公司型网站需求规格说明书 2.2.1.2 用户登录(前台)；2.2.2.2 用户登录(后台)

输入说明

　　(1) 测试一个用户的登录时间(前、后台)，测试 5 分钟

　　(2) 用 LoadRunner 模拟 10 个用户同时并发登录(前、后台)，测试 10 分钟

　　(3) 用 LoadRunner 模拟 20 个用户同时并发登录(前、后台)，测试 10 分钟

　　(4) 用 LoadRunner 模拟 50 个用户同时并发登录(前台)，测试 10 分钟

输出说明

　　分别记录上述 1～4 项的登录时间，取出最小值、最大值和平均值

环境要求

软件环境

　　后台：操作系统——FreeBSD；数据库——Oracle；Web 服务器——Websphere

　　前台：操作系统——Windows 2000；浏览器——IE 5.0

硬件环境

　　后台：1 台服务器：CPU——双核；RAM——16G；硬盘——500GB

　　前台：2 台 PC：CPU——双核；RAM——2G

网络环境

　　公司内部的以太网，与服务器的连接速率为100Mbps，与客户端的连接速率为10/100Mbps 自适应

表 4-15　兼容性测试用例

| 编制人 | 赵×× | 审定人 | | 时间 | 2010-4-7 |
|---|---|---|---|---|---|
| 软件名称 | ×××网络 | | 编号/版本 | | |
| 测试用例 | 前、后台首页载入时间测试 | | | | |
| 用例编号 | C01 | | | | |

| 用例描述 | 操作系统<br>　　测试站点能否在 Windows 的各个版本上浏览？有些字体在某个系统上可能不存在，因此需要确认选择可备用字体。如果用户使用两种操作系统，请确认站点未使用的只能在其中一种操作系统上运行的插件<br>浏览器<br>　　测试站点能否使用 Netscape、IE 浏览器进行浏览？有些 HTML 命令或脚本只能在某些特定的浏览器上运行。请确认有图片的替代文字，因为可能会有用户使用文本浏览器。如果使用 SSL 安全特性，则只需对 3.0 以上版本的浏览器进行验证，但是对于老版本的用户应该有相关的消息提示<br>视频设置<br>　　页面版式在 640×400、600×800 或 1024×768 的分辨率模式下是否显示正常？字体是否太小以至于无法浏览？或者字体是否太大？文字和图片是否对齐 |
|---|---|

|  | IE 5.0 | IE 5.5 | IE 6.0 | Netscape |
|---|---|---|---|---|
| Windows 95 |  |  |  |  |
| Windows 98 |  |  |  |  |
| Windows ME |  |  |  |  |
| Windows2000 |  |  |  |  |
| Windows XP |  |  |  |  |
| 同时查看系统界面在各种分辨率模式下的显示情况 | | | | |

| 实际结果 | |
|---|---|

# 4.5　测 试 总 结

完成软件测试计划、软件测试用例设计和实施之后，就要进行测试总结。测试总结报告如下所示。

# 测 试 总 结

## 1 概述
### 1.1 项目概述
项目名称：某管理系统

任务提出者：某公司

开发者：某公司软件开发部

用户：某公司

项目背景：该项目主要是为提高人事管理效率而编制的，目的是实现人事管理的自动化。

主要功能：人事信息的录入、管理、查询、删除、生成报表等；进入本系统提供用户选择菜单，要求人机界面友好，具有错误处理和故障恢复能力。

**1.2 术语与缩略语**

无

**1.3 参考与引用文档**

《某系统需求分析》。

《某系统详细设计》。

**2 测试情况**

**2.1 测试机构和人员**

测试机构：

负责人：

测试人员：

**2.2 测试结果(表 4-16)**

表 4-16　测试结果

| 问题编号 | 遗留问题描述 | 问题级别/状态 | 解决计划 |
| --- | --- | --- | --- |
| PR-17 | | | |
| PR-20 | | | |
| PR-23 | | | |

**3 测试统计表(表 4-17)**

表 4-17　测试统计表

| 表格名称 | 测试统计表 | 表格编号 | | TS1Y-1 |
| --- | --- | --- | --- | --- |
| 项目名称 | 某管理系统 | 项目简码 | | STEMS |
| 测试类别 | 确认测试 | | | |

测试用例统计

| | | | |
| --- | --- | --- | --- |
| 测试结果 | 通过 | 165 | |
| | 不通过 | 13 | |
| | 总计 | 178 | |

测试问题统计

| 自动生成数据 | 问题严重性 | | 问题类型 | | 问题状态 | |
| --- | --- | --- | --- | --- | --- | --- |
| | 致命 | 0 | 程序逻辑 | 7 | 已修复 | 0 |
| | 死机 | 0 | 接口处理 | 1 | 重复提交 | 0 |
| | 功能问题(高中低) | 36 | 数据定义 | 4 | 不修改 | 0 |
| | 界面问题 | 1 | 计算 | 3 | 不重现 | 0 |
| | 建议 | 11 | 需求 | 1 | 无法修改 | 0 |
| | | | 设计 | 4 | 暂不修改 | 48 |
| | | | 其他 | 2 | 不是缺陷 | 0 |
| 总计 | | 48 | | 22 | | 48 |

## 4　测试统计图

根据统计表分别生成测试结果、问题类型、问题状态和问题严重性的饼图，如图 4.2～图 4.5 所示。

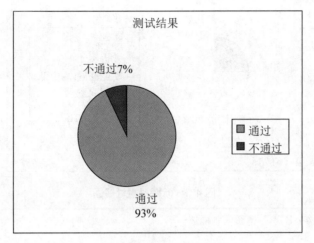

图 4.2　测试结果饼图

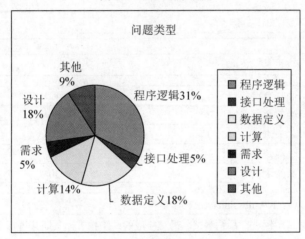

图 4.3　问题类型饼图

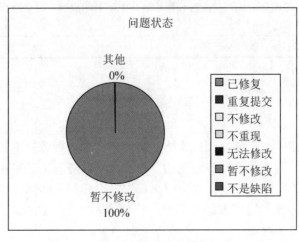

图 4.4　问题状态饼图

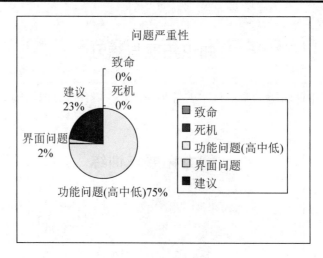

图 4.5  问题严重性饼图

## 5  测试评价(表 4-18)

表 4-18  测试评价

| 测试时间 | 2010-7-2～2010-7-15 | |
|---|---|---|
| 测试人员 | 4 人 | |
| 测试工作量 | 共 46 人日 | |
| | 制订测试计划 | 1 人日 |
| | 编写测试用例 | 5 人日 |
| | 单元测试 | 10 人日 |
| | 集成测试 | 10 人日 |
| | 系统测试 | 20 人日 |
| 实际测试环境 | Windows XP Professional SP2 | |
| 测试活动简述 | 根据测试用例进行系统测试,提交响应的缺陷报告,其间共进行了 4 次版本升级,并进行过 4 次回归测试,测试充分 | |
| 测试总结 | 系统通过确认测试,功能符合需求规格说明书的规定,且系统稳定,可以进入下一轮验收测试阶段 | |
| 测试改进建议 | 进一步加强对过程的管理 | |

# 本 章 小 结

　　本章首先详细介绍了单机软件测试实施前需要撰写的有关测试文档,并结合黑盒测试的等价类法、边界值法、因果图法、流程图法,白盒测试的静态测试和动态测试等测试用例设计方法,对单机软件的测试进行设计并按照工程规则形成有关测试文档。最后还详细介绍了测试总结报告的撰写方法。通过本章的学习,能实际掌握使用黑盒和白盒测试方法设计测试用例,并对单机软件实施测试。

## 知识拓展与练习

总结白盒测试中逻辑驱动覆盖技术的各种情况，并结合自己编写的一个程序，写出各种情况的测试用例。

## 能力拓展与训练

组建一个不超过四人的测试小组，在测试小组内讨论，选定一个单机版的软件(建议选择平时常用的小型单机版软件，如即时聊天软件、MP3 转码软件或解压缩软件等)，参照 IEEE 规定的软件测试计划、软件测试用例、软件测试总结规范，制定该软件的测试计划，编写测试策略与用例并实施，撰写测试总结报告并保存。

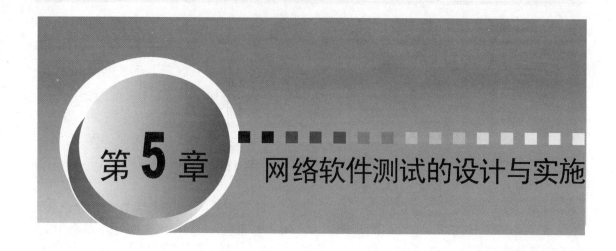

# 第 **5** 章　网络软件测试的设计与实施

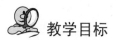

**教学目标**

　　本章将通过一个实际软件项目的测试案例，学习网络软件测试的设计与实施。通过本章的学习：

　　(1) 掌握单元测试、集成测试、系统测试和验收测试等测试过程，并模仿本章所提供的案例规划网络软件的测试。

　　(2) 掌握被测试软件项目需求分析及系统性能、可用性要求，软件项目测试计划，软件项目测试过程，软件项目测试用例计划，软件项目缺陷报告，软件项目测试结果总结分析，以及有关的测试文档并能够模仿本章案例撰写此类文档。

**教学要素**

| 岗位技能 | 知识点 |
| --- | --- |
| 能够对网络项目背景进行分析研究，并将项目细化为具体的功能点 | 测试软件项目需求分析 |
| 能够根据需求分析，规划系统的性能要求和可用性要求 | 测试软件项目系统性能、可用性要求 |
| 能够为网络软件测试规划质量标准、进入标准、退出标准、功能测试等测试过程要求 | 软件项目测试过程 |
| 能够根据测试过程要求为网络软件项目设计测试用例 | 编写测试用例 |
| 在测试执行阶段，利用缺陷报告来记录、描述和跟踪被测试系统中已被捕获的不能满足用户对质量的合理期望的问题 | 缺陷报告 |
| 能够在测试完成后对测试结果进行分析总结 | 测试结果总结分析 |

# 5.1　被测试软件项目介绍

本章介绍的被测试软件项目是医院信息管理系统(Hospital Information System，HIS)。HIS 是一个集成度很高的项目，本章要重点讲述的测试过程是 HIS 的集成测试，该阶段的测试重点在功能测试上，也有必要的性能测试。测试用例是针对 HIS 的一个子系统"门诊挂号管理子系统"来设计的，该子系统不但包含了对数据库的应用，还对系统的并发性、安全性、准确性、高效性都有很高的要求。

## 5.1.1　被测试软件项目背景

医院信息管理系统(HIS)包含门诊挂号、门诊收费、诊间医令、病房管理、病案管理、药房药库管理等 20 多个子系统，用于管理医院日常运作的整个过程，各子系统所处理的业务前后衔接，数据共享。

医院信息管理系统的系统结构如图 5.1 所示。系统的主要构成部分是医院的各业务处理子系统，用于处理医院运营过程中的主要业务，如门诊挂号、门诊收费等，另外业务处理子系统能够顺畅运行还需要基础信息的维护和权限控制；业务处理子系统所产生的数据还需要呈现给医院相关管理人员和患者，所以医院信息管理系统按性质可分为业务处理、基础信息管理和信息查询 3 部分。

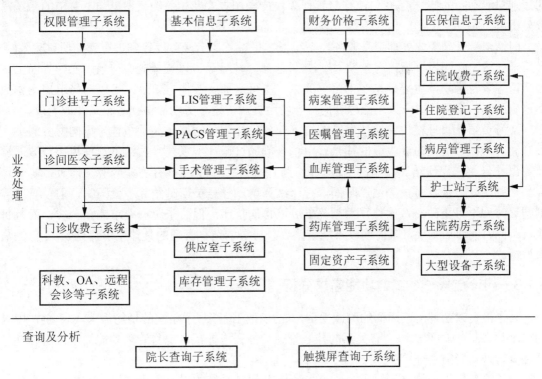

图 5.1　HIS 1.0 系统结构图

各业务处理子系统所处理的业务一般是前后衔接的，如患者在门诊挂号(对应门诊挂号子系统)后到门诊科室就诊(对应诊间医令子系统)，门诊医生就能够看到该患者的挂号信息。医生开处方后，门诊收费处就能显示诊间医令子系统所保存的处方信息及费用信息。门诊收费子系统处理费用收取和打印发票业务，之后门诊药房就得到了发药通知(对应药房管理子系统)，或者相关科室得到检查化验通知(对应 LIS 管理子系统和 PACS 管理子系统)。最后患者还可以再回到就诊医生处，医生可以读取相应的检查化验结果，并做进一步的诊治。

业务处理的连贯性要求相应的信息管理子系统必须实现信息共享，并要保证信息的安全和准确，在测试系统时就要进行全面而充分的测试，对某个子系统的测试不能仅局限于该子系统。

## 5.1.2　门诊挂号子系统介绍

门诊业务处于门诊业务流程的第一步，其后继业务是医生看诊。在信息系统开发过程中，管理越完善，业务处理系统所需要的功能越多，为了用较短的时间说明测试的问题，只以包含挂号、退号、挂号员日结的挂号系统为例，而且假定系统所能接纳的患者均为持现金就诊的患者。

门诊挂号功能模块处理患者的挂号业务，记录患者的挂号信息，收取挂号费，打印挂号单。患者就诊时每人分配一个就诊卡号(一般为病历本上的序号)作为该患者在这家医院就诊的唯一标识，患者初次来医院时挂号科室要录入患者的姓名、性别、年龄等信息，患者在此就诊时可以直接通过就诊卡号调出其相关信息，这样对患者诊疗信息的分析将更准确、更方便。门诊挂号时将指定患者的就诊科室，选择号别("普通号""专家号""老年号"等，不同的号别对应不同的挂号费)。门诊挂号管理模块的操作方式及相关约束参见 5.1.3 节的系统需求分析。

门诊退号管理模块处理退号业务。系统根据患者就诊卡号可以找到该患者的所有有效(挂号后未就诊，时间没有超出有效期限制)挂号信息。挂号员可以选择其中一条，操作界面上方显示该患者及号别的主要信息，不可更改。一次可退掉一条挂号记录，可以选择退病历本或不退病历本，系统给出应该退给患者的挂号费用提示，退号成功后该挂号记录变成无效。

挂号员结算管理模块完成挂号员的结算业务。挂号员结算业务是指挂号员向财务缴纳一段时间内该挂号员向患者收取的挂号费用总金额的过程。所以挂号员结算管理模块应该能够计算出挂号员在上次结算到本次结算这段时间内他(她)手中应该有的挂号费、诊查费等合计金额，并精确记录挂号员的结算时间，打印结算单。挂号员何时结算不受限制，但一旦结算则结算时间不可更改。每次结算后结算单可以再次打印，但两张单据要求完全一样，而且每次日结的时间前后衔接，各时间段不能重叠。挂号员的结算管理的具体要求参见 5.1.3 节的需求分析。

## 5.1.3　门诊挂号子系统的功能需求分析

为了能更清楚地解读后面的测试用例，先给出门诊挂号子系统的功能需求，表 5-1 中只列出了与 5.4 节的测试用例有关的挂号管理功能需求分析、退号管理功能需求分析和挂号员结算管理功能需求分析 3 部分。

无论是开发人员还是测试人员，都应该仔细阅读系统的需求分析文档，需求分析文档中包含了对系统的最基本的功能要求，这些要求将直接决定测试系统的着眼点(无论对开发人员还是对测试人员均如此)，也将直接影响测试用例的设计。

1. 挂号管理功能的需求分析(表 5-1)

表 5-1　挂号管理功能的需求分析

| 功能需求编码 | F01.01.00 | | | |
|---|---|---|---|---|
| 功能需求名称 | 挂号 | | | |
| 功能描述 | 完成门诊挂号业务，打印挂号单，使挂号患者能够在指定时间到指定科室就诊 | | | |
| 子功能编码 | 子功能名称 | 子功能描述 | | 输出 |
| F01.01.01 | 保存功能 | 作数据完整性检查，保存挂号信息；计算挂号总金额，根据科室、日期及午别信息产生就诊序号；操作时应给出"是否需要保存""操作成功"或"操作失败"的提示 | | 操作确认提示；操作成功与否提示；挂号费合计(挂号费、诊察费、病历费合计)；就诊序号；打印挂号单 |
| F01.01.02 | 清除功能 | 清除已输入未保存的挂号信息 | | 系统恢复到初始状态 |
| F01.01.03 | 退出 | 退出挂号管理界面 | | |
| 输入编码 | 输入内容 | 输入方式 | 输出 | 后继输入 |
| F01.01.11 | 就诊卡号 | 扫描(录入) | 若是老患者，显示该患者姓名、出生日期和家庭住址，根据出生日期计算年龄，相应控件不可操作 | 新患者，到 F01.01.12 老患者，到 F01.01.16 |
| F01.01.12 | 患者姓名 | 录入 | | F01.01.13 |
| F01.01.13 | 性别 | 选择 | | F01.01.14 |
| F01.01.14 | 患者年龄 | 录入 | 出生日期 | F01.01.15 |
| F01.01.15 | 出生日期 | 出生年份由年龄生成，月、日默认为 01.01，可以修改 | | F01.01.16 |
| F01.01.16 | 就诊科室 | 选择 | | F01.01.17 |
| F01.01.17 | 号别 | 选择 | 相应挂号费和诊察费 | F01.01.18 |
| F01.01.18 | 就诊日期 | 默认当日，可以修改，不能超出限挂天数 | | F01.01.19 |
| F01.01.19 | 午别 | 可选"上午""下午""晚班"，如果午别已过则限选 | 就诊序号(根据就诊科室、号别、就诊日期、午别和其他患者挂号情况决定) | F01.01.20 |
| F01.01.20 | 病历本 | 选择 | 病历本费 | F01.01.01 |

2. 退号管理功能的需求分析(表 5-2)

表 5-2　退号管理功能的需求分析

| 功能需求编码 | F01.02.00 |
|---|---|
| 功能需求名称 | 退号 |

| 功能描述 | 完成门诊退号业务，一次可退掉一条挂号信息；退号前挂号信息有效，退号后该挂号信息无效 | | | |
|---|---|---|---|---|
| 子功能编码 | 子功能名称 | 子功能描述 | | 输出 |
| F01.02.01 | 保存功能 | 退掉挂号，记录并提示退号费用，之前应给出是否退号的提示 | | 显示退号金额 |
| 输入编码 | 输入内容 | 输入方式 | 输出 | 后继输入 |
| F01.02.11 | 就诊卡号 | 扫描(录入) | 该患者所有有效的挂号信息 | F01.02.12 |
| F01.02.12 | 挂号信息条目 | 选择 | 退号金额(挂号费与诊察费合计) | F01.02.13 |
| F01.02.13 | 病历本 | 选择 | 如果选择退掉病历本，退号金额为挂号费、诊察费和病历本费三者合计 | F01.02.01 |

3. 挂号员结算管理功能的需求分析(表 5-3)

表 5-3　挂号员结算管理功能的需求分析

| 功能需求编码 | F01.03.00 | | | |
|---|---|---|---|---|
| 功能需求名称 | 挂号员结算管理 | | | |
| 功能描述 | 完成挂号员的结算功能。计算挂号员应该向财务上缴的挂号费金额，并精确记录挂号员的计算时间，打印结算单；每次结算后结算单可以再次打印，但两张单据要求完全一样，而且每次日结的时间前后衔接，各时间段不重叠 | | | |
| 子功能编码 | 子功能名称 | 子功能描述 | | 输出 |
| F01.03.01 | 统计 | 统计该挂号员上次结算后到当前时间的收费汇总 | | 总金额(包括挂号费、诊察费和病历本费) |
| F01.03.02 | 结算 | 记录结算时间，统计并记录该挂号员上次结算后到当前的挂号费汇总，打印结算单 | | 结算单；总金额(包括挂号费、诊察费和病历本费)；时间段 |
| F01.03.03 | 重打 | 根据用户选定的日期调出以前的结算信息 | | |
| F01.03.04 | 打印 | 打印选定的结算信息 | | 选定的结算信息 |
| F01.03.05 | 退出 | 退出挂号结算管理界面 | | |
| 输入编码 | 输入内容 | 输入方式 | 输出 | 后继输入 |
| F01.03.11 | 结算日期(补打时选择) | 选择 | 该日该挂号员的结算信息 | F01.03.12 |
| F01.01.12 | 结算信息 | 选择 | 该结算记录对应的结算清单 | F01.03.04 |

## 5.1.4　门诊挂号子系统的性能及可用性要求

除了功能需求以外，每个系统都会有一些性能上、安全上及其他方面的具体要求，另外还有一些一般性的规定，它可能不是针对某个具体的模块，而是整个系统，要求软件的每个模块都能达到某种程度的要求，这些需求没有固定的模式，但一个具体的软件测试过程必须要考虑所测试的软件项目的具体需求，并经过实际测试确定该软件在这些方面是否能够达到用户(或公司)的要求。

将 HIS 除了功能以外的其他需求列于表 5-4 中，"安全性"和"性能"部分描述了对门诊挂号子系统的安全性及性能要求；在"运行环境"和"可用性"部分描述了对整个 HIS 的一般性要求。后面的测试用例也将围绕这些内容来设计。

表 5-4  其他需求

| 性质 | 对系统的要求 | 编码 |
|---|---|---|
| 可用性 | 要求界面格式统一，页面、按钮和提示的风格一致 | S01.01.001 |
| | 提示友好 | S01.01.002 |
| | 系统有危险操作预警 | S01.01.003 |
| | 操作过程中如果有错误产生，系统能给出简单明了的错误发生原因描述，并给出解决办法建议 | S01.01.004 |
| | 光标初始位置和跳转状态合理 | S01.01.005 |
| | 系统有备份和恢复功能 | S01.01.006 |
| | 提交系统浅校验 | S01.01.007 |
| 安全性 | 操作员的登录要求严格的身份限制，操作员登录后所做的一切操作都应有记录 | S01.02.001 |
| | 挂号信息保存后不能删除，只能进行退号处理 | S01.02.002 |
| | 一人挂号他人可以作退号处理 | S01.02.003 |
| | 医生看诊后不能退号 | S01.02.004 |
| | 挂号员的结算处理应该严格按操作时间记录(精确到秒)，结算在时间段上要前后衔接，并且不能重叠交叉 | S01.02.005 |
| 性能 | 满足门诊挂号科室 7 台机器同时运行，日门诊量 500 人，峰值在早上 8 点到 9 点之间，容量 200 人 | S01.03.001 |
| 运行环境 | 局域网环境，数据存储与中心服务器，服务器上的操作系统可以是 UNIX，Windows NT(包括 Windows 2000 以上版本)；数据库为 Oracle 服务器版本；客户机上操作系统为 Windows 98 以上版本，安装 Oracle 客户端版本；客户机间并发操作 | S01.04.001 |

## 5.2  测 试 计 划

测试计划一般由测试项目经理来制定。测试计划光有预算、人员安排和时间进度还远远不够，它还涉及许多测试工作的具体规划。很难想象一个没有经过很好策划的测试项目能够进展顺利。

测试计划工作的成果是提交一份完整的测试计划报告。测试计划报告的模板不必千篇一律，它会随着软件的应用行业、软件功能及性能要求、管理规范性要求等不同而不同。但一个完整的测试计划一般均包括被测试项目的背景、测试目标、测试的范围、方式、资源、进度安排、测试人员组织以及与测试有关的风险等方面。下面给出医院信息管理系统 1.0 版集成测试的测试计划报告。

1. 概述

本测试项目拟对医院信息管理系统(HIS)1.0版进行测试。

医院信息管理系统包括门诊挂号、门诊收费、诊间医令、病房管理、病案管理、药房药库管理等20多个子系统，用于管理医院日常运作的整个过程，各子系统所处理的业务前后衔接，数据共享。

测试的目标是要找出影响医院信息管理系统正常运行的错误，分别在功能、性能、安全等方面检验系统是否达到相关要求。

本次集成测试采用黑盒和白盒测试技术(重点在黑盒测试)。测试手段为手工与自动测试相结合(主要依靠手工进行测试，依靠自动测试工具进行性能测试)。

本测试计划面向相关项目管理人员、测试人员和开发人员。

2. 定义

质量风险：被测试系统不能实现描述的产品需求或系统不能达到用户的期望的行为，即系统可能存在的错误。

测试用例：为了查找被测试软件中的错误而设计的一系列的操作数据和执行步骤，即一系列测试条件的组合。

测试工具：应用于测试用例的硬/软件系统，用于安装或撤销测试环境、创造测试条件，执行测试，或者度量测试结果等。测试工具独立于测试用例本身。

进入标准：一套决策的指导方针，用于决定项目是否准备好进入特定的测试阶段。在集成测试和系统测试阶段，进入标准会很苛刻。

退出标准：一套标准，用于决定项目是否可以退出当前的测试阶段，或者进入下一个测试阶段或者结束项目。与进入标准相同，测试过程的后几个阶段退出标准一般很苛刻。

功能测试：集中于功能正确性方面的测试。功能测试必须和其他测试方法一起处理潜在的重要的质量风险，如性能、负荷等。

3. 质量风险摘要(表5-5)

表5-5　质量风险摘要表

| 风险编号 | 潜在的故障模式 | 故障的潜在效果 | 危险性 | 影响 | 优先级 | 测试策略 |
|---|---|---|---|---|---|---|
| 1 | 业务流程不能顺利进行 | 不能完成各业务处理的基本过程 | 4 | 5 | 5 | 手工 |
| 2 | 数据处理 | 费用计算不准确，数据处理不一致，时间记录不精确或没有记录， | 5 | 4 | 5 | 手工 |
| | | 相关报表无统计结果或统计报表不准确等 | 3 | 3 | 2 | 手工 |
| 3 | 打印 | 不打印或不能打印相关单据，如挂号单、门诊收费发票、住院结算发票等 | 1 | 3 | 4 | 手工 |
| | | 不打印或不能正确打印相关报表，如门诊收入月报表、住院收入月报表等 | 1 | 3 | 1 | 手工 |

| 风险编号 | 潜在的故障模式 | 故障的潜在效果 | 危险性 | 影响 | 优先级 | 测试策略 |
|---|---|---|---|---|---|---|
| 4 | 并发控制 | 多台终端同时操作，系统出现错误或系统处理速度低于限定标准 | 5 | 3 | 4 | 自动 |
| 5 | 错误处理 | 不能阻止错误发生，错误发生后处理不当 | 4 | 3 | 4 | 手工 |
| 6 | 界面不友好 | 没有必要的提示，操作不方便 | 1 | 5 | 2 | 手工 |
| 7 | 系统响应速度慢 | 对用户提交信息响应、处理速度慢 | 1 | 5 | 3 | 手工 |
| … | … | … | … | … | … | … |

危险性：表示故障对系统影响的大小。5——致命；4——严重；3——一般；2——轻微；1——无。

影　响：5——一定影响所有用户；4——可能影响一些用户；3——对有些用户可能的影响；2——对少数用户有限的影响；1——在实际使用中难以觉察的影响。

优先级：表示风险可以被接受的程度。5——很紧急，必须马上纠正；4——不影响进一步测试，但必须修复；3——系统发布前必须修复；2——如果时间允许应该修复；1——最好修复。

4. 测试进度计划(表 5-6)

表 5-6　测试进度计划表

| 阶　　段 | 任务号 | 任务名称 | 前序任务号 | 工时(人日) | 提交结果 |
|---|---|---|---|---|---|
| 测试计划 | 1 | 制订测试计划 | | 3 | 测试计划 |
| 测试系统开发与配置 | 2 | 人员安排 | 1 | 0.5 | 任务分配 |
| | 3 | 测试环境配置<br>开发问题记录工具，建立问题记录数据库(BugList) | 1, 2 | 3 | 可运行系统环境，问题记录工具，问题记录数据库 |
| | 4 | 测试用例设计<br>测试数据恢复工具测试开发 | 1, 2 | 30 | 测试用例<br>数据恢复工具 |
| 测试执行 | 5 | 第 1 阶段测试通过 | 1, 2, 3, 4 | 30 | 测试结果记录 |
| | 6 | 第 2 阶段测试通过 | 5 | 20 | 测试结果记录 |
| | 7 | 第 3 阶段测试通过 | 6 | 10 | 测试结果记录 |
| 测试总结分析 | 8 | 退出系统测试 | 7 | 4 | 测试分析报告 |

5. 进入标准

"测试小组"配置好软硬件环境，并且可以正确访问这些环境。

"开发小组"已完成所有特性和错误修复并完成修复后的单元测试。

"测试小组"完成"冒烟测试"——程序包能打开，随机的测试操作正确完成。

6. 退出标准

"开发小组"完成了所有必需修复的错误

"测试小组"完成了所有计划的测试。没有优先级 3 以上的错误。优先级为 2 以下的错误少于 5 个。

"项目管理小组"任务产品实现稳定性和可靠性。

7. 测试配置和环境

服务器 1 台：惠普 PH Ⅲ 550，1GHz 内存，8.4GB 硬盘；软件环境是 Windows NT/Oracle。

客户机 10 台：Pentium MMX166，1.2GB 硬盘，32MB 内存；软件环境是客户端安装 Oracle。

打印机 1 台：Panasonic KX-P1131。

地点：××号楼××××室。

8. 测试开发

设计测试用例以进行手工测试。

准备使用 MI LoadRunner，以检测系统对并发性的控制和系统的强壮性。

设计开发问题及交互工具，包括问题存取控制系统及所有对应的数据库，以对测试结果进行良好的记录并提供相关测试和开发人员的交互平台。

9. 预算(表 5-7)

表 5-7　测试预算表

| 阶　　段 | 项　　目 | 工作量(人日) | 费用预算(人民币) |
|---|---|---|---|
| 测试计划 | 人员开支 | 3 | ×× |
| 测试系统配置与开发 | 人员开支(测试系统配置，开发测试用例设计) | 33.7 | ×× |
| | 硬件系统 | | ×× |
| | 自动测试工具 | | ×× |
| 测试执行 | 人员开支(测试执行) | 60 | ×× |
| 测试总结评论 | 人员开支(测试总结评论) | 4 | |
| 合计(人民币) | ×××××× | | |

10. 关键参与者

测试经理：赵××(制订测试计划及部署、监督相关工作)。

测试人员：钱××、孙××、李××、周××、张××、谢××(负责相关子系统测试)。

开发人员：王××、李××、周××、张××(及时解决影响测试进行的系统问题)。

项目管理人员：陈××(跟踪项目进展)。

11. 参考文档(表 5-8)

表 5-8　测试参考文档

| 编号 | 资料名称 | 出版单位 | 作　者 | 备注 |
|---|---|---|---|---|
| 1 | 《医院信息管理系统 1.0 系统需求说明书》 | | 医疗卫生开发部 | |
| 2 | 《医院信息管理系统 1.0 用户手册》 | | 医疗卫生开发部 | |
| | 《医院信息管理系统 1.0 系统设计报告》 | | 医疗卫生开发部 | |

续表

| 编号 | 资料名称 | 出版单位 | 作　者 | 备注 |
|------|----------|----------|--------|------|
| 3 | 《医院信息管理系统基本工作规范》 | 中华人民共和国卫生部 | | |
| 4 | 《软件测试》 | ××××出版社 | Ron Patton 著<br>周斗滨等译 | |
| 5 | 《软件测试过程管理》 | ××××出版社 | Rex Black 著<br>龚波等译 | |

## 5.3　HIS 测试过程概述

广义地说，测试工作贯穿一个软件项目开发过程的始终，从项目的规划和相关文档生成开始直到软件通过用户的验收。通常所说的测试是指运行软件系统(或单个的模块)以检验其是否满足用户要求的过程。

HIS 的测试按照一般测试过程，将其分为单元测试、集成测试、系统测试和验收测试 4 个阶段。测试开发人员关注的是前 3 个阶段的测试过程，因此本节详细描述前 3 个阶段的测试过程，并且给出集成测试阶段所涉及的相关设计和分析。

1. 单元测试

单元测试，又叫模块测试，是对源程序中每一个程序单元进行测试，检查各个模块是否正确实现了规定的功能，从而发现模块在编码或算法中的错误。该阶段涉及编码和详细设计的文档，由系统开发人员自己来承担。单元测试应对模块内所有重要的控制路径设计测试用例，以及发现模块内部的错误。单元测试多采用白盒测试技术。

测试用例的设计应根据设计信息选取测试数据，以增大发现各类错误的可能性。在确定测试用例的同时，应给出期望结果。在实际工程项目的开发中，由于开发人员的主要精力集中在系统开发上，在单元测试阶段常常没有时间去做精心的测试用例设计，但至少应该有思路清晰的测试构思和测试大纲。

单元测试常常是动态测试和静态测试两种方法并举的。动态测试可由开发人员运行局部功能或模块以发现系统潜藏的错误，也可以借助测试工具进行测试。静态测试即是代码审查。审查的内容包括代码规则和风格、程序设计和结构、业务逻辑等。

HIS 还涉及许多的费用计算问题，逻辑性很强，需要的程序结构也很复杂。面对复杂的业务流程，认及管理各异的用户需求，没有白盒测试是不可想象的。例如，HIS 要处理许多类患者，如普通患者、医保患者、内部职工、公费患者等，每类患者的费用处理流程和计算方法都不相同，开发人员就要严格地依照系统设计检查代码的逻辑结构，选取有代表性的测试用例测试相关的模块。又如医嘱分解、药房摆药等，必须知道系统的详细设计和程序的逻辑结构才能设计好测试用例。

在单元测试中，由于被测试的模块往往不是独立的程序，它处于整个软件结构的某一层上，被其他模块调用或调用其他模块，其本身不能单独运行，因此在单元测试时，应为测试模块开发一个驱动模块或若干个桩模块。例如，在 HIS 中，医保患者在医院发生的费用需要通过医保中心的身份验证并向医保中心传递。在没有医保接口软件的情况下，测试医院端的程序就需要编制一个桩模块代替医保接口模块。当然这个模块要比真正的医保软件简单许多，只是提供一个信息接收及信息接入的功能，但这在单元测试中是必不可少的。

2. 集成测试

集成测试(有时被分为集成测试和确认测试两个阶段)是指将各模块组装起来进行测试，以检查与设计相关的软件体系结构的有关问题，并确认软件是否满足需求规格说明书中确定的各种需求。

HIS 的集成测试是指开发人员完成了所有系统模块的开发并通过了单元测试后，将编译好的软件交付给测试部门进行测试的过程。因为所有模块都已完成，所以没有附加的桩模块和驱动模块。

这个阶段的测试需要一个完备的测试管理过程。集成测试过程可以分为测试准备、测试计划、测试设计、测试执行和测试总结 5 个阶段。

测试准备阶段是指测试人员准备测试资源、熟悉系统的过程。

测试计划阶段包含制定测试策略、资源分配、风险预警和进度安排等内容，此项工作由测试负责人来做。测试计划的模板各不相同，这取决于软件的特殊性和管理的规范性。

测试设计阶段包括计划测试用例及相关管理工具的设计。本章 5.4 节将给出 HIS 集成测试过程中门诊挂号子系统部分的主要测试用例，侧重于系统的功能和性能测试。测试用例设计之前一般要有一份测试用例的设计大纲。

如果没有现成的缺陷记录和交互工具，还应该设计并开发这样的工具。另外还要考虑如果测试用例执行失败时数据的回复或错误数据的清理问题，以保证测试用例的再次执行。

完成测试设计工作后，就开始执行实际的测试工作了。如果测试用例设计得好，测试的执行将变得非常简单。但测试人员也不该疏忽大意，应该集中精力并积极思考，除了严格按照测试用例进行测试，还应该有更好的"即兴发挥"，以发现一些在测试设计时没有想到的错误。

测试时另外一项非常重要的工作就是做好系统缺陷记录。本章 5.5 节将给出系统生成缺陷报告的注意事项以及缺陷报告的实例，另外还设计了一个问题记录数据库表。用数据库记录缺陷的好处就是测试人员和开发人员能够通过动态的信息发布和获取进行更好的交互，提高测试和修改的工作效率。

经过修改后的系统再次经过测试就是回归测试。回归测试可能仍用原来的测试用例，但测试人员的关注点会略有变化，应该着重观察此前的错误发生处。测试的执行过程通常要经过几轮，每次执行都有进入标准和退出标准。

测试结束后要及时总结分析测试结果。测试结果的总结与分析一方面是提供一个系统功能、性能和稳定性等方面的完整的分析和结论，另外要对测试过程本身做出总结，总结成功的经验和失败的教训，以使日后的工作开展得更顺利。具体的测试总结详见 5.6 节。

### 3. 系统测试

系统测试将已确定的软件与其他系统元素(如硬件、其他支持软件、数据和人工等)结合在一起进行测试。系统测试是在真实或模拟系统运行的环境下，检查完整的程序系统能否和系统(包括硬件、外设、网络和系统软件、支持平台等)正确配置、连接，并满足用户需求。

系统测试也应该经过测试准备、测试计划、测试设计、测试执行和测试总结 5 个阶段，每个阶段的工作内容与集成测试很相似，只有关注点有所不同。

在 HIS 的系统测试中，要搭建更真实的运行环境，另外还要在不同的操作系统下进行测试，如测试数据库服务器搭建在 UNIX 环境和 Windows NT 环境下长时间多客户端并发运行时系统的各项功能，并观测服务器的承受能力(系统的反应时间、服务器的资源占用情况等)。

### 4. 验收测试

验收测试是指在用户对软件系统验收之前组织的系统测试。测试人员都是真正的用户，在尽可能真实的环境下进行操作，并将测试结果进行汇总，由相关管理人员对软件做出评价，并做出是否验收软件的决定。

HIS 一般在用户验收之前都需要对系统进行一段时间的试运行，因此可以说 HIS 的验收测试就是实际的使用(但用户一般要参与软件的系统测试，即所谓的 β 测试，不然用户是不会放心让系统试运行的)。

因为验收测试由用户完成，不同软件实际应用的差异性又很大，这里就不对其详加论述了。

## 5.4　测试用例设计

测试用例应由测试人员在充分了解软件的基础上在测试之前设计好，测试用例的设计是测试系统开发中一项非常重要的内容。集成测试阶段测试用例的设计依据为系统需求分析、系统用户手册和系统设计报告等相关资料，而且测试人员要与开发人员充分交互。另外有一些内容由测试人员的相关背景知识、经验、直觉等产生。

测试用例的设计需要考虑周全。在测试系统功能的同时，还要检查系统对输入数据(合法值、非法值和边界值)的反应，要检查合法的操作和非法的操作，检查系统对条件组合的反应等。好的测试用例让其他人能够很好地执行测试，能够快速地遍历所测试的功能，能够发现之前没有发现的错误。所以测试用例应该由经验丰富的系统测试人员编写，对于新手来说，应该多阅读一些好的测试用例，并且在测试实践中用心去体会。

在编写测试用例之前，应该给出测试大纲，大纲基本上是测试思路的整理，以保证测试用例的设计能够清晰、完整而不是顾此失彼。测试大纲可以按照模块、功能点、菜单和业务流程这样的思路来策划。

本节给出"医院信息管理系统 1.0"之"门诊挂号子系统"的测试大纲和测试用例的主体部分。

## 5.4.1 门诊挂号子系统测试大纲(表 5-9)

表 5-9 门诊挂号子系统测试大纲

| 性质 | 模块名称 | 目标描述 | 用例要点 |
|---|---|---|---|
| 功能测试 | 挂号管理 | 测试挂号流程是否舒畅 | 挂任意号 |
| | | 测试对新患者的信息接收状况 | 新患者 |
| | | 测试系统对老患者的处理状况 | 老患者 |
| | | 测试不要病历本情形费用计算是否准确 | 不要病历本 |
| | | 测试要病历本情形费用计算是否准确 | 要病历本 |
| | | 测试无挂号费、有诊察费时费用计算是否准确 | 挂老年号(挂号费无，诊察费 2 元) |
| | | 测试有挂号费、无诊察费情形费用计算是否准确 | 挂职工号(挂号费 1 元，诊察费无) |
| | | 测试预约号时间控制是否严格 | 挂预约号，分别输入预约时间为限制时间外、限制时间内、时间边界值 |
| | | 测试挂号午别已过情形系统处理是否正确 | 挂号时选择已过午别 |
| | | 测试"清除"按钮是否有效 | 输入过程中"清除"信息，分别单击"清除"按钮和按 Shift+C 组合键 |
| | | 测试挂号科室和号别提示信息 | 挂任意号 |
| | | 测试号别与号费用的对应是否正确 | 所有号别 |
| | | 测试出生年份计算是否正确 | 输入新患者 |
| | | 测试年龄计算是否正确 | 输入老患者，上次挂号时间距今超过 1 年 |
| | | 测试挂号单打印 | 挂任意号 |
| | | 测试 Enter 键对光标的控制 | 按 Enter 键控制光标在各控件间的跳转 |
| | | 测试 Tab 键对光标的控制 | 按 Tab 键控制光标在各控件间的跳转 |
| | | 测试就诊序号的生成 | 挂任意号 |
| | | 测试"退出"按钮是否生效 | 退出操作界面，分别单击"退出"按钮和按 Shift+X 组合键 |
| | 退号管理 | 测试退号流程是否顺畅 | 退任意号 |
| | | 测试退病历本情形退号费用是否正确 | 退病历本 |
| | | 测试不退病历本情形退号费用是否正确 | 不退病历本 |
| | | 测试挂号天数超出有效退号时间限制系统的控制能力 | 分别取挂号天数在有效时间范围内、范围外和极限值的挂号信息 |
| | | 测试挂号信息调入是否正确，在无挂号信息情况下、无有效挂号信息情况下和有效挂号信息情况下的处理能力 | 选取具有不同情况的患者的就诊卡号 |
| | | 测试"保存"按钮是否有效 | 退任意号，分别单击"保存"按钮和按 Shift+S 组合键 |

续表

| 性质 | 模块名称 | 目标描述 | 用例要点 |
|---|---|---|---|
| 功能测试 | 挂号员结算 | 测试正常情况费用统计是否正确 | 随意挂号、退号，统计 |
| | | 测试甲挂号、乙退号情形甲乙结算费用统计是否正确 | 甲挂号、乙退号，统计 |
| | | 测试结算金额为正情形时是否正常 | 挂号金额大于退号金额 |
| | | 测试结算金额为负情形时是否正常 | 挂号金额少于退号金额 |
| | | 测试结算功能是否正常，打印结算单是否正常 | 统计后结算 |
| | | 测试结算时间控制是否严格准确 | 检查结算费用计算是否准确；结算后再统计时间控制 |
| | | 结算单补打是否正常 | 选取已结算信息补打 |
| | 挂号管理 | 测试系统承受压力能力 | 并发操作<br>连续操作 |
| 性能测试 | 挂号管理 | 测试系统强壮性 | 随意单击数据窗口及操作窗口空白处 |
| | | 测试系统安全性：意外退出，对未保存数据是否有提示 | 录入中途退出 |
| | | 出现错误是否有数据备份和恢复功能 | 制造操作中的意外错误及中断退出 |
| | | 录入过程数据提交前是否有校验 | 数据录入不全面，提交 |
| | 退号管理<br>结算管理 | 输入不合规范的数据系统的处理能力 | 输入不合常规的数据 |

## 5.4.2　其他可用性测试检查标准

软件产品的可用性是指软件产品能否让用户更快更容易地完成工作，即软件是否易学、易用，并使用户感到满意。软件产品的可用性主要反映在软件测评的用户界面及操作过程上减少错误出现，提高用户工作效益，增加用户满意度；对于开发商而言可以缩减服务和培训费用，提高用户满意度。软件可用性已经越来越引起用户和开发商的关注。可用性测试对所有功能模块来说，检测标准是相同的，而这些检测在功能测试同时即可进行，所以不再设计单独的测试用例。表 5-10 列出门诊挂号子系统的可用性检测标准。

表 5-10　门诊挂号子系统的可用性检测标准

| 测试项 | 测试模块 | 结　果 |
|---|---|---|
| 操作是否畅顺 | | |
| 界面是否美观 | | |
| 操作成功、失败是否有适当的提示 | | |
| 提示是否标准规范 | 挂号管理 | |
| 跳转是否灵活 | | |
| 按钮位置是否合适 | 退号管理 | |
| 各界面相同空间相关属性是否一致 | | |
| 快捷键是否有效 | 挂号员结算管理 | |
| 输入是否方便 | | |
| 光标初始位置和跳转状态是否合理 | | |

## 5.4.3 功能测试用例

1. 普通挂号、要病历本的测试用例(表 5-11)

表 5-11 普通挂号、要病历本的测试用例

| 用例编码 | T01.01.01 | | 测试项 | 门诊挂号 |
|---|---|---|---|---|
| 依据 | F01.01.00 | | 优先级 | * |
| 描述 | 新患者,不要病历本,正常号别<br>测试点:系统是否满足可用性要求;挂号过程是否流畅;费用是否准确;挂号单打印是否无误;号别、科室提示是否正确;Enter 键控制下光标条状是否正常;单击"保存""退出"按钮反应是否正常 | | | |
| 输入规格 | 初次就诊患者:张三,卡号 328336,男,32 岁,内科,专家门诊(挂号费 6 元,诊察费 6 元),挂号日期:测试当日,午别:下午,要病历本(1 元):操作时按 Enter 键在控件间切换。操作时单击"保存""退出"按钮 | | | |
| 预计输出 | 费用 13 元,打印挂号单 | | 主要测试技术 | 黑盒测试 |
| 测试结果描述 | | | | |

| 执行步骤 | 检查点 | 检查依据(功能需求编号或其他) | 期望输出 | 结果 | BugID |
|---|---|---|---|---|---|
| 输入就诊卡号"328336" | 数字接收<br>光标跳转 | F01.01.11 | | | |
| 输入"张三" | 汉字接收<br>光标跳转 | F01.01.12 | | | |
| 选择性别"男" | 选择提示<br>操作灵活性 | F01.01.13 | | | |
| 输入年龄"32" | 数字接收<br>光标跳转<br>出生年份生成 | F01.01.14 | 出生日期:1973-01-01(测试时间为 2005 年) | | |
| 修改出生日期:1973-07-15 | 日期修改<br>光标跳转 | F01.01.15 | | | |
| 选择就诊科室"内科" | 科室提示<br>科室选择<br>光标跳转 | F01.01.16 | | | |
| 号别选择"专家门诊" | 号别提示<br>号别选择<br>光标跳转 | F01.01.17 | 挂号费 6 元<br>诊察费 6 元<br>费用合计 12 元 | | |
| 就诊日期 | 日期提示<br>光标跳转 | F01.01.18 | 当日日期 | | |
| 午别 | 午别选择<br>光标跳转 | F01.01.19 | | | |
| 病历本选择"需要" | 需要与否提示<br>顺畅选择<br>光标跳转 | F01.01.20 | 费用合计:13 元 | | |

续表

| | | | | |
|---|---|---|---|---|
| 单击"保存"按钮 | 误操作提示<br>金额计算<br>就诊序号产生<br>挂号单打印<br>操作结果提示 | F01.01.01 | 挂号费用合计<br>就诊序号<br>挂号单 | |
| 单击"退出"按钮 | 是否正常退出 | | | |

2. 普通挂号、老患者、不要病历本的测试用例(表 5-12)

表 5-12　普通挂号、老患者、不要病历本的测试用例

| 用例编码 | T01.01.02 | | 测试项 | 门诊挂号 |
|---|---|---|---|---|
| 依据 | F01.01.00 | | 优先级 | * |
| 描述 | 挂预约号：老患者，不要病历本<br>测试点：是否满足可用性要求；挂号过程是否流畅；费用计算是否准确；挂号单打印是否无误；号别、科室提示是否正确；对于老患者年龄转换是否正确；Tab 键控制下光标跳转是否正常；不要病历本情形下费用计算是否正确；"保存"、"退出"按钮的快捷方式是否有效等 | | | |
| 输入规格 | 张三，卡号 328336，男，出生日期：1973-07-15，口腔科，普通门诊(挂号费 2 元，诊察费 3 元)，挂号日期：测试当日(事先将服务器系统时间改为第一次输入该患者的次年，为测试年龄的重新生成)，午别：上午，不要病历本(1 元)；操作时按 Tab 键在控件间切换；分别按 Shift+S 组合键和 Shift+X 组合键实现"保存"和"退出"功能 | | | |
| 预计输出 | 费用 5 元，打印挂号单 | | 所用方法 | 黑盒测试 |
| 测试结果描述 | | | | |
| 执行步骤 | 检查点 | 检查依据(功能需求编号或其他) | 期望输出 | 结果 | BugID |
| 输入就诊卡号"328336" | 数字接收<br>光标跳转<br>相应信息输出<br>相应控件不可用 | F01.01.11 | 姓名：张三<br>性别：男<br>年龄：33<br>出生日期：<br>1973-07-15 | | |
| 选择就诊科室"口腔科" | 科室提示<br>科室选择<br>光标跳转 | F01.01.16 | | | |
| 号别选择"普通门诊" | 号别提示<br>号别选择<br>光标跳转 | F01.01.17 | | | |
| 就诊日期 | 日期提示<br>光标跳转 | F01.01.18 | 当日日期 | | |
| 午别 | 午别选择<br>光标跳转 | F01.01.19 | | | |

续表

| 病历本选择"不需要" | 需要与否提示<br>顺畅选择<br>光标跳转 | F01.01.20 | | | |
|---|---|---|---|---|---|
| 按 Shift+X 组合键 | 误操作提示<br>金额计算<br>就诊序号产生<br>挂号单打印<br>操作结果提示 | F01.01.01 | 挂号费用合计<br>就诊序号<br>挂号单 | | |
| 按 Shift+S 组合键 | 是否正常退出 | | | | |

3. 预约挂号、不要病历本、无挂号费、有诊察费的测试用例(表 5-13)

表 5-13　预约挂号、不要病历本、无挂号费、有诊察费的测试用例

| 用例编码 | T01.01.03 | | 测试项 | 门诊挂号 | |
|---|---|---|---|---|---|
| 依据 | F01.01.00 | | 优先级 | * | |
| 描述 | 预约挂号，新患者，不要病历本，分别测试预约 3 天及预约 2 天的情况<br>测试点：挂号费为空情形下费用计算是否正常，预约挂号是否正常，预约时间控制是否正常；鼠标控制光标跳转情况下系统反应是否正常 | | | | |
| 输入规格 | 李婉，卡号 328552，女，68 岁，眼科，老年号(挂号费 0 元，诊察费 2 元)，挂号日期：测试日期后 3 天和后 2 天(设置允许预约挂号天数 2 天)，午别：下午，不要病历本操作时在控件间切换时用鼠标点选 | | | | |
| 预计输出 | 费用 2 元，打印挂号单 | | 主要测试技术 | 黑盒测试及白盒测试 | |
| 测试结果描述 | | | | | |
| 执行步骤 | 检查点 | 检查依据(功能需求编号或其他) | 期望输出 | 结果 | BugID |
| 输入就诊卡号"328552" | 数字接收<br>光标跳转 | F01.01.11 | | | |
| 输入"李婉" | 汉字接收<br>光标跳转 | F01.01.12 | | | |
| 选择性别"女" | 选择提示<br>灵活性 | F01.01.13 | | | |
| 输入年龄"68" | 数字接收<br>光标跳转<br>出生年份生成 | F01.01.14 | 出生日期：<br>1938-01-01<br>(测试时间为<br>2005 年) | | |
| 修改出生日期：1937-06-12 | 日期修改<br>光标跳转 | F01.01.15 | | | |
| 选择就诊科室"眼科" | 科室提示<br>科室选择<br>光标跳转 | F01.01.16 | | | |

续表

| | | | | |
|---|---|---|---|---|
| 号别选择"老年号" | 号别提示<br>号别选择<br>光标跳转 | F01.01.17 | 挂号费 0 元<br>诊察费 2 元<br>费用合计 2 元 | |
| 就诊日期改为操作日后第3天日期 | 日期提示<br>日期修改<br>光标跳转 | F01.01.18 | 无效预约日期的提示 | |
| 就诊日期改为操作日后第2天日期 | 日期提示<br>日期修改<br>光标跳转 | F01.01.18 | | |
| 午别 | 午别选择<br>光标跳转 | F01.01.19 | | |
| 病历本选择"不需要" | 需要与否提示<br>顺畅选择<br>光标跳转 | F01.01.20 | | |
| 单击"保存"按钮 | 误操作提示<br>金额计算<br>就诊序号产生<br>挂号单打印<br>操作结果提示 | F01.01.01 | 挂号费用合计<br>就诊序号<br>挂号单 | |

4. 有挂号费、无诊察费、要病历本的测试用例(表 5-14)

表 5-14　有挂号费、无诊察费、要病历本的测试用例

| 用例编码 | T01.01.04 | | 测试项 | 门诊挂号 |
|---|---|---|---|---|
| 依据 | F01.01.00 | | 优先级 | * |
| 描述 | 新患者,挂职工号(有挂号费,无诊察费),要病历本。测试午别已过情形;测试清除子功能;误操作;不完整数据保存<br>测试点:有挂号费无诊察费情形下费用计算;测试挂号时间已过当前时间的系统反应;测试系统清除功能;测试系统强壮性、安全性 | | | |
| 输入规格 | 王晓雅,卡号 328011,女,24 岁,妇科,职工号(挂号费 1 元,诊察费 0 元),挂号日期:测试当日,午别分别设为上午和下午(服务器系统时间改为12 点),要病历本(1 元) | | | |
| 预计输出 | 费用 2 元,打印挂号单 | | 所用方法 | 黑盒测试、经验 |
| 测试结果描述 | | | | |
| 执行步骤 | 检查点 | 检查依据(功能需求编号或其他) | 期望输出 | 结果　BugID |
| 输入就诊卡号"328011" | 数字接收<br>光标跳转 | F01.01.11 | | |
| 输入"王晓雅" | 汉字接收<br>光标跳转 | F01.01.12 | | |

续表

| | | | | | |
|---|---|---|---|---|---|
| 选择性别"女" | 选择提示<br>灵活性 | F01.01.13 | | | |
| 输入年龄"24" | 数字接收<br>光标跳转<br>出生年份生成 | F01.01.14 | 出生日期：1981-01-01(测试时间为2005 年) | | |
| 单击"清除"按钮之后重新挂号，重新输入上述内容 | 查看就诊卡号、姓名、性别、年龄、出生日期是否已为空 | F01.01.02 | | | |
| 修改出生日期：1981-03-28 | 日期修改<br>光标跳转 | F01.01.15 | | | |
| 选择就诊科室"妇科" | 科室提示<br>科室选择<br>光标跳转 | F01.01.16 | | | |
| 单击"保存"按钮 | 系统提示 | F01.01.01 | 提示："请输入完整挂号信息" | | |
| 号别选择"职工号" | 号别提示<br>号别选择<br>光标跳转 | F01.01.17 | 挂号费1 元，<br>诊察费0 元<br>费用合计：1 元 | | |
| 就诊日期 | 日期提示<br>光标跳转 | F01.01.18 | 当日日期 | | |
| 午别选择"上午" | 午别提示<br>选择后提示<br>光标跳转 | F01.01.19 | 系统提示："已过挂号午别" | | |
| 午别选择"下午" | 午别提示<br>选择后提示<br>光标跳转 | F01.01.19 | 就诊序号 | | |
| 病历本选择"需要" | 选择提示<br>畅顺选择<br>光标跳转 | F01.01.20 | 费用合计2 元 | | |
| 单击"退出"按钮 | 查看系统反应 | 性能测试 | 系统给出有未保存数据的提示 | | |
| 单击"保存"按钮 | 误操作提示<br>费用计算<br>就诊序号产生<br>挂号单打印<br>操作成功提示 | F01.01.01 | 挂号费用合计<br>就诊序号<br>挂号单 | | |
| 随意单击数据窗口、空白处等非期望操作区域 | 查看系统反应 | 系统强化性；经验 | 无变化 | | |

5.　退号、不退病历本的测试用例(表 5-15)

表 5-15　退号、不退病历本的测试用例

| 用例编号 | T01.02.01 | | 测试项 | 门诊退号 |
|---|---|---|---|---|
| 依据 | F01.02.00 | | 优先级 | * |
| 描述 | 退号，不退病历本，日期分别超出有效退号日期及在有效退号日期以内<br>测试点：挂号信息读取是否正确；退号流程是否顺利；费用计算是否正确；退号有效期控制 | | | |
| 输入规格 | 卡号：328336，选择退掉普通号(挂号费 2 元，诊察费 3 元)，不退病历本。设置有效退号天数为 2 天，调整时间，使得退号时间分别在挂号时间 48 小时外及 48 小时以内 | | | |
| 预计输出 | 费用 5 元 | | 所用方法 | 黑盒测试，白盒测试 |
| 测试结果描述 | | | | |
| 执行步骤 | 检查点 | 检查依据<br>(功能需求编号或其他 | 期望输出 | 结果 | BugID |
| 修改系统时间为挂号时间+52 小时 | | | | | |
| 输入就诊卡号"328336" | 是否调出该患者所有的未就诊的有效挂号信息 | F01.02.11 | 该患者所有已挂号未就诊的有效挂号信息（不包含 T01.01.02 操作所挂之号) | | |
| 修改系统时间为挂号时间+46 小时 | | | | | |
| 输入就诊卡号"328336" | 是否调出该患者所有的未就诊的有效挂号信息 | F01.02.11 | 该患者所有已挂号未就诊的有效挂号信息(包含 T01.01.02 操作所挂之号) | | |
| 选择口腔科普通门诊 | 挂号选择(鼠标键盘均可) | F01.02.12 | 退号费 5 元 | | |
| 单击"保存"按钮并确认 | 查看处理结果 | | 提示"退号成功"，退费 5 元 | | |

6. 退号(包括病历本)的测试用例(表 5-16)

表 5-16　退号(包括病历本)的测试用例

| 用例编号 | T01.02.02 | | 测试项 | 门诊退号 |
|---|---|---|---|---|
| 依据 | F01.02.00 | | 优先级 | * |
| 描述 | 退号，退病历<br>测试点：退号流程是否顺畅；退病历本情形下费用计算是否准确；对改变退号选择的控制；单击"保存"按钮后的警示；取消保存的控制；就诊后的挂号信息是否可退 | | | |
| 输入规格 | 卡号：328336，退其他号，改变退内科专家门诊号(挂号费 6 元，诊察费 6 元，病历本 1 元)，保存，取消保存执行诊间医令，再次退号 | | | |
| 预计输出 | | | 所用方法 | 黑盒测试，白盒测试 |
| 测试结果描述 | | | | |

| 执行步骤 | 检查点 | 检查依据(功能需求编号或其他) | 期望输出 | 结果 | BugID |
|---|---|---|---|---|---|
| 输入就诊卡号"328336" | 是否调出该患者所有的未就诊的有效挂号信息 | F01.02.11 | 该患者所有已挂号未就诊的有效挂号信息(包含 T01.01.01 操作所挂之号) | | |
| 任选一条非口腔科的有效挂号信息(若没有执行挂号操作) | 可选择(鼠标键盘均可) | F01.02.11 | 提供相应退费金额 | | |
| 选择口腔科普通门诊 | 可选择(鼠标键盘均可) | F01.02.12 F01.02.00 | 原选中退费信息失效退费金额 12 元 | | |
| 选择退病历本 | 查看退费总额 | | 退费金额 13 元 | | |
| 执行诊间医令(执行口腔科看诊)，再次退该号 | 退号的控制 | | 没有可退的口腔科号别 | | |

7. 挂号员结算的测试用例(表 5-17)

表 5-17　挂号员结算的测试用例

| 用例编码 | T01.01.04 | | 测试项 | 门诊挂号 |
|---|---|---|---|---|
| 依据 | F01.03.00 | | 优先级 | * |
| 描述 | 挂号员结算：测试每次挂号操作或退号操作后挂号员结算时所统计的上缴金额，最后作结算<br>分多种情形，其中包含操作员甲挂号，操作员乙退号；乙挂号，甲退号，看甲乙二人各自的结算统计<br>分别测试挂号金额大于退号金额情形；退号金额大于挂号金额情形<br>测试结算时对时间的控制 | | | |

续表

| 输入规格 | 操作顺序：甲挂号→结算统计→甲挂号→结算统计→甲挂号→结算统计→甲退号→结算统计→甲挂号→乙退号→结算统计→退乙挂号→结算统计→结算→甲退号→甲退号→结算 | | | | |
|---|---|---|---|---|---|
| 预计输出 | 应缴费用，打印挂号单 | | 所用方法 | 黑盒测试 白盒测试 | |
| 测试结果描述 | | | | | |
| 执行步骤 | 检查点 | 检查依据(功能需求编号或其他) | 期望输出 | 结果 | BugID |
| 以挂号员身份登录到结算界面，单击"结算"按钮，先结清账目；记住结算终止时间 | 操作是否流畅 | F01.03.02 | 操作成功 | | |
| 甲挂号，总费用 6 元 | | | | | |
| 登录到结算界面，单击"统计"按钮 | 操作是否畅顺 统计结果 | F01.03.01 | 应缴费用：6 元 | | |
| 甲挂号，总费用 5 元 | | | | | |
| 登录到结算界面，单击"统计"按钮 | 操作是否畅顺 统计结果 | F01.03.01 | 应缴费用：11 元 | | |
| 甲退号，退掉 5 元费用 | | | | | |
| 登录到结算界面，单击"统计"按钮 | 操作是否畅顺 统计结果 | F01.03.01 | 应缴费用：6 元 | | |
| 甲挂号，总费用 2 元 | | | | | |
| 乙挂号员乙身份登录，退掉甲所挂之号 | | | | | |
| 甲登录到结算界面，单击"按统计"按钮 | 操作是否流畅 统计结果 | F01.03.01 | 应缴费用：8 元 | | |
| 甲退掉挂号员乙所挂之号，费用 4 元 | | | | | |
| 甲登录到结算界面，单击"统计"按钮 | 操作是否流畅 统计结果 | F01.03.01 | 应缴费用：4 元 | | |
| 单击"结算"按钮 | 操作是否流畅 统计结果 察看结算时间段 | F01.03.02 | 应缴费用：4 元 打印结算单 | | |
| 单击"统计"按钮 | 操作是否流畅 统计结果 察看统计起始时间 | F01.03.01 | 应缴费用：0 | | |
| 单击"退出"按钮 | 操作顺畅 | F01.03.05 | 退出结算窗口 | | |
| 甲退号，费用合计 6 元 | | | | | |
| 甲登录到结算界面，单击"统计"按钮 | 操作是否顺畅 统计结果 | F01.03.01 | 应缴费用：-6 元 | | |

续表

| | | | |
|---|---|---|---|
| 甲退号，费用合计 4 元 | | | |
| 甲登录到结算界面，单击"统计"按钮 | 操作是否顺畅<br>统计结果 | F01.03.01 | 应缴费用：－10 元 |
| 单击"结算"按钮 | 操作是否流畅<br>统计结果<br>察看结算时间段 | F01.03.02 | 应缴费用：－10 元<br>打印结算单 |

8. 挂号员结算补打的测试用例(表 5-18)

表 5-18　挂号员结算补打的测试用例

| 用例编码 | T01.03.02 | | 测试项 | 门诊挂号 | |
|---|---|---|---|---|---|
| 依据 | F01.03.00 | | 优先级 | * | |
| 描述 | 测试操作员结算单的补打功能<br>测试点：已结算信息显示；已结算信息读取；已结算信息的重复打印；各按钮的鼠标单击和快捷键的有效性 | | | | |
| 输入规格 | 单击"重打"按钮调出挂号员近期的所有结算信息，依次选择测试用例 T01.03.01 所产生结算信息并重新打印。鼠标单击和快捷键两种方式控制按钮 | | | | |
| 预计输出 | 应缴费用，打印挂号单 | | 所用方法 | 黑盒测试，白盒测试 | |
| 测试结果描述 | | | | | |
| 执行步骤 | 检查点 | 检查依据(功能需求编号或其他) | 期望输出 | 结果 | BugID |
| 登录到结算窗口，点击"重打"按钮 | 操作是否流畅<br>是否显示该操作员所有结算信息 | F01.03.03 | 该操作员所结算信息 | | |
| 选择费用 4 元的结算信息 | 操作是否流畅<br>鼠标选择和键盘选择是否同样效果 | F01.03.00 | | | |
| 单击"打印"按钮 | 操作是否流畅<br>结果是否正确 | F01.03.01 | 4 元结算单 | | |
| 选择费用-10 元的结算信息 | 操作是否流畅<br>鼠标选择和键盘选择是否同样效果 | F01.03.00 | 费用-10 元的结算信息呈选中状态 | | |
| 使用快捷键打印 | 操作是否流畅<br>结果是否正确 | F01.03.04 | -10 元结算单 | | |

### 5.4.4　性能测试用例

性能测试用例见表 5-19。

表 5-19　性能测试用例

| 用例编码 | T01.01.05 | | 测试项 | 门诊挂号 |
|---|---|---|---|---|
| 依据 | F01.01.00 | | 优先级 | * |
| 描述 | 通过自动测试工具，测试系统的并发控制能力及连续处理能力 ——模拟多用户同时挂号 | | | |
| 输入规格 | 利用自动测试工具，模拟 10 个用户并发操作，连续挂号 200 人次。 | | | |
| 预计输出 | 挂号成功 2 000 次，打印相应挂号单 | | 所用方法 | 黑盒测试，自动测试 |
| 测试结果描述 | | | | |
| 执行步骤 | 检查点 | 检查依据(功能需求编号或其他) | 期望输出 | 结果 | BugID |
| 应用自动测试工具，模拟 10 台机器并发运行挂号，每台挂号 200 次 | 系统是否正常运转 | 费用输出正确挂号单打印正确 | | | |

## 5.5　缺 陷 报 告

在测试执行阶段，利用缺陷报告来记录、描述和跟踪被测试系统中已被捕获的不能满足用户对质量的合理期望的问题——缺陷或称为错误。缺陷报告可以采用多种形式，利用 Word、Excel、数据库等作为存储和更新的载体，视系统复杂程度而定。如果需要灵活地、交互地存储、操作、查询、分析和报告大量数据，还是需要使用数据库。

下面给出一个利用数据库作缺陷记录报告的实例。错误跟踪数据库可以自己开发，也可以购买现成的产品。

1. 建立缺陷报告数据库

缺陷报告数据库应该在测试工作的准备配置阶段就建立起来，在测试执行阶段，测试人员、开发人员和项目管理评估人员可以采用各种方式通过缺陷报告数据库进行交互，可以自行开发一个小系统，使得数据库能够记录人们访问数据库的一切活动。

先设计一个缺陷记录的数据表结构(表 5-20 所列内容在实际的数据库使用中可以按照数据库设计的规范化原则拆分为几张表，因为这里与论述测试问题没有多大关系，因此将其合并成一张表)。

表 5-20　缺陷记录数据表结构

| 字段英文名称 | 字段汉字名称 | 数据类型 | 描　　　述 |
|---|---|---|---|
| BugID | 错误号 | Char(12) | 错误编码，与测试用例中一致 |
| Fcode | 功能模块编码 | Char(12) | 错误所在的功能模块 |
| Fname | 功能模块名称 | Vchar(3) | 错误所在的功能模块名称 |

| 字段英文名称 | 字段汉字名称 | 数据类型 | 描　　　述 |
|---|---|---|---|
| Summary | 概要 | | 错误概要说明 |
| Step_Rep | 重现 | | 错误重现的过程描述 |
| Isolation | 隔离 | | 为确定 Bug 的真实而排除不相关因素 |
| Isbug | 缺陷确认 | Char(1) | 相关评审人确认是否是真正的缺陷：1 是缺陷，2 是警告，3 是不是缺陷 |
| Idpersion | 确认人 | | Bug 的确认人 |
| Data_opened | 公开日期 | Datetime | 缺陷出现的日期 |
| Data_closed | 关闭日期 | | 缺陷修复的日期 |
| Tester | 测试人 | Char(8) | 发现该 Bug 的测试人 |
| State | 状态 | Char(6) | 该 Bug 的当前状态：1 是打开，2 是正在处理，3 是关闭 |
| Programmer | 编程人 | Char(8) | 负责错误发生处理程序的编程人员 |
| Fix_date | 修复日期 | Datetime | 错误修复日期 |
| Severity | 严重度 | Char(1) | 被测试系统的错误立即或延迟的影响程度：1 是系统崩溃、数据丢失、数据毁坏或安全问题；2 是危险程度没有 1 高，但主要功能严重受阻；3 是操作性错误、错误结果、遗漏功能；4 是小问题、错别字、UI 布局、罕见故障；5 是警告或建议 |
| Priority | 优先级 | Char(1) | 包含对问题严重性、发生频率以及对目标客户的影响程度：1 是立即修复，阻止进一步测试；2 是不影响进一步测试，但很严重，必须立即修复；3 是在产品发布之前必须修复；4 是如果时间允许应该修复；5 是可能会修复，但是也能发布 |
| Log | 日志 | Vchar(600) | 记录该缺陷记录的访问和处理的相关信息 |
| DealRec | 处理过程记录 | Vchar(600) | 由开发人员和测试人员交互记录所发现问题的再处理过程 |

2. 编写缺陷报告

测试人员、系统开发人员和相关问题评审人员认何种形式打开、读取和写入缺陷报告数据库并不重要，重要的是对于问题的描述应该是完整的、严谨的、简洁的、清晰的和准确的。

下面列出编写好的错误报告的几个要点(也是测试执行应该遵循的一些原则)。

(1) 再现：尽量 3 次再现故障。如果问题是间断的，那么要报告问题发生的频率。

(2) 隔离：确定可能影响再现的变量，如配置变化、工作流、数据集，这些都可以改变错误的特征。

(3) 推广：确定系统其他部分是否可能出现这种错误，特别是那些可能存在更加严重特征的部分。

(4) 压缩：精简任何不必要的信息，特别是冗余的测试步骤。

(5) 去除歧义：使用清晰的语言，尤其要避免使用那些有多个不同或相反含义的词汇。

(6) 中立：公正表达自己的意思，对错误及其特征的实施要进行陈述，避免夸张、幽默或讽刺。

(7) 评审：至少由一个同行，最好是一个有丰富经验的测试工程师或测试经理，在测试人员递交错误报告之前先读一遍报告。

# 5.6　测试结果总结分析

一个阶段的系统测试结束后，应该对系统有一份完整的测试总结报告，给出系统最终测试后功能、性能等方面所达到的状况的总结和评价，通常测试总结报告要包含量化的描述。测试总结报告将呈现给测试部门、开发部门以及公司的相关负责人。

关于被测软件的测试结果总结是必要的。而对测试工作本身的总结也是不可少的。存储在数据库中的测试用例、问题记录和相关处理记录是一笔巨大的财富。积累各种项目的历史数据，并将其绘制成直观的图标，会很快就能分辨出"优良的"和"不良的"曲线。

利用错误跟踪数据库，从中抽取相关度量是一件比较容易的事但不能只是简单地罗列图表，测试人员应该要能从图表中获取信息。

下面介绍实际测试中测试结果总结分析所关注的一些内容。

1. 测试总结报告

图 5.2 所示是测试总结报告模板，各行业、各阶段的软件测试会有具体的、不同的总结报告，但基本上应该有本模板所展示的项目。

| ×××测试报告 | |
|---|---|
| 项目编号： | 项目名称： |
| 项目软件经理： | 测试负责人： |
| 测试时间 | |
| 测试目的与范围： | |
| 测试环境 | |
| 名称 | 软件版本 |
| 服务器操作系统 | |
| 数据库 | |
| 应用服务器 | |
| 测试软件 | |
| 测试机操作系统 | |
| 测试数据说明： | |
| 总体分析： | |
| 典型性具体测试结果 | |

图 5.2　测试总结报告模板

2. 测试用例分析

对工作的及时总结，可以及时调整方向，大大提高工作效率。测试工作的效果要直接用于测试用例的编写和执行状况的处理,所以在测试过程中以及测试结束后都要对关于测试用例的一些重要值进行度量。

关于测试用例的分析,通常包括以下内容。

(1) 计划了多少个测试用例?实际运用了多少?

(2) 有多少测试用例失败了?

(3) 在这些失败的测试用例中,有多少个错误得到修改后最终运行成功了?

(4) 这些测试平均占用的运行时间比预期的长还是短?

(5) 有没有跳过一些测试?如果有,为什么?

(6) 测试覆盖了所有影响系统性能的重要事情吗?

这些问题都可以从相关的测试用例的设计和测试问题记录中找到相应的答案。当然,如果使用了数据库,这些问题就更能轻松地解答了。测试用例的分析报告可以以多种形式体现:文字描述、表、图等。

**3. 软件测试结果统计分析**

软件测试结果统计分析是在对软件产品测试过程中发现的问题进行充分分析、归纳和总结的基础上,由全体参与测试的人员完成"软件问题倾向分析表",对该软件或该类型系统软件产品在模块、功能及操作等方面的出错倾向及其主要原因进行分析。软件问题倾向分析表将列出注意和回避的问题,该表也可以为以后的测试工作明确测试重点提供依据。

图 5.3 表达的是软件的不同版本在测试时检测出的缺陷(Bug)数的对应关系。这里的版本指的是同一软件经过不同的测试阶段并修复 Bug 及进行必要的调整后所产生的软件产品。显然,该图所表达的测试结果的变化是非常理想的。

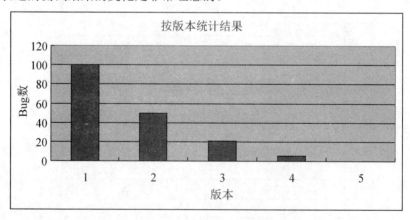

图 5.3　按版本统计结果示例

图 5.4 表达的是在一个测试阶段所发现的缺陷数与测试日期之间的对应关系。测试过程中所发现的缺陷是随着时间的推移而增多的,但一段时间后,测试所发现的缺陷增加会渐缓,甚至没有增加,如果测试还在进行,那么表明,在现有测试用例、软硬件环境及相关条件下已经很难发现新的缺陷(虽然可以肯定系统依然存在缺陷),那么这个测试阶段应该考虑停止了。

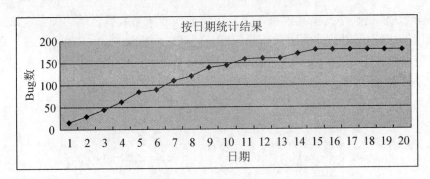

图 5.4 按日期统计结果

图 5.5 表达的是测试中所发现的不同等级的缺陷数目。关于 A、B、C、D 等级(或者有 E、F、G…)所表达的不同含义由相关测试和开发人员来制定,而这种按等级划分的统计结果可以清楚地反映开发工作中的薄弱之处。

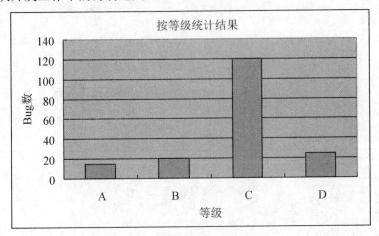

图 5.5 按等级统计结果

图 5.6 表达的是测试所发现的缺陷数目与其缺陷所属的软件工程的不同阶段之间的关系。这张图又一次验证软件工程的任何阶段都会导致程序中产生错误的因素,只是程度和数目不同而已。通过对图的分析,可以清楚看到,软件工程中的哪个阶段更应该加强控制。

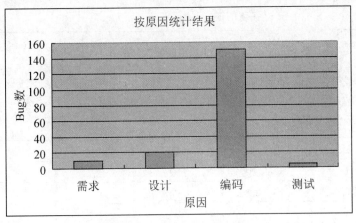

图 5.6 按原因统计结果

图 5.7 表达的是程序的不同模块与在其中所发现的缺陷数目之间的关系。缺陷产生有很多方面的原因，但也可以从该图中反映出程序员所开发的哪个模块中 Bug 很多，而另一些模块的 Bug 则很少，那么在相同的系统设计和工作条件下，这也反映了程序员的工作能力或者责任感的不同。

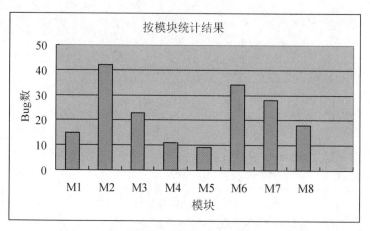

图 5.7 　按模块统计结果

图 5.8 表达的是错误原因分析，其中纵轴表达的是每类测试发现错误占所有错误的百分比。可以看出，只有每个错误都被明确地、细致地归类后才能得到这样的分析图表，也才能知道该从哪里控制以减少错误的产生。

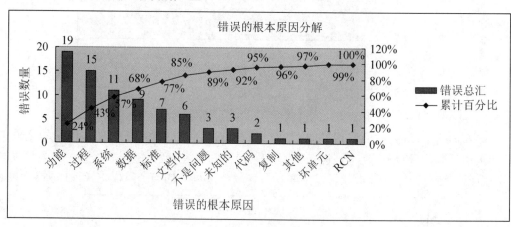

图 5.8 　错误原因分析

图 5.9 表达的是系统性能测试所产生的分析数据、图和简单的结论。这种分析是在系统通过性能测试后所必不可少。性能测试的分析一般从并发用户数、系统响应时间以及 CPU 的利用率几方面来表述，详见下表。

| | | 0 | 10 万 | 20 万 | 30 万 | 40 万 |
|---|---|---|---|---|---|---|
| 1 | 响应时间/s | 1.8 | 2 | 2.7 | 3 | 5.1 |
| | CPU 利用率/% | 32% | 37% | 40% | 39% | 41% |
| 10 | 响应时间/s | 2.3 | 4.9 | 9.2 | 9.7 | 16.5 |
| | CPU 利用率/% | 45% | 38% | 42% | 56% | 49% |

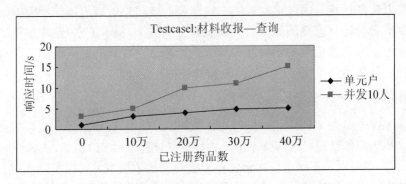

图 5.9 系统响应时间与用户数对比分析(性能测试结果分析)

结果分析:数据显示在 30 万的基础数据量下,并发 10 人查询的响应时间为 9.7s,可以接受;但在 40 万数据量下,并发 10 人查询的响应时间达到了 16.5s,变化较大。

实际的测试结果总结分析还有很多情形,这里列出的是一些比较典型的分析图表。根据实际工作的不同需要会有不同的选择,而这些分析数据、图表是与测试结果分析报告配合使用用的。

# 5.7 软件测试自动化工具

## 5.7.1 黑盒测试工具介绍

黑盒测试是指测试软件功能和性能的工具,主要用于集成测试、系统测试和验收测试。

黑盒测试是在已知软件产品应具有的功能的条件下,在完全不考虑被测程序内部结构和内部特性的情况下,通过测试来检测每个功能是否都按照需求规格说明书的规定正常使用。

黑盒测试工具又分为:功能测试工具和性能测试工具。功能测试工具主要用于检测被测程序能否达到预期的功能要求并能正常运行。性能测试工具主要用于确定软件和系统的性能。例如,用于自动多用户客户/服务器加载测试和性能测量,用来生成、控制并分析客户/服务器应用的性能等。

这类测试工具在客户端主要关注应用的业务逻辑、用户界面和功能测试方面,在服务器端主要关注服务器的性能、系统的响应时间、事务处理速度及其他时间敏感等方面的测试。

功能测试工具一般采用脚本录制(Record)/回放(Playback)原理,模拟用户的操作,然后被测试系统的输出记录下来,并同预先给定的标准结果进行比较。在回归测试中使用功能测试工具,可以大大减轻测试人员的工作量,提高测试效果。例如,对某软件设计了 1 000 个测试用例,并用其 1.0 版本中所做的测试录制下来,则在后续的回归测试中就可以用工具自动回放,进行测试,将测试人员从单调、重复的工作中解脱出来。但因版本之间的改动,可能会导致上一个版本所录制的脚本不一定完全适用于新的版本,这就要求测试人员根据变动修改测试脚本和测试用例。因此,功能测试工具不太适合于版本变动较大的软件。

## 5.7.2 黑盒功能测试工具——WinRunner

MI 公司开发的 WinRunner 是一款企业级的功能测试工具,在软件测试工具市场上占有绝对的主导地位。WinRunner 是基于 MS Windows 操作系统的,用来检测应用程序是否能够达到预期功能及正常运行。通过自动录制、检测和回放用户的应用操作，WinRunner 能够有效地帮助测试人员自动处理从测试开始到测试执行的整个过程，可以创建可修改和可复用的测试脚本，对复杂企业级应用的不同发布版本进行测试，提高测试人员的工作效率和质量，确保跨平台的、复杂的企业级应用无故障发布及长期稳定运行。

1. WinRunner 的测试模式

当在软件操作中单击 GUI(图形用户界面)对象时，利用 WinRunner 可以生成一个测试脚本记录测试人员的操作过程。这些脚本用一种称为测试脚本语言 TSL(Test Script Language)的类 C 语言编写，也可以手工编写。WinRunner 设有功能生成器，可以帮助测试人员快速地在已录制的测试脚本中添加功能，并根据不同情况，提供了两种录制脚本的测试模式。

1) 上下文敏感模式(Context Sensitive Mode)

上下文敏感模式根据用户选取的 GUI 对象(如窗体、清单、按钮等)，将用户对软件的操作动作录制下来，并忽略这些对象在屏幕上的物理位置。每一次对被测软件进行操作，测试脚本中的脚本语言都会记录用户选取的对象和相应的操作。

当对测试过程进行录制时，WinRunner 会自动创建一个 GUI map 文件，以记录每个被选对象的说明，如用户使用鼠标选取对象，用键盘输入数据等。GUI map 文件和测试脚本分开保存、维护。当软件用户界面发生变化时，用户只需更新 GUI map 文件，这样测试脚本就可以重复使用。

执行测试只需要回放测试脚本。WinRunner 从 GUI map 文件中读取对象说明，并在被测软件中查找符合这些描述的对象即可。

2) 模拟模式(Anglog Mode)

模拟模式录制过程中，记录鼠标单击、键盘输入和鼠标在二维平面上(x 轴、y 轴)的精确运动轨迹。执行测试时，WinRunner 让鼠标根据轨迹运动。这种模式对于那些需要追踪鼠标运动的测试非常有用，如画图软件。

2. GUI 对象识别和 GUI map 文件

每个 GUI 对象都有一组被定义的属性来决定它的行为和外观，WinRunner 通过学习这些属性来识别和定位 GUI 对象，而不需要确定对象的具体物理位置。

用户可以使用 GUI Spy 查看任何 GUI 对象的属性。WinRunner 则可以通过以下方式学习被测软件的 GUI。

(1) 使用快速测试脚本指南 RapidTest Script Wizard，学习软件每个窗体中所有 GUI 对象的属性。

(2) 通过录制脚本的方法，学习单个 GUI 对象、窗体或某个窗体中所有 GUI 对象的属性

(3) 使用 GUI Map Editor，学习单个 GUI 对象、窗口或某个窗体所有 GUI 对象的属性。

WinRunner 将学习的对象属性存储在 GUI map 文件中。当执行测试时，WinRunner 使用 GUI map 文件定位对象，即先从 GUI map 中读取有关对象的描述，再寻找相关属性的对象。

1) 测试中 GUI 对象的识别

通过录制或编写脚本程序创建测试，测试脚本语言(TSL)重现鼠标和键盘对被测软件的操作。

WinRunner 使用逻辑名定义对象，逻辑名实际上是对象物理描述的简称。物理描述包括物理属性和每个属性的值，这些属性:值在 GUI map 文件中以{属性 1:值 1, 属性 2: 值 2, 属

性 3: 值 3, …}的格式存放。例如，对于名为"Open"的窗口属性描述为{class: window, label: Open}，其中 class 和 label 为其属性，class 的属性值是"window"，label 的属性值为"Open"。逻辑名和物理描述一起作用，确保每个 GUI 对象都有唯一的标识。

在 GUI map 文件中，WinRunner 使用物理描述识别被测软件的 GUI 对象。在测试脚本中，WinRunner 不使用全部物理描述来表示对象，而是给每个对象一个逻辑名。对象的逻辑名由它的类型决定。在测试执行时，WinRunner 从测试脚本中读取逻辑名并指向 GUI map 文件，对比逻辑名和物理描述，最后使用物理描述在软件中找到对象。

2) GUI map 文件的组织

GUI map 文件的组织有以下两种方式。

(1) 单测试 GUI map 文件模式。它为每一个新建的测试创建一个新的 GUI map 文件。

(2) 全局 GUI map 文件模式。所有测试共享同一个 GUI map 文件。

对于单测试 GUI map 文件模式，每个测试都自带一个 GUI map 文件，其使用方便，可以避免遗忘保存或加载 GUI map 文件，容易维护和更新，但是，一旦软件的 GUI 发生变更，每个测试的 GUI map 文件都要重新录制。如果用户对 WinRunner 没有经验或被测软件的 GUI 已经固定时，可以采用这种模式。

对于全局 GUI map 文件模式，如果对象或窗体属性改变，只需要在 GUI map 文件里对相应属性进行修改、维护和更新，但需存储和加载 GUI map 文件。如果用户熟悉 WinRunner 的使用或被测软件的 GUI 经常变化，建议使用这种模式。

3. WinRunner 测试过程

WinRunner 的测试过程可分为 GUI map、创建测试、调试测试、执行测试、分析结果和测试维护 6 个阶段。

1) 创建 GUI map

创建 GUI map 需要选择合适的 GUI map 文件组织形式。当使用单测试 GUI map 文件模式时，WinRunner 在录制脚本时自动学习软件的 GUI。当使用全局 GUI map 文件模式时，WinRunner 通过 RapidTest Script Wizard 回顾软件界面，并将每个 GUI 对象的描述添加到 GUI map 文件中，也可以在录制测试的时候，通过单击对象，将对单个对象的描述添加到 GUI map 文件中，或者使用 GUI Map Editor 学习单个 GUI 对象、窗体或某个窗体中所有 GUI 对象的属性，将对象的描述添加到 GUI map 文件中。

2) 创建模式

用 WinRunner 创立一个测试，用户可以通过录制业务流程来建立测试，也可以通过编写脚本程序来建立各种复杂的测试，还可以将两种测试创建方式结合起来建立测试，以适应不同的测试要求。录制测试时，可以在适当的地方插入检查点(checkpoint)，即将特定属性的当前数据与期望数据进行比较的点，在这个过程中，WinRunner 捕捉数据并作为期望结果存储下来，用于判定被测程序功能是否正确。

WinRunner 提供几种不同类型的检查点，即测试脚本中可以插入以下 4 类检查点。

(1) GUI 检查点：用来检查 GUI 对象信息。例如，用户可以查看一个按钮是否可用或一个清单中哪个项目被选定了。

(2) 位图检查点：对一个窗体或区域进行截图，并和以前版本进行比较。

(3) 文本检查点：读取 GUI 对象和位图的文本，使用户可以检验文本内容。

(4) 数据库检查点：检查数据库的内容。

3) 调试测试

用户可以在调试(Debug)模式下运行脚本，也可以设置中断点(breakpoint)和监测变量，以控制 WinRunner 识别和隔离错误。调试结果被保存在调试文件夹(Debug folder)中，调试结束后可以将其删除。

4) 执行测试

创建好测试脚本，并插入检查点和添加必要的功能后，就可以开始运行测试。运行测试时，WinRunner 会自动操作应用程序，就像一个真实用户根据业务流程执行每一步的操作。测试运行过程中，如遇到检查点时，WinRunner 就将当前数据和以前捕捉的期望数据进行比较，如果有不相符合的情况，则记录下实测结果；如有意外事件出现，WinRunner 的意外处理功能能够根据预先的设定排除这些干扰。

5) 分析结果

测试运行结束后，WinRunner 通过交互式的报告工具来提供详尽的、易懂的报告。报告中详细记录了测试执行过程中所发生的主要事件，如测试中发现的错误、位置、检查点和其他重要事件等，可以帮助用户对测试结果进行分析。例如，若在测试中有检查点不符合要求，测试者可以在 Test Rusults(测试结果)窗口中查看检测点的预期结果和实测结果。如果是位图不符合，用户也可以查看用于显示预期值和实测结果之间差异的位图。

除了创建并执行测试，WinRunner 还能验证数据库的数据值，从而确保操作的准确性。例如，在测试创建时，用户可以设定哪些数据库表格和记录需要检测；在测试运行时，测试程序就会自动将数据库内的实际数值与期望的数值进行核对，自动显示检测结果，并标识出有过更新、修改、测试或插入的记录，以引起注意。

6) 测试维护

随着时间的推移，开发人员会对应用程序做进一步的修改，并增加另外的测试。使用 WinRunner，不必对程序的每一次改动都重新创建测试。WinRunner 可以创建在整个应用程序生命周期内都可以重复使用的测试，从而大大地节省时间和资源。

每次记录一个测试时，WinRunner 会自动创建一个 GUI map 文件以保存应用对象。这些对象分层次组织，既可以总览所有的对象，也可以查询某个对象的详细信息。一般而言，对应用程序的任何改动都会影响到成百上千个测试。通过修改一个 GUI map 文件而非无数个测试，WinRunner 可以方便地实现测试重用。

## 5.7.3　在项目中应用

实际测试需要投入大量的时间和精力，测试工作同样也可以采用其他领域和行业中运用多年的办法——开发和使用工具，即自动化测试使工作更加轻松和高效。采用测试工具不但能提高效率，节约成本，还可以模拟许多手工无法模拟的真实场景。

自动化测试可以利用许多现成的产品，也可以自己开发一些小工具。现在市面上有许多自动化测试工具可供选择，这些工具大多很完备、成熟、有效，当然，也很昂贵，而且要全面地掌握也需要许多的时间，所以在测试工作中不妨根据项目特性开发一些小工具。

应用自动测试工具测试很容易产生海量数据，这是人工所不易分析和理解的，所以还需要性能分析工具对测试结果进行分析。在前面测试 HIS 的实例中，功能测试采用手工方式，而对系统进行性能(压力)测试，可以选用 MI 的 LoadRunner。测试过程分为 4 步：选择系统协议，新建测试脚本，到 LoadRunner 中压力生成，执行测试(运行脚本)。

当建立一个新的测试项目时，测试工具会自动生成测试代码，用户可以根据需要进行修改，自动测试工具再执行这些代码。

为了测试门诊挂号子系统的并发性控制，按照前面的测试用例，选择 10 个用户并发执行，每用户连续执行 200 次。10 个用户可以同时加入，而模拟 3 000 个用户时，可以批量加入用户，如每 5 分钟加入 600 个用户，这样可能更接近于实际场景。

脚本开始运行后，LoadRunner 会跟踪被测试系统的运行状况并监控被测试设备的资源使用情况。

## 5.8　文 档 测 试

广义地说，文档测试也是软件测试的一项内容。文档测试包括对系统需求分析说明书、系统设计报告、用户手册以及与系统相关的一切文档、管理文件的审阅、评测。系统需求分析和系统设计说明书中的错误将直接带来程序的错误；而用户手册将随着软件产品交付用户使用，是产品的一部分，也将直接影响用户对系统的使用效果，所以任何文档的表述都应该清楚、准确，不能含糊。

文档测试时应该仔细阅读文字。特别是用户手册，应完全根据提示操作，将执行结果与文档描述进行比较。不要做任何假设，而是应该耐心补充遗漏内容，耐心更正错误的内容和表述不清楚的内容。表 5-21 列出 HIS 相关文档的一些检查点。

表 5-21　HIS 相关文档的检查点

| | |
|---|---|
| 测试文档 | 东软医院信息管理系统——门诊挂号子系统需求分析说明书 |
| | 东软医院信息管理系统——诊间医令子系统需求分析说明书 |
| | 东软医院信息管理系统——病案管理子系统需求分析说明书 |
| | |
| | …… |
| | 东软医院信息管理系统——门诊挂号子系统设计报告 |
| | 东软医院信息管理系统——诊间医令子系统设计报告 |
| | 东软医院信息管理系统——病案管理子系统设计报告 |
| | |
| | …… |
| | 东软医院信息管理系统——门诊挂号子系统用户手册 |
| | 东软医院信息管理系统——诊间医令子系统用户手册 |
| | 东软医院信息管理系统——病案管理子系统用户手册 |
| | |
| | …… |
| 检查项目 | 检查点 |
| 文档面向 | 文档面对的读者是否明确 |
| | 文档内容与所对应的读者级别是否合适 |

| 术语 | 术语是否适合于读者<br>用法是否一致<br>是否使用首字母或者其他缩写<br>是否标准<br>是否需要定义<br>公司的首字母缩写不能与术语完全相同<br>所有术语是否可以正确索引或交叉引用 |
|---|---|
| 内容和主题 | 主题是否合适<br>是否有丢失的主题<br>是否有不应出现的主题<br>材料深度是否合适 |
| 正确性 | 文档所表述内容是否正确<br>与实际执行是否一致 |
| 准确性 | 文档所表述内容是否正确<br>表述是否清楚 |
| 真实性 | 所有信息真实并且技术是否正确<br>是否有过期的内容<br>是否有夸大的内容<br>检查目录、索引和章节引用<br>产品支持相关信息是否正确<br>产品版本是否正确 |
| 图表和屏幕抓图 | 检查图表的准确度和精确度<br>图像来源和图像本身是否正确<br>确保屏幕抓图不是来源于已经改变的与发行的版本<br>图表标题是否正确 |
| 样例和示例 | 模拟文档面向的读者使用样例<br>如果是代码,输入或者复制并执行 |
| 拼写和语法 | 检查拼写和语法是否有误 |

对于一个软件项目来说,并不一定经历所有的测试过程,通常也不会使用所有的测试方法,行业差异、用户差异、时间差异、经费差异、功能要求差异、性能要求差异、管理差异等决定软件项目之间的测试很少有可比性,任何一个软件项目都不能盲目照搬其他软件项目的测试过程,但在测试过程中的确应该多取他人之长,多看一些典型的测试实例。储备了一定的理论和知识,再借用"他山之石",并从实践中积累自己的经验。

# 本 章 小 结

本章通过一个实际网络软件项目的测试案例,学习网络软件测试的设计与实施,包括被测试软件项目需求分析及系统性能、可用性要求,软件项目测试计划,软件项目测试过程,软件项目测试用例计划,软件项目缺陷报告,软件项目测试结果总结分析,以及有关的测试文档。通过本章学习,能够为网络应用程序规划和实施软件测试工作。

# 能力拓展与训练

1. 参考本章的相关文档模板，找一个熟悉的软件系统，建议以学校的 OA 系统或教学管理系统为例，编写其功能测试的测试计划，设计测试用例，按照测试用例执行测试，对测试过程的记录与测试结果对比进行分析。

2. 在网上查找有关功能测试工具软件和性能测试工具软件的学习资料，并列表对这些工具进行比较，为以后选择使用工具做能力储备。

推荐功能测试软件列表：WinRunner、LoadRunner、QTP 及 TestDirector 等。

第6章　游戏软件测试的设计与实施

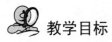教学目标

本章选取比较有代表性的组合测试和使用流程图的测试方法讲解游戏软件测试。通过本章的学习：

(1) 理解并掌握组合测试的测试方法并为游戏软件进行此类方法的软件测试。

(2) 理解并掌握流程图的测试方法并为游戏软件进行此类方法的软件测试。

教学要素

| 岗位技能 | 知识点 |
| --- | --- |
| 理解完全测试理论知识，能够区分完全测试与组合测试 | 完全测试 |
| 掌握组合测试理论知识，理解组合测试组合选取算法，能够为游戏软件选定测试用例组合 | 组合测试 |
| 理解测试流程图的理论，能够为游戏软件测试绘制测试流程图 TFD，并根据该测试理论选定测试用例为游戏软件进行测试 | 测试流程图 |

由于游戏软件的一些特殊性，使游戏软件测试具有一些特殊的技巧与方法。本章选取比较有代表性的组合测试和使用流程图的测试方法讲解游戏测试。

# 6.1 组 合 测 试

本节以游戏软件测试中的组合测试为例，对完全测试、组合测试及算法进行论述；同时对测试的覆盖率和有效性结合组合测试进行分析。

## 6.1.1 问题的提出

软件测试有不同的分类方法，如可以分为基于人的测试、基于覆盖率的测试、基于问题的测试、基于活动的测试和基于评价的测试等，而组合测试就是基于覆盖率测试中的一种。

1985 年 Mandl 最早提出参数两两组合覆盖的概念，将此概念应用于 Ada 编译器的测试，并利用正交拉丁方来产生测试用例集。20 世纪 90 年代后期，贝尔实验室将组合测试方法的研究推向了一个新的高潮，他们提出一种基于贪心策略的组合测试用例生成算法，并开发了 AETG 系统用于产生组合测试用例集。2004 年，Kuhn 和 Wallace 通过实验进一步研究了大规模分布式系统中组合测试的可用性，发现此类系统中的故障一般最多由 4～6 个参数的相互作用引发。同年，Shiba 和 Tsuchiya 等人研究了遗传算法和蚁群算法在组合测试数据自动生成中的应用。Colbourn 和 Cohen M.B 等人提出一种两两组合测试数据生成的确定性密度算法。Schroeder 等人通过实验比较了 N 维组合测试与相同规模随机测试的错误检测能力。

游戏软件中通常有大量的参数设置，在软件开发过程中需要对这些参数进行测试，如果进行完全参数测试不仅工作量巨大，有时还是不可能实现的，所以运用组合测试对游戏软件参数进行测试，是一种行之有效的方法，是对其他测试方法的重要补充。

## 6.1.2 组合测试的概念

组合测试是与完全测试相对而言的，组合测试用例是完全测试用例的一个子集。

1. 完全测试

所谓完全测试就是对系统中所有的参数或者条件、分支、性能等以及它们的所有组合进行测试。

假设某系统中有 $N$ 个参数，每个参数可取值的数目分别用 $m_1$、$m_2$、$m_3$、$\cdots$、$m_n$ 来表示，完全测试用例数用 $T$ 来表示，则

$$T = m_1 \times m_2 \times m_3 \times \cdots \times m_n$$

例如某系统中有 $A$、$B$、$C$ 三个参数，$A$ 取值为 $a_1$、$a_2$，$B$ 取值为 $b_1$、$b_2$，$C$ 取值为 $c_1$、$c_2$，则完全测试用例见表 6-1。

表 6-1　3 个参数的完全测试表

| $A$ | $B$ | $C$ |
| --- | --- | --- |
| $a_1$ | $b_1$ | $c_1$ |
| $a_1$ | $b_1$ | $c_2$ |
| $a_1$ | $b_2$ | $c_1$ |

| A | B | C |
|---|---|---|
| a₁ | b₂ | c₂ |
| a₂ | b₁ | c₁ |
| a₂ | b₁ | c₂ |
| a₂ | b₂ | c₁ |
| a₂ | b₂ | c₂ |

**2. 组合测试**

对于组合测试,就是将系统中每个参数的每个值与另一参数的每个值至少组合一次。

例如某系统中有 A、B、C 三个参数, A 取值为 a₁、a₂, B 取值为 b₁、b₂, C 取值为 c₁、c₂,则组合测试用例见表 6-2。

表 6-2　三个参数的组合测试表

| A | B | C |
|---|---|---|
| a₁ | b₁ | c₁ |
| a₁ | b₂ | c₂ |
| a₂ | b₁ | c₂ |
| a₂ | b₂ | c₁ |

在表中的用例就表示"符合条件",而不在表中的就表示"不符合条件"。从表 6-2 与表 6-1 的对比中可以看出,组合测试用例数在此例中比完全测试用例数减少了一半。

## 6.1.3　组合测试表格的生成

在游戏软件组合测试中,可以用表格的形式表示组合测试用例,即组合测试表。同时在实际应用中,还可用现成的模板或有关的软件自动生成。

**1. 算法**

为一个给定的参数进行测试,可选择的数值数目被称作维度。使用下面的算法,可以创建游戏测试的组合测试表格。这些步骤可能不会总是产生最佳大小的组合测试表格或可能是最小的组合测试表格,但是会得到一个有效的组合测试表格。算法步骤如下。

(1) 选择带有最高维度的参数。

(2) 通过列举第一个参数的每个测试值 N 次来创建第一列,其中 N 是次高维度参数的维度。

(3) 通过为下一个参数列举测试值,开始增加下一列。

(4) 对于表格中的每个剩下的行,在新的一行输入参数值,这一行能提供关于所有能输入表格中的前述参数的新配对的最大数目。如果不能发现这样的值,改变以前输入这一行中的其中一个值,重复这一步骤。

(5) 如果表格中没有符合条件的配对,创建新的列,并填入一个创建要求配对中的所必需的值。如果所有配对都符合条件,则返回到步骤(3)。

(6) 在表格的空白处添加更多不符合条件的配对,以创建最新的配对。返回到步骤 5。

(7) 将任何一个值填入相应列的空单元。

## 2. 算法举例

例如，某游戏软件设有 *A*、*B*、*C*、*D*、*E*、*F* 六个参数，其中 *A* 可取值为 $a_1$、$a_2$、$a_3$，*B* 可取值为 $b_1$、$b_2$、$b_3$，*C* 可取值为 $c_1$、$c_2$、$c_3$，*D* 可取值为 $d_1$、$d_2$，*E* 可取值为 $e_1$、$e_2$，*F* 可取值为 $f_1$、$f_2$。通过上述算法构造，该游戏软件参数组合测试表过程如下。

通过算法步骤 1、2、3 生成表 6-3。

应用算法步骤 4 生成表 6-4。

运用算法步骤 5，并返回重复运用步骤 3、4 生成表 6-5。

运用算法步骤 5，并返回重复运用步骤 3、4 生成表 6-6。

运用算法步骤 5，并返回重复运用步骤 3、4 生成参数 *E*、*F*，见表 6-7。

表 6-7 为最终的组合测试表。通过生成配对组合表格，生成了 9 个测试用例，能用来测试这组参数的值。如果用完全测试，则有 $3 \times 3 \times 3 \times 2 \times 2 \times 2 = 216$ 种测试用例，此例中节省了 207 种测试案例。

要注意的是，对于这一个组合测试表格，没有用到步骤 6 和 7。

表 6-3　步骤 1、2、3 生成的表

| A | B |
|---|---|
| $a_1$ | $b_1$ |
| $a_2$ | $b_2$ |
| $a_3$ | $b_3$ |
| $a_1$ | |
| $a_2$ | |
| $a_3$ | |
| $a_1$ | |
| $a_2$ | |
| $a_3$ | |

表 6-4　步骤 4 生成的表

| A | B |
|---|---|
| $a_1$ | $b_1$ |
| $a_2$ | $b_2$ |
| $a_3$ | $b_3$ |
| $a_1$ | $b_2$ |
| $a_2$ | $b_3$ |
| $a_3$ | $b_1$ |
| $a_1$ | $b_3$ |
| $a_2$ | $b_1$ |
| $a_3$ | $b_2$ |

表 6-5　生成第三个参数表

| A | B | C |
|---|---|---|
| $a_1$ | $b_1$ | $c_1$ |
| $a_2$ | $b_2$ | $c_2$ |
| $a_3$ | $b_3$ | $c_3$ |
| $a_1$ | $b_2$ | $c_3$ |
| $a_2$ | $b_3$ | $c_1$ |
| $a_3$ | $b_1$ | $c_2$ |
| $a_1$ | $b_3$ | $c_2$ |
| $a_2$ | $b_1$ | $c_3$ |
| $a_3$ | $b_2$ | $c_1$ |

表 6-6　生成第四个参数表

| A | B | C | D |
|---|---|---|---|
| $a_1$ | $b_1$ | $c_1$ | $d_1$ |
| $a_2$ | $b_2$ | $c_2$ | $d_2$ |
| $a_3$ | $b_3$ | $c_3$ | $d_1$ |
| $a_1$ | $b_2$ | $c_3$ | $d_2$ |
| $a_2$ | $b_3$ | $c_1$ | $d_2$ |
| $a_3$ | $b_1$ | $c_2$ | $d_2$ |
| $a_1$ | $b_3$ | $c_2$ | $d_1$ |
| $a_2$ | $b_1$ | $c_3$ | $d_1$ |
| $a_3$ | $b_2$ | $c_1$ | $d_1$ |

表 6-7　生成第五、第六个参数表

| A | B | C | D | E | F |
|---|---|---|---|---|---|
| $a_1$ | $b_1$ | $c_1$ | $d_1$ | $e_1$ | $f_1$ |
| $a_2$ | $b_2$ | $c_2$ | $d_2$ | $e_2$ | $f_1$ |
| $a_3$ | $b_3$ | $c_3$ | $d_1$ | $e_2$ | $f_2$ |
| $a_1$ | $b_2$ | $c_3$ | $d_2$ | $e_1$ | $f_2$ |
| $a_2$ | $b_3$ | $c_1$ | $d_2$ | $e_1$ | $f_2$ |
| $a_3$ | $b_1$ | $c_2$ | $d_2$ | $e_1$ | $f_2$ |
| $a_1$ | $b_3$ | $c_2$ | $d_1$ | $e_2$ | $f_1$ |
| $a_2$ | $b_1$ | $c_3$ | $d_1$ | $e_2$ | $f_1$ |
| $a_3$ | $b_2$ | $c_1$ | $d_1$ | $e_2$ | $f_1$ |

**3. 组合测试表的模板与自动生成**

组合测试表的模板是一些预先构造好的组合测试表格，通过替换其中的参数名字和值，可以使用它们来构成自己的组合测试表。这是一个构造组合测试表的便捷方法，用该方法可以构造一个少于 10 个参数的组合测试表格，然后校验所有必需的配对。在模板中，有些参数可以替换成任何的测试值。

为了减少建立和校验大参数和值的难度，还有专门的软件生成工具来解决这一问题。工具软件会使用一个标签限制的文本文档作为输入，然后输出一个文档，该文档包含了一个配对组合表格的输出文件，和一个关于每个配对满足表格次数的报告。

### 6.1.4　组合测试的分析

下面通过对测试覆盖率、测试有效性等来对组合测试进行分析。

#### 1. 测试覆盖率

覆盖率是用来度量测试完整性的一个手段。覆盖率的种类有很多，通常可以分为逻辑覆盖率与功能覆盖率两大类。

设 $X$ 为至少执行一次任务的数目，$Y$ 为任务的总数。这里的任务可以是语句、条件、路径、功能、指令、函数、参数等。

如果用 $C$ 表示覆盖率，则

$$C=X/Y$$

通过覆盖率数据，可以知道测试是否充分进行，测试的弱点在哪里，进而指导设计能够增加覆盖率的测试用例，有效提高测试质量，避免设计无效的测试用例。

如果有足够的资源和时间，达到 100%的覆盖率是可以实现的，但是，要达到 100%的覆盖率将要付出极大的时间和资源成本，有时甚至是不可能实现的。对于涉及生命安全的系统要有 100%的测试覆盖率，但对于一般性的软件，只要设置一个合理的测试覆盖率指标就可以了。研究表明，80%的错误隐藏在 20%的代码中。所以要覆盖那些容易或可能出错的地方或参数及组合，而不需要穷尽所有功能或参数的组合。

#### 2. 测试有效性

测试有效性是度量测试集合发现错误的能力。如果构造全部的测试用例，则全部执行工作量可能太大。目标是在一定的时间范围内从测试说明中选择最小测试集合发现最多的错误。

设测试集合发现的错误数量为 $K$，用户发现的错误数量为 $U$，测试的有效性用 $E$ 来表示，则测试的有效性为

$$E=[K/(K+U)]\times100\%$$

在测试工作中，适当的测试覆盖率并非一定要求测试集合相对测试说明获得最高的测试覆盖率。一个有效的测试集将最大化在测试过程中发现的错误数，同时还希望这一测试集是实现这一目标的取自测试说明的最小测试集，这样就会产生最大的测试有效性以及最高的测试效率。例如，如果系统的测试集的测试覆盖率仅为测试说明的 50%，但却发现了系统中发现的所有错误的 98%，则说明这是一个适当的测试覆盖率。如果在此基础上再增加测试覆盖率，发现错误的效益也是很小的。

#### 3. 组合测试效益

通过上面组合测试表的构建可以看出，用少数的测试用例就涵盖了测试中成百上千的潜

在组合。有些组合配置可以缩小到完全测试用例的 100 倍、1000 倍、甚至超过 100 万倍，这些都取决于使用了多少个参数，给每个参数指定了多少个测试值。

有一些游戏特性是非常重要的，它们比其他的特性需要做更全面的测试。所以一个游戏使用配对组合测试的方法是，给所有关键的特性做完全的组合测试，而对其他的特性作组合配对测试。

例如，假设游戏 10%的特性是关键的，并且每个关键特性都有跟它们相关的平均 100 个测试，剩下的 90%能用组合表格来进行测试，而每个特性只需 20 个测试。测试所有的特性所需做的完全测试是 100×N 个，其中 N 是要被测试的特性总数。要对这些特性的 90%进行配对组合测试数是 100×0.1×N+20×0.9×N=10×N+18×N=28×N。对于不是决定性的 90%的特性，使用配对测试可以节省 72%的资源。

### 4. 结论

基于覆盖率的组合测试是软件测试的重要手段之一，尤其是对那些有许多参数的游戏软件更为实用。如何有效全理地实现完全测试与组合测试的合理搭配与取舍，如何实现测试覆盖率与测试有效性的兼顾，是组合测试不断研究与实践的课题。

同时在游戏软件测试中，还应该注意参数值中的一些特殊参数，如默认值、边界值、零值等，来增加测试的有效性。

## 6.2  TFD 的要素

下面将对测试流程图进行学习。测试流程图(TFD)是一种图形模式，从游戏者的视角来描绘游戏行为。测试通过在图表中漫游从而以人们熟悉的或出人意料的方式来运行该游戏，进行测试。

TFD 是通过聚集各种被称作要素(elements)的画图成分来创建的。根据特定的规则，把这些元素绘下来，作上标记并把它们相互联系起来。按照规则操作，不仅需要测试团队明白所做的测试，而且要使这些测试在将来的游戏工程中更易于被重复使用。如果测试团队要采用开发软件工具来处理或分析 TFD 内容，这些规则就变得更加重要了。

### 1. 流程

流程(flow)被画成一条将一个游戏状态连接到另一个游戏状态的直线，用一个箭头指明流程的方向。每一个流程也有一个独特的辨认码、一个事件(event)和一个行动(action)。":"(冒号)把事件名和流程标识符号码(ID number)分开，而"/"(斜杠)把事件和行动分开。测试期间，对事件所指定的内容进行操作(do)，然后检查由行动和流程的最终状态(state)明确规定的行为。流程的示例和它的每个成分都被显示在图 6.1 中。

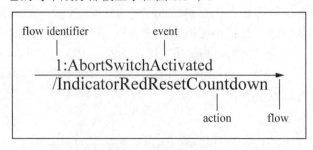

图 6.1  流程图成分

## 2. 事件

事件(event)是由用户、外设、多人玩的网络或内在的游戏机制所发动的操作。应当把事件当成游戏期间已明确完成的事情。获得一个项目、选择实施的规则(selecting a spell to cast)，给另一个游戏者发送聊天信息以及游戏时间器的终止，都是事件的例子。对于正被测试的游戏的一部分，TFD 不必描绘所有的事件，而是留给每个现在正处于测试设计师角色的测试员来决定，利用他的知识和判断来选择正确的事件，这可以达到单个 TFD 或一系列相关 TFD 的目的。为了包括一个新事件，以下 3 个因素必须考虑在内。

(1) 与其他事件的可能相互作用。

(2) 与事件相关的独特的或重要的行为。

(3) 与事件结果相关的独特的或重要的游戏状态。

在一个流程上只能确定一个事件，一个单独的事件可以描述多个操作。当每个事件带有同一准确的意思时，该事件的名字可以在一个 TFD 中多次出现。事件可能会或不会引起一个新游戏状态的转变。

## 3. 行动

为响应一个事件，一个行动(action)展示了暂时的或过渡的行为。行动是为了让测试员检查引起或执行一个事件的结果。行动可以通过人们的感官和游戏平台设施得以感知，包括通过声音、视觉效果、游戏控制器反馈和通过多人游戏网络传送的信息。行动不需要持续过长时间。当行动的出现但在稍后的时间里不再被感知、被探测或被衡量时，它们仍然是能被感知、被探测或被衡量的。

在一个流程中只能明确一个行动，但一个单独的行动可以描述多个操作。当每个事件带有同一准确的意思时，该行动的名字可以在一个 TFD 中多次出现。

## 4. 状态

状态(state)代表了持久稳固的游戏行为，并且能够重新进入。只要用户不退出这个状态，便可以继续观察这个相同的行为。而每次当返回这个状态时，应该探测这个同一确切的行为。

一个状态在内部被描绘成一个带有独特名字的"泡沫(bubble)"。如果这同一行为在图表中适应多于一个状态，请考虑它们是否处于同一状态下，如果是，则消除副本，相应地重新连接这些流程。每个状态必须至少有一个流程流入和流出。

## 5. 基本要素

事件、行动和状态也可被称作基本要素(primitive)。基本要素的定义提供了显示在 TFD 上的行为细节，而无须把图表弄乱。基本要素的定义为 TFD 组建了一本"数据词典(data dictionary)"。这些定义可以是文本(如英语)、软件语言(如 C 语言)或可执行的仿真或测试语言(如 TTCN)。要详细了解该词典和例子，请参阅本章后面的"数据词典"部分。

## 6. 终结器

终结器(terminator)不是来自未来为战争编程的机器。终结器是安装在 TFD 上特殊的条形框，指示测试从哪开始，又到哪结束。确切地说，两个终结器要显示在各自的 TFD 上。一个是入口框(IN box)，正常情况下可拥有一个到达状态的单独的流程。另外一个是出口框(OUT box)，可以有从一个或多个状态进入的一个或多个流程。

# 6.3 TFD 设计活动

创建一个 TFD 不单单是机械地输入或描绘一些已经在其他形式上拥有的信息。这是一种设计活动，要求测试员成为设计师。通过声音的方法来使 TFD 关闭或运行，需要经过 3 个阶段的活动：准备、配置和构建。

1. 准备

收集游戏特征要求的资源。

基于个人的项目任务或游戏的测试规划，确定以下属于已规划测试的范围的要求，包括所有的情节串联图板、设计文件、演示屏幕或正规的软件必需品；也包括基于诸如续集或副产品之类的新游戏可以使用的遗留下来的标题。

2. 配置

估计需要的 TFD 的数量，然后把每个游戏要素相互映射起来。

把大量的要求集分成更小的块，在相同的设计中尽量涵盖游戏中的相关要求。一种实现方法是，测试游戏提供的各种能力，如挑选武器、开火和复原等等。为每个功能规划一个或多个 TFD，这取决于存在多少变异，如独特的武器类型或重获健康的不同方法。另一种方法是将情况或脚本映射到个别的 TFD 上，聚焦在特定的成绩上，依据是正在测试的游戏类型，这些可能是个人任务、寻求、竞赛或挑战。在这种情况下，依照在游戏中采取的路径，建立能实现的特殊目标或结果。别试着把过多的东西挤入一个单一的设计中。完成和管理一些简单的 TFD 比复杂的 TFD 要容易得多。

3. 构建

运用"游戏者的视觉"，给已分配的 TFD 中的游戏要素建模。

在游戏中，TFD 不应建立在任何实际的软件设计结构的基础上。TFD 意味着代表测试员解释他期待会发生什么，正如游戏在图表中所代表的从游戏状态流入和从中流出的流程一样。创建一个 TFD 不像创建组合表格那样机械。对于相同的游戏特征，由于开发 TFD 的测试员不同，它们最终可能有很大的不同。

请从一张空白的表单或一个模板开始建立 TFD。可以先在纸上设计，然后将它转化为电子形式，或在计算机上一次性完成所有任务。模板的运用在本章的后面予以讨论。使用下面的步骤，从零开始创建 TFD。本章后面的一个例子展示了这些步骤的运用。

(1) 打开一个文件，并给它取一个能够描述 TFD 范围的独特名字。

(2) 在页面的上方画一个条形框，把"IN"文本添加进去。

(3) 画一个圈，将第一个状态名字放进去。

(4) 从入口条形框到第一个状态画一个流程图。把事件的名字"Enter"加到流程图上。请注意：现在千万不要给任一个流程编号。这个可以放在结束时来做，如果在设计过程的余下时间里改变了图表，就可以避免保存和编辑这些数字。

中间步骤是为了创建测试流程图的，不必以任何特殊的方式来遵循规则。通过正在测试的游戏脚本的流程来创建图表，所创建的图表应该是循环的、动态的，就像图表本身提出有关可能事件及其结果的问题。要确定没有遗漏该过程的任意部分时，可以参考以下步骤。

(5) 从第一个状态开始，继续增加流程和状态。流程可以被连接回到初始的状态，以便测试已要求的行为，这些行为是瞬时的(行动)或消失了的(被忽略，导致没有行动)。

(6) 追溯每个到一个或更多的要求、选项、设置或功能的流程，将其记录下来。这像把它从清单中勾选出来一样简单，凸显游戏设计文件的一些部分，或用一个要求追溯矩阵(RTMX)正式记录这一信息。

(7) 对每个从一个状态(A)到另一个状态(B)的流程来说，检查从 B 到 A 的可能方式的要求，并尽可能适当增加流程。如果要求既不禁止也不允许这个可能性，则回顾游戏、特点、或等级设计之后，以确定要求是否是消失了的(很可能)、错误的或含糊的。

(8) 一旦所有要求被追溯到至少一个流程上时，为可选择的或额外的方式而检查图表，以运用每个要求。如果一个流程看起来是合适的、必需的或含糊的，但是不能被追溯到任何游戏要求，请确定是否存在消失了的或含糊的要求。否则，请考虑流程是否脱离了目前正在构建的 TFD 所定义的范围。

按其出现的顺序，请浏览以下步骤。

(9) 增加一个出口条形框。

(10) 选择哪个或哪些状态必须被连接到出口条形框。选择的标准应该包括，在测试中选择一些合适的地方，来停止一个测试和启动下一个测试。为每个状态提供一个带有"退出"事件的流程。

(11) 将入出口条形框的名字分别更改为 IN_×××和 OUT_×××，其中×××是 TFD的一个简短的说明性名字。在创建 TFD 的过程中，这一步骤要最后完成，以避免范围或关注点有所改变。

(12) 给所有的流程编号。

## 6.4　一个 TFD 的例子

这个 TFD 的例子是基于捡起一个武器及其弹药的能力，而且游戏能够适当地保存子弹数量值，并执行正确的视听效果。这是第一人称射手、角色扮演游戏、动作/冒险游戏、游乐场游戏，甚至是一些赛车游戏所要求的能力。它可能看起来像是一个对测试没有多大价值的东西，但是它却修正《虚幻竞技场 2004》(*Unreal Tournament 2004*)5 个跟弹药相关的漏洞和在最初发布的 14 个跟武器相关的 Bug 的前 4 个补丁程序。

所有的 TFD 都从一个入口条形框开始，随后跟着一个想观察的游戏的第一状态或为了开始测试而需要达到游戏的流程。除非那是正在试图测试 TFD 所需要的，否则不要每次以启动屏幕方式开始测试。

在这个 TFD 里，第一个状态代表游戏者没有武器和子弹的情况。画出一个将入口条形框连接到 NoGunNoAmmo 的流程。通过本章前面描述的过程，请在流程中给事件提供名称"Enter"，但还不需要提供标识符号码。图 6.2 显示了这时的 TFD。

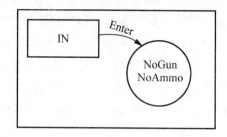

图 6.2 开始弹药 TFD

下一步是,当游戏者在这个情况下做什么事时,给出会发生什么的建模。一个可能的反应是发现一把枪并将其捡起。有枪和没有枪的区别是显而易见的。枪会出现在存货清单里,人物显示拿着一把枪,一个十字准线出现在屏幕的中心。这是为这个情景创造出不同步骤的原因。为使名称保持简单,把这个新状态叫做"HaveGun"。同样的,在获得枪的过程中,游戏会产生一些暂时的效果,例如,捡枪的声音,确定枪陈列在清单中的声音。这些暂时的效果由流程的一个行动所代表。将此流程事件叫做"GetGun",而将这个行动叫做"GunEffects"。带枪流程的 TFD 和新状态如图 6.3 所示。

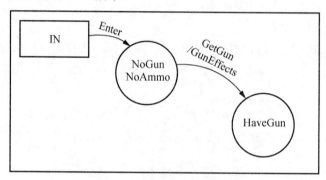

图 6.3 捡起武器之后的 TFD

因为玩家在得到武器以前有可能发现并捡到弹药,所以从 NoGunNoAmmo 增加另一个流程以便获得弹药并检查弹药的声音和显示效果。一个新的目的状态也应该被增加进来。把这个新状态叫做 HaveAmmo 以便与 HaveGun 状态命名格式保持一致。这时 TFD 如图 6.4 所示。

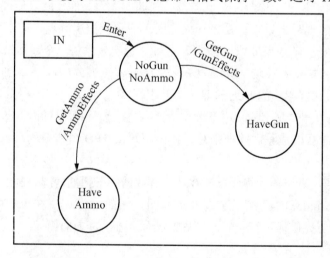

图 6.4 带有 HaveGun 和 HaveAmmo 状态的 TFD

既然在图表中有一些状态，请检查是否能添加某些流程，使其从每个状态返回到以前的状态。通过挑选武器，可以到达 HaveGun 的状态。通过放弃武器可能返回到 NoGunNoAmmo 的状态。同样的，当游戏者不知何故放弃其弹药时，应该有一个流程能从 HaveAmmo 的状态返回到 NoGunNoAmmo 的状态。如果有多种路径能够这样做，每种路径都必须显示在 TFD 上。一个方法可能是从你的存货中撤走弹药，而另一个方法可能是执行再装填弹药功能。对于这个例子，只要添加普通的 DropAmmo 事件及其与之相配的 DropSound 行动。为了图解说明在 TFD 中行动可能是怎样被重复使用的，下面的图表反映了因武器或弹药落下，将播放相同的声音。这意味 DropGun 的事件同样会引起 DropSound 的行动。从 HaveGun 和 HaveAmmo 返回的流程如图 6.5 所示。

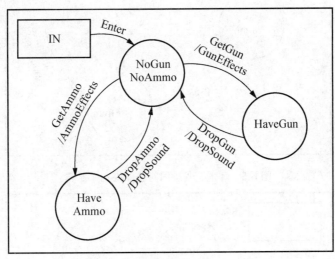

图 6.5 从 HaveGun 和 HaveAmmo 添加的返回流程

既然该测试代表了只有枪支和只有弹药的状态，一旦有了枪，就通过获取弹药把这两个概念捆绑在一起。这个结果状态叫做 HaveGunHaveAmmo。当有弹药时，挑选枪支同样也会把游戏者带到这一状态。图 6.6 展示了这个新的流程以及被加载到 TFD 上的 HaveGunHaveAmmo 的状态。

当添加新状态时，最好是在流程图或状态图上留下些空间，这样，当进一步设计过程时，就可能决定添加它们。现在，使用一些空的空间通过为 HaveGunHaveAmmo 做同样的事情，正如对 HaveAmmo 和 HaveGun 的状态所做的一样：当枪或弹药被丢掉时，创建一个返回流程来代表会发生什么。

图 6.6 提出的一个问题是，当枪支被丢弃时，弹药是否还在存货里或已丢失？当有匹配的武器时，这个测试是建立在自动装填弹药的基础上的，所以 DropGun 事件会把游戏者从 HaveGunHaveAmmo 的状态带到 NoGunNoAmmo 的状态。注意不要被有时从图表中产生的对称所误导。从状态产生的流程不总是返回前一个状态。带有这些额外流程的 TFD 如图 6.7 所示。

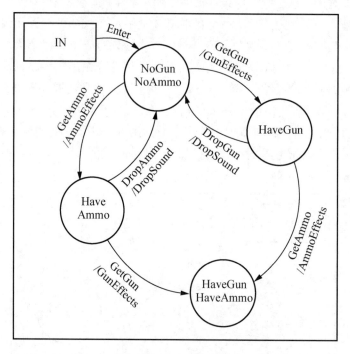

图 6.6　增加流程来同时获取枪支和弹药

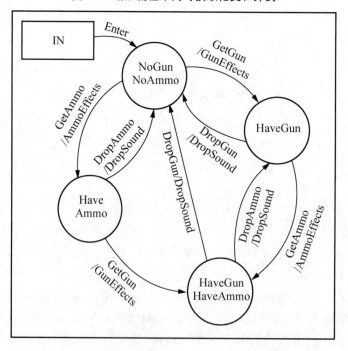

图 6.7　从 HaveGunHaveAmmo 的状态添加的返回流程

　　这时，再估计一下是否有别的流程可以被添加，以与该测试目的保持一致。也就是说，是否有其他的方法使用弹药和枪支，而它们则要求在 TFD 上有新流程和/或新状态？请从最下面的状态开始，一直往上制作流程图。要是有枪和弹药，除了丢弃弹药外，是否存在别的方式结束有枪而没有子弹的状况？例如，用弹药来开枪，这样就可以保持射击，直到所有弹药都被用完为止，然后回到 HaveGun 处结束。既然两个牵涉到改变的状态都在图表上，因此只需要添加一个从 HaveGunHaveAmmo 到 HaveGun 的新流程。同样的，除了挑选一支空枪外，可能会幸运地得到装有弹药的枪支。这就创建了一条从 NoGunNoAmmo 到 HaveGunHaveAmmo 的新流程。图 6.8 显示了新添加的有趣的流程。

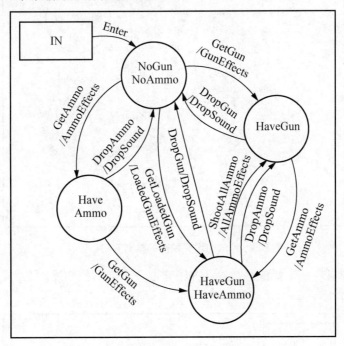

**图 6.8　已装载的枪支和已添加的射击流程**

请注意，有一些现有的流程会被缓慢地移动来为新流程及其文本提供空间。ShootAllAmmo 将产生声音、图形效果以及对其他游戏者和环境造成损害。执行 GetLoadedGun 产生的效果类似于单独地挑选没有装子弹的枪及其弹药所引起的效果。这些新事件的行动被命名为 AllAmmoEffects 和 LoadedGunEffects，反映了这样一个事实，这些多重效果应该发生，而且需要被测试员检查。ShootAllAmmo 事件举例说明了测试事件不必是原子的。不需要单独的事件和流程来发射个人的每一轮弹药，除非测试关注的正是这点。

对 HaveGun 和 HaveAmmo 重复对 HaveGunHaveAmmo 的修改。质疑在那些状态下是否有别的事情会发生，导致一个转变或一种新行动。在任何时间，不管有没有弹药，都可以试着开枪，所以要有一个流程从 HaveGun 产生，来代表没有子弹但仍然尝试着开火的游戏模式。但流程要到哪里去呢？它会以刚好返回到 HaveGun 的位置而停止。这会被画成一条环线，如图 6.9 所示。

根据本章前面给出的程序，这时，只留下两件事情需要做：添加出口条形框，给流程编号。请记住这种编号方式是完全任意的。唯一的要求是，每个流程要有一个唯一的号码。

另一件要做的事情是给入口、出口条形框命名，以鉴别这个特殊的 TFD，这可能是为游戏的各种特色所创建的复合 TFD 集的一部分。这就使得也有可能需要详细说明在数据词典为这些条形框所定义的测试安装和卸载的过程。对于这点，本章后面会进一步描述。

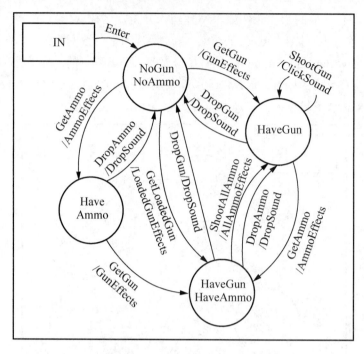

图 6.9　添加到没有弹药的枪支的射击流程

　　一旦完成了图表，一定要保存文件，并给它取一个合适的描述性名字。一个已完成的弹药 TFD 如图 6.10 所示。

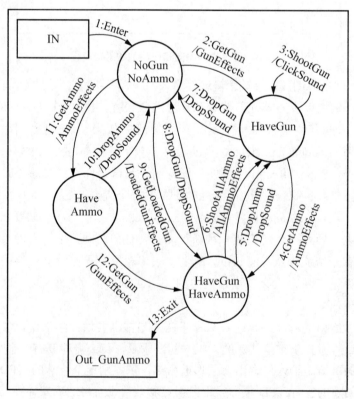

图 6.10　已完成的弹药 TFD

# 6.5　数　据　词　典

数据词典对 TFD 集中每个独特命名的初始元素都提供了详细的描述。这也意味着，在一个 TFD 中或多个 TFD 中，重复使用的任何初始名字，在测试期间，都会具有同样的意义。应把 TFD 上的初始名字看做是很多包含其定义的页面的超链接。当在头脑中"单击"其中的一个名字时，不管单击的名字在哪种情况下，都得到了相同的定义。

1. 数据词典的应用

如果正使用 SmartDraw 软件来创建和维护 TFD，完全可以通过凸显文本来表示事件、行动、状态和从下拉式菜单的"工具栏"中选择"插入超链接(Insert Hyperlink)"来实现。然后，手动浏览包含描述初始数据的文本文件或 HTML 文件。如果使用 HTML 文件来描述，也可以将图表输出，以使得测试能被导出成一个网页。通过从"文件(File)"菜单选择"发布到网络(Publish to the Web)"命令而实现这一目的。

数据词典中定义的正式程度由创建者来决定。在小团队中应与产品多接触，如果能够信任运行测试的人，那么 TFD 本身就可能足够让人记住，并始终如一地应用每个初始数据的所有细节。对于大团队而言，尤其是测试期间，当新人进出测试团队时，数据词典将提供更连贯而全面的检查，以及更好地实现测试的目的。在早期开发阶段，测试者也可能想保持 TFD 使用非正式的文件，直到开发团队能更好地理解，他们真正需要知道的是该游戏是如何运转的。一旦游戏稳定了，则应在数据词典中记录该信息。

2. 数据词典的重复使用

对于为不同的游戏或游戏元素重复使用 TFD 而言，数据词典同样也是很重要的。大部分与武器有关的游戏给每种专有的武器和弹药提供了多重类型。通过复制每种不同武器类型的 TFD，改变事件、行动和状态名称以使之相匹配。一个选择就是保持一个普通的 TFD，然后运用不同的数据词典来阐释 TFD，详细说明每种武器和弹药的类型。

《虚拟竞技场 2004》的一个例子可能就是使用一个单一的 TFD，但对不同的武器/弹药配对，如 Flak Cannon/Flak Shells、Rocket Launcher/Rocket Pack 和 Shock Rifle/Shock Core 等等，有着不同的数据词典。每个数据词典会在与每对武器/弹药有关的不同音频、视频和损害效果上进行详尽阐述。

3. 数据词典例子

通过定义图表中的每个元素来构建数据词典。"do"条目(事件)是被正常地写出来的。"check"条目(行动和状态)应该以列表的形式写出来，用破折号明显地将它们和"do"条目分开。可以使用空盒子字符(□)，当该测试被运行时，它能被核对。这便于记录测试结果。

在图 6.10 中弹药 TFD 的一些初始数据以《虚拟竞技场 2004》中的生化—来福枪武器为例定义如下，为了便于搜索，它们以字母顺序排列。单个定义文件可以在本书的光盘中获得。

AmmoEffects

(1) 检查是否做了生化-来福枪弹药的声音。

(2) 检查该游戏是否在屏幕下方的枪支图标上以白色文本临时显示了"你已挑选一些生化-来福枪弹药"。

(3) 检查显示的临时文本是否慢慢淡出

**DropGun**

按 "\" 键丢弃已选武器。

**DropSound**

检查该项目是否已做丢弃的声音。

**Enter**

选择一个比赛并单击 "开火(FIRE)" 按钮以开始该比赛。

**Exit**

按 Esc 键退出该比赛。

**GetAmmo**

找到竞技场中堆在地上的生化-来福枪弹药并从上面走过。

**GetGun**

找到一支已退出子弹的盘旋在竞技场中的地板上的生化-来福枪并走进去。

**GetLoadedGun**

找到一支已装有子弹的盘旋在竞技场中的地板上的生化-来福枪并走进去。

**GunEffects**

(1) 检查是否做了生化-来福枪的声音。

(2) 检查该游戏是否在屏幕下方的枪支图标上以白色文本临时显示了 "你已挑选一些生化-来福枪弹药"。

(3) 检查该游戏是否能在 "你已得到生化-来福枪弹药" 的信息之上同时以蓝色文本临时显示 "生化-来福枪"。

(4) 检查显示的临时文本是否慢慢淡出。

**HaveAmmo**

(1) 检查在屏幕下方的图形武器存货清单里 "生化-来福枪" 的图标是否为空。

(2) 检查生化-来福枪管是否不在人物的前面。

(3) 检查是否不能使用鼠标滚动轮选择生化-来福枪武器。

(4) 检查屏幕中心的定位准线是否没有改变。

**HaveGun**

(1) 检查生化-来福枪图标是否在屏幕下方的图形武器存货清单里存在。

(2) 检查生化-来福枪管是否在人物的前面。

(3) 检查是否能使用鼠标滚动轮选择生化-来福枪武器。

(4) 检查生化-来福枪的定位准线在屏幕的中心是否像一个小的、蓝色的破三角形。

(5) 检查在屏幕右边的角落里的弹药数是否为0。

**HaveGunHaveAmmo**

(1) 检查生化-来福枪图标是否在屏幕下方的图形武器存货清单里存在。

(2) 检查生化-来福枪管是否在人物的前面。

(3) 检查是否能使用鼠标滚动轮选择生化-来福枪武器。

(4) 检查生化-来福枪的定位准线在屏幕的中心是否像一个小的、蓝色的破三角形。

(5) 检查在屏幕右边的角落里的弹药数是否为 40。

**IN_GunAmmo**

在测试计算机上启动《虚拟竞技场 2004》。

**LoadedGunEffects**

(1) 检查是否做了生化-来福枪的声音。

(2) 检查该游戏是否在屏幕下方的枪支图标上以白色文本临时显示了"你已挑选一些生化-来福枪弹药"

(3) 检查该游戏是否能在"你已得到生化-来福枪弹药"的信息之上同时以蓝色文本临时显示"生化-来福枪"。

(4) 检查显示的所有临时文本是否慢慢淡出。

**NoGunNoAmmo**

(1) 检查在屏幕下方的图形武器存货清单里"生化-来福枪"的图标是否为空的。

(2) 检查生化-来福枪管是否不在人物的前面。

(3) 检查是否不能使用鼠标滚动轮选择生化-来福枪武器。

**OUT_GunAmmo**

在主菜单里，单击"退出《虚拟竞技场 2004》"按钮退出该游戏。

# 6.6　TFD 路径

一种测试路径就是一系列流程，这些流程可以通过它们即将通过的序列中的流程数字来得以具体说明。路径开始于入口条形框状态，结束于出口条形框状态。一系列的路径提供适合做原型、模拟或测试的行为脚本。一条路径定义了一个能够被"执行的"个别测试案例来探索该游戏的行为。路径执行遵循 TFD 上的事件、行动和状态。一个文本可以通过剪切和粘贴按它们发生所沿着的路径的初始数据而建立。测试员按照该文本实施每一项测试，该测试涉及每个初始数据的细节的数据词典。自动化的文本通过同样的方式得以创作出来，不同的是，创作的是一系列正在被粘贴在一起的代码而不是为人类测试员设计的文本指令。

许多路径对单一的 TFD 都是可能的。测试可以根据一个单一的策略去实施，因为根据通过不同的里程碑而得以发展的游戏代码的成熟性，项目的持续时间或路径集是各不相同的。只要正确的游戏要求和行为没有改变，TFD 就保持不变。以下将要介绍一些为了测试路径的有用策略。

**1. 最小值路径的产生**

这种策略是为产生覆盖图表中所有的流程的最小路径数而设计的。在这里，"覆盖"意味着一个流程至少在测试中的某个地方被使用一次。

使用最小路径集的好处在于，有一个用来运行图表中所有部分至少一次的低测试数和知识。缺点是，倾向于长路径，直到项目的后期，当有些问题早就在测试路径中出现时，它可能才允许测试图表中的某些部分。

下面是一个怎样在图 6.10 中产生 TFD 最小值路径的例子。路径开始于入口条形框，然后流程从 1 来到 NoGunNoAmmo。接着通过流程 2 到达 HaveGun。当流程 3 跳转回到 HaveGun 时，进行下一步，然后通过流程 4 退出 HaveGun。到目前为止，最小值路径是 1、2、3、4。

现在从 HaveGunHaveAmmo 开始，通过流程 5 回到 HaveGun。流程 6 也是从 HaveGunHaveAmmo 到 HaveGun，再取流程 4，这时，运用流程 6 返回到 HaveGun。这时，最小值路径是 1、2、3、4、5、6，但是仍有更多的流程可以覆盖。

从 HaveGun 取出流程 7 回到 NoGunNoAmmo。从此处可以取流程 9 到 HaveGunHaveAmmo，然后返回使用流程 8。现在路径是 1、2、3、4、5、6、7、9、8。为了使用 TFD 左侧流程，所有保持不变。

现在再次在 NoGunNoAmmo，所以取流程 11 到 HaveAmmo，然后再通过流程 10 返回到 NoGunNoAmmo。现在只剩流程 12 和 13 了，所以将流程 11 带回 HaveAmmo，在那里可以将流程 12 带到 HaveGunHaveAmmo，最后通过流程 13 退出到出口条形框。已完成的最小路径是 1、2、3、4、5、6、7、8、9、10、11、12、13。在 TFD 上的所有 13 个流程已经全被 15 测试步骤所涵盖了。

对任何给定的 TFD 常常会有不止一个"正确的"最小路径。例如，1、11、10、11、12、8、9、5、7、2、3、4、6、4、13 也是一个 TFD 在图 6.10 中的最小路径。多于一个流程来到出口条形框的图表将会要求多于一个的路径。即使不是数学上可能的最短的路径，但目的是用最少的路径去涵盖所有的流程，所以它也是弹药 TFD 的路径之一。

2. 基线路径的生成

基线路径的生成开始于建立一个途径尽可能直接地从输入终端(IN Terminator)到输出终端(OUT Terminator)，但又要在不重复或往返循环的情况下经过尽可能多的区域。这就是基线路径(baseline path)。然后，附加路径都源于基线路径，只要可能，就返回到基线路径并随之到达输出终端。整个过程持续进行，直到图表里所有流程都至少被使用过一次为止。

基线路径比最小路径复杂，但比起想要通过图表覆盖所有可能的路径还是要经济得多。它们也从一条路径到另一条路径中引入少许改变，所以一个游戏漏洞可以追溯到通过的路径和未通过的路径间的区别的操作。基线路径的另一个缺点是，要额外花费精力去生成和执行路径。

还是使用图 6.10 中的 TFD，从入口条形框开始创建一个基线路径，然后经过能经过的大多数状态，目的是为了到达出口条形框。一旦从流程 1 到达 NoGunNoAmmo 状态，到达出口条形框的最远路径是，要么经过 HaveGun 和 HaveGunHaveAmmo，要么经过 HaveAmmo 和 HaveGunHaveAmmo。采用流程 2 进行 HaveGun 路线，随后是流程 4，最后由流程 13 退出。这产生的基线路径是 1、2、4、13。

接下来要做的是在基线路径中的第一个流程可能处分开。这叫做在流程 1 处"起源 (derived)"路径。流程 2 在基线路径中被使用过了，所以采取流程 9 到 HaveGunHaveAmmo。

通过流程 8 送返至基线路径。随着基线的剩下部分经过流程 2、4、13。从流程 1 得到的第一个起源路径是 1、9、8、2、4、13。

继续检查流程 1 后的其他可能分支路径。流程 11 出自 NoGunNoAmmo 且没有被使用，因而随它到达 HaveAmmo。然后使用流程 10 回到基线。通过遵循余下的基线到达外存储器，从而完成这一路径。从流程 1 处产生的起源路径是 1、11、10、2、4、13。

这时，从 NoGunNoAmmo 处再没有新流程可以涵盖，所以沿基线路径的下一个流程往前，就到了流程 2。停在此处，寻找下一个没有被使用的流程。必须使用流程 3 创建一个路径。由于它恰好回到 HaveGun 状态，继续沿着基线路径的剩下路径到达路径 1、2、4、13。流程 7 是唯一一个其他从 HaveGun 状态出来的流程，恰好返回到基线路径的流程 2。从流程 2 产生的最终路径是 1、2、7、2、4、13。

现在继续到流程 4。流程 4 将会到达 HaveGunHaveAmmo，它有 3 个不在基线产生的流程：5、6、8。已经用流程 8 作为较早的路径，所以这里没有义务去使用它。流程 5 和 6 以同样的方式被并入到基线，因为它们都回到 HaveGun 状态。使用流程 5 得到的路径是 1、2、4、5、4、13，而使用流程 6 而得到的路径是 1、2、4、6、4、13。

看起来似乎已经完成，因为下一个流程沿着基线到达出口条形框，已经得到了沿着基线的每个其他流程的路径。然而，如果更进一步检查，图表中仍有一个流程没有被所有的路径所包括：来自 HaveAmmo 状态的流程 12。它没有连接到沿着基线的一个状态，所以很容易失去线索，不过不能陷入这种陷阱。通过流程 1 和 11，挑选这个流程来到 HaveAmmo，然后使用流程 12。现在处于 HaveGunHaveAmmo 状态，必须回到基线来完成这个路径。取流程 8，这是最短的可以回到 NoGunNoAmmo 的路线。通过沿着基线余下的部分来完成该路径。最后的路径是 1、11、12、8、2、4、13。

综上所述，基线技术产生出更多路径，并导致了比最小路径更多的测试时间。基线路径集的总结如下。

## 弹药 TFD 的基线路径集的总结

基线路径：

1. 2、4、13

从流程 1 得到的路径：

1. 9、8、2、4、13
1. 11、10、2、4、13

从流程 2 得到的路径：

1. 2、3、4、13
1. 2、7、2、4、13

从流程 4 得到的路径：

1. 2、4、5、4、13
1. 2、4、6、4、13

从流程 11 得到的路径：

1. 11、12、8、2、4、13

### 3. 专家结构路径

专家结构路径只是一个测试或特色"专家"所探索的路径。专家结构路径可以单独使用，还可以跟最小值路径或基线路径组合使用。专家结构路径不必涵盖图表中所有的流程，也不必是任何最小或最大的长度。唯一的限制是，像其他所有的路径一样，它们始于入口条形框，而终于出口条形框。

当过往失败之处或新游戏功能的最敏感之处存在组织记忆时，专家结构路径在找出问题方面非常有效。这些路径可能根本不会出现在由最小或基线标准所产生的路径列表中。

专家结构路径的策略如下。

(1) 与其他路径变异组合，重复操作一个或一系列流程。

(2) 创建强调不常见或罕见事件的路径。

(3) 创建强调危急或复杂状态的路径。

(4) 创建相当长的路径，必要时就重复流程。

(5) 按照特色最常用的方式来给路径建模。

例如，"强调危急或复杂状态的路径"策略可以用于图 6.10 中的弹药 TFD 中。在这种情况下，HaveGun 状态将会被强调。这意味着在每条路径都将至少经过 HaveGun 状态一次。另一个目的也是涵盖该路径集中的所有流程。为精简起见，一旦 HaveGun 状态被使用，就指向退出流程

另一种有效的路径是到达 HaveGun 状态，努力射击，然后离开。这一种路径会是 1、2、3、4、13。另一种路径会在流程 7 整合 DropGun 事件。这里面最短的路径是经过由流程 13 所跟随的流程 9，产生了路径 1、2、7、9、13。也需要包括从 HaveGun 到 HaveGunHaveAmm。的两个流程，从而产生了 1、2、4、5、4、13 和 1、2、4、6、4、13 两个路径。完成涵盖所有的流程后，在路径 1、2、4、8、9、3 中通过使用流程 8，从而离开 HaveGunHaveAmmo 状态。

所有留下的是一些稍微长些的路径，涵盖了 TFD 左边部分。流程 1、11、12 将游戏者引入 HaveGunHaveAmmo。从此到 HaveGun 的最快方式是经过流程 5 或 6。选择流程 5 得到途径 1、11、12、5、4、13。就可以去掉或保留较早时只是为了涵盖流程 5 这一个唯一目的的路径(1、2、4、5、4、13)。由于它已被所需要的流程 12 所涵盖，故而不再重要。

最后要涵盖的是流程 10。到达 HaveAmmo，选取流程 10，返回经过 HaveGun，由流程 2 跳出。这就是最终路径 1、11、10、2、4、13。下面列出了所有为这一测试而构建的全部路径。

#### 强调 HaveGun 状态的专家结构路径

专家结构路径集：

1、2、3、4、13

1、2、7、9、13

1、2、4、6、4、13

1、2、4、8、9、13

1、11、12、5、4、13

1、11、10、2、4、13

最初构建了而后来被清除了的专家结构路径：

1、2、4、5、4、13

### 4. 组合路径策略

当游戏项目慢慢进行下去的时候，测试使用的时间和资源就更加关键了。在此有个方法可以利用多项策略，以在项目的不同阶段都能充分利用资源。

(1) 早在游戏没有完全编码，一切都可能不运转时，使用专家结构路径。将自己限于只包括开发者非常感兴趣的路径上，或只定位在能够用来测试的游戏部分的路径上。

(2) 利用基线路径对被测试的特点建立信心。一旦 TFD 的主体是特征完全的，就可以开始测试了。也许甚至想通过在努力使用路径集中的其他路径之前，看看游戏能不能由基线路径开始。在该测试期间没有通过的任何事件都会被缩短成几个测试步骤，以区别失败的路径和成功的路径。

(3) 一旦基线路径全都通过，在正在进行的基础上，使用最小路径来注意特征，看看它是否没有断开。

(4) 当任何游戏项目交付时间迫近时，返回基线或专家路径。

这种方法使构建测试路径的负担更加沉重，但在一个长期项目的进程中，这种方法会最有效地利用测试员和开发者的时间。

## 6.7　由路径创建测试案例

以下介绍怎样通过单一的 TFD 路径创建一个测试案例。该案例的主体也是图 6.10 中的弹药 TFD。该测试案例会测试获得弹药，然后拿到枪，再退出。这是路径 1、11、12、13。为了描述该测试案例，使用本章前面在《虚拟竞技场 2004》的生化-来福枪武器提供的数据词典定义。

用入口条形框的数据词典的文本开始构建该测试案例，该入口条形框后面跟着流程 1 的文本，该流程是进入(Enter)流程。

在测试计算机上启动《虚拟竞技场 2004》。

选择一个比赛，单击"开火"按钮开始比赛。

现在从数据词典中为 NoGunNoAmmo 添加文本。

(1) 检查在屏幕下方的图形武器存货清单里"生化-来福枪"的图标是否为空。

(2) 检查生化-来福枪管是否不在人物的前面。

(3) 检查是否不能使用鼠标滚动轮选择生化-来福枪武器。

现在采用流程 11 以得到生化-来福枪的弹药。为 GetAmmo 事件和 AmmoEffects 行动使用数据词典词条：找到竞技场中堆在地上的生化-来福弹药并从上面走过，检查是否做了生化-来福枪弹药的声音。

流程 11 走到 HaveAmmo 状态，在流程 11 文本后面粘贴 HaveAmmo 数据文本到测试案例。

(1) 检查在屏幕下方的图形武器存货清单里"生化-来福枪"的图标是否为空。

(2) 检查生化-来福枪管是否不在人物的前面。

(3) 检查是否能使用鼠标滚动轮选择生化-来福枪武器。

(4) 检查屏幕中心的定位准线是否没有改变。

下一步是沿着流程 12 为 GetGun 事件和 GunEffects 行动添加文本:找到一支已退出子弹的盘旋在竞技场中的地板上的生化-来福枪并走进去。

(1) 检查是否做了生化-来福枪的声音。

(2) 检查该游戏是否在屏幕下方的枪支图标上以白色文本临时显示了"你已挑选一些生化-来福枪弹药"。

(3) 检查该游戏是否能在"你已得到生化-来福枪弹药"的信息之上同时以蓝色文本临时显示"生化-来福枪"。

(4) 检查显示的临时文本是否慢慢淡出。

然后粘贴 HaveGunHaveAmmo 状态的定义。

(1) 检查在屏幕下方的图形武器存货清单里"生化-来福枪"的图标是否为空。

(2) 检查生化-来福枪管是否不在人物的前面。

(3) 检查是否能使用鼠标滚动轮选择生化-来福枪武器。

(4) 检查生化-来福枪的定位准线在屏幕的中心是否像一个小的、蓝色的破三角形。

(5) 检查在屏幕右边的角落里的弹药数是否为 40。

流程 13 是路径上的最后一个流程。它是退出流程,到达 OUT_GunAmmo。通过给这两个元素添加文本来完成测试案例:按 Esc 键并退出该比赛。

在主菜单里,单击"退出《虚拟竞技场 2004》"退出该游戏。

综上所述,所有步骤如下。

在测试计算机上启动《虚拟竞技场 2004》。

选择一个比赛(match)并单击"开火(FIRE)"按钮以开始该比赛。

(1) 检查在屏幕下方的图形武器存货清单里"生化-来福枪"的图标是否为空。

(2) 检查生化-来福枪管是否不在人物的前面。

(3) 检查是否不能使用鼠标滚动轮选择生化-来福枪武器。

找到竞技场中堆在地上的生化-来福弹药并从上面走过。

(1) 检查是否做了生化-来福枪弹药的声音。

(2) 检查在屏幕下方的图形武器存货清单里"生化-来福枪"的图标是否为空。

(3) 检查生化-来福枪管是否不在人物的前面。

(4) 检查是否不能使用鼠标滚动轮选择生化-来福枪武器。

(5) 检查屏幕中心的定位准线是否没有改变。

找到一支已退出子弹的盘旋在竞技场中的地板上的生化-来福枪并走进去。

(1) 检查是否做了生化-来福枪的声音。

(2) 检查该游戏是否在屏幕下方的枪支图标上以白色文本临时显示了"你已挑选一些生化-来福枪弹药"。

(3) 检查该游戏是否能在"你已得到生化-来福枪弹药"的信息之上同时以蓝色文本临时显示"生化-来福枪"。

(4) 检查显示的临时文本是否慢慢淡出。

(5) 检查生化-来福枪图标是否在屏幕下方的图形武器存货清单里存在。

(6) 检查生化-来福枪管是否在人物的前面。

(7) 检查是否能使用鼠标滚动轮选择生化-来福枪武器。

(8) 检查生化-来福枪的定位准线在屏幕的中心是否像一个小的、蓝色的破三角形。

(9) 检查在屏幕右边的角落里的弹药数是否为 40。

按 Esc 键并退出该比赛。

在主菜单里，单击"退出《虚拟竞技场 2004》"退出该游戏。

可以看到行动和状态定义是参差不齐的，这样易于将测试员的操作与想让测试员检查的事物进行区别。测试期间，要是出了差错，能记录导致这一问题的步骤以及什么地方出了差错。

有两个技巧可以用来为另一种类型的武器重新使用该测试案例。一个是复制生化-来福枪版本，并以另一武器的名称代替，其弹药类型是"生化-来福枪"和"生化-来福枪弹药"。它只会在所有其他在事件、流程和状态中的细节，除枪支和弹药名称外都是相同的时候有效。在这种情况下，专用于生化-来福枪的细节被放进某些定义中，以便于对测试员所检查的事件进行精确的描述。

枪支效果(GunEffect)包括下面的检查，涉及因武器不同而不同的文本颜色。蓝色代表生化步枪，而其他颜色则代表其他武器，如红色代表火箭炮，白色代表微型机枪。

(1) 检查该游戏是否能在"你已得到生化-来福枪弹药"的信息之上同时在蓝色文本中临时显示"生化-来福枪"。

HaveGunHaveAmmo 状态描述了生化-来福枪的定位准线的特定颜色和形状，以及其弹药数量，两者都因武器类型的不同而不同。

(2) 检查生化-来福枪的定位准线在屏幕的中心是否像一个小的、蓝色的破三角形。

(3) 检查在屏幕右边的角落里的弹药数是否为 40。

这提供了一个将生化-来福枪的数据词典文件复制到新武器的一个单独目录中的选择。然后这些文件应该被编辑认反映希望测试的新武器类型的细节。运用这些文件创建对新武器的测试案例的做法与生化-来福枪一样。

请记住，在数据词典中使用文本不是唯一的选择，也可以运用屏幕截图或自动编码的方法。当每个 TFD 要素的可执行编码沿着一个测试路径被粘贴在一起时，应当以一个可执行的测试案例来结束。采用内(IN)定义以提供包括页眉文件、声明数据类型等的介绍性编码要素。采用外(OUT)定义来执行诸如释放内存、清除临时文件以及提供封闭大括号之类的清除行为。

在单独文件中保存数据词典信息也不是唯一的选择，可以将它们保存在数据库中并采用询问的方式将每个 TFD 要素的"记录"汇编成一个报告。然后，这个报告可以被运用到手动执行游戏测试中。

## 6.8 使用 TFD 或不使用 TFD

表 6-8 提供了测试是选择组合表格还是 TFD 的一些指南。如果一个特色或脚本的属性归于两类，请考虑为每种类型进行单独的设计。对于任何关系到游戏成功的事情，如果可能的话，请使用这两种方法来创建测试。

表 6-8　测试设计方法选择

| 属性/依赖度 | 组合表格 | 测试流程图 |
|---|:---:|:---:|
| 游戏背景 | × | |
| 游戏选择 | × | |
| 硬件配置 | × | |
| 游戏状态转换 | | × |
| 可重复的功能 | | × |
| 并发的状态 | × | |
| 操作流程 | | × |
| 平行选择 | × | × |
| 游戏路径/路线 | | × |

　　TFD 是用来创建关于从游戏者的角度来看游戏是怎样工作的模型。通过探索这种模型，测试员能够创建意想不到的连接方式并发现一些出乎意料的游戏状态。TFD 也将无效而重复的输入整合在一起，以测试游戏的行为。TFD 测试将证明是否有期望的行为发生，而不期望的行为没有发生。复杂的特征能够被复杂的 TFD 所代表，但一系列的更小的 TFD 是首选。好的 TFD 来源于敏锐的洞察力、丰富的经验和创造力。

# 本 章 小 结

　　本章选取比较有代表性的组合测试和使用流程图的测试方法，来讲解游戏测试。通过对组合测试方法的学习，能够在游戏测试中选择合适的测试用例。根据游戏软件测试的特殊性，介绍了 TFD 方法，深入浅出地介绍了游戏软件测试用例的设计方法。在学习本章之后，学习者应该有能力为游戏软件开展测试工作。

# 能力拓展与训练

　　1．在网上查找、下载、安装、使用 SmartDraw 软件，绘制 TFD 图。

　　2．更新图 6.10 中的路径，用来说明当游戏者捡到的弹药和他的枪不匹配时将发生什么。

　　3．为在练习 2 中创建的已更新的 TFD 创建一组基线和最小路径。创建数据词典词条，写出为最小路径所做的测试案例。重新使用已在本书中提供的数据词典词条，并创建所需要的任何数据词典词条。

　　4．创建一个 TFD，当用户接到电话或关闭电话的滑动盒盖时，移动游戏能暂停。尽量保持低状态数。一旦电话结束或滑动盒盖被打开，游戏就应该被恢复。提示：要使游戏暂停，只有一个标准必须被满足，但在游戏真正恢复前，必须符合恢复游戏的双重标准。

第 **7** 章　数据仓库软件测试的设计与实施

 **教学目标**

本章介绍数据仓库软件测试的相关内容，包括数据仓库软件测试项目的概述、测试的流程、相关的表格。通过本章的学习：

(1) 了解数据仓库的有关概念，以及相关的知识。

(2) 掌握数据仓库软件测试的工作流程。

(3) 掌握数据仓库软件测试的实施方法与技术。

(4) 熟悉数据仓库软件测试的有关工作表单。

**教学要素**

| 岗位技能 | 知识点 |
| --- | --- |
| 理解数据仓库的有关概念，以及相关知识 | 数据仓库的定义，数据仓库的特点，数据仓库的组成 |
| 了解数据仓库测试项目的基本情况 | 数据仓库测试目标，相关的主要问题 |
| 掌握数据仓库测试的流程与实施 | 测试过程输入，测试执行过程，测试过程输出 |
| 熟悉数据仓库软件测试的有关工作表单 | 需要测试的数据仓库活动，有组织的控制目标，数据仓库问题分级 |

数据仓库是用户可以访问的存储数据的中心库。数据的集中存储给用户带来了很多便利，但也同时增加了安全性、访问控制、数据完整性等多方面需要考虑的问题。本章主要讨论在哪里进行测试才能够更有效地发现这些问题的相关风险。

# 7.1 数据仓库测试项目概述

## 1. 概述

该测试过程将列出与数据仓库概念密切相关的各种问题，同时对涉及数据仓库的大多数普遍性的活动进行解释说明。首先要确定哪些问题是与被测试的数据仓库确实有关系的。如果有，就要确定这些问题的严重程度，并将那些比较重大的问题与数据仓库的控制活动联系起来。如果控制得当，就可以避免很多问题。

## 2. 目标

该测试的目标是确定数据仓库活动是否能够恰当地解决与数据仓库操作相关联的问题。哪些活动应该能够保证数据仓库具备正确的基础结构并对数据仓库进行控制，以确保发生问题时数据仓库不会遭到毁坏。

## 3. 涉及的主要问题

数据仓库活动一般与以下 14 类问题有关。

(1) 职责不明。数据仓库活动中可能会存在不恰当的任务分配，或忽视任务分配的情况。

(2) 数据仓库中的数据不正确或不完整。录入数据仓库的数据不完整可能是疏忽造成的，也可能是有意的破坏活动。

(3) 对某一数据项的更新失败。不正确的更新过程可能造成对单一数据项的一次或多次更新失败。

(4) 对于事务重建过程的审计跟踪不充分。多个应用系统同时使用数据时，可能会导致对应用系统的审查跟踪与对数据仓库软件的审查跟踪相分离。

(5) 非法访问数据仓库。数据的集中存放会导致敏感数据有可能被有权访问数据仓库的人获得。

(6) 服务水平不合格。因为需求过多或资源不足，多用户争夺同一资源会降低获得的服务水平。

(7) 把数据放在错误的时间段内。在联机数据仓库环境中，很难确认是否在正确的时间段中进行了数据处理。

(8) 数据仓库软件无法实现指定功能。大多数据仓库软件都是由厂商提供的，这时数据仓库管理员必须依靠开发商来保证软件功能的正确执行。

(9) 非正常使用数据。控制资源的系统经常会遭到误用或滥用。

(10) 缺乏技术熟练的数据仓库审查人员。很多数据仓库审查人员对数据仓库技术并不熟悉，因此不能有效评价数据仓库的安装情况。

(11) 文档不完整。不同的用户都需要通过数据仓库技术文档来理解系统和使用数据仓库。

(12) 处理过程不连续。很多组织的日常事务处理非常依赖数据仓库技术。

(13) 缺乏评价标准。如果没有确立性能评价标准，相关组织就不能确保他们达到了使用数据仓库管理的目标。

(14) 缺乏管理支持。没有适当的管理，是很难发挥数据仓库的优势的。

## 7.2　数据仓库知识学习

**1. 数据仓库定义**

数据仓库，英文名称为 Data Warehouse，可简写为 DW 或 DWH。数据仓库是决策支持系统(DSS)和联机分析应用数据源的结构化数据环境。数据仓库研究和解决从数据库中获取信息的问题。数据仓库的特征在于面向主题、集成性、稳定性和时变性。

数据仓库之父 Bill Inmon 在 1991 年出版的《*Building the Data Warehouse*》一书中所提出的定义被广泛接受——数据仓库(Data Warehouse)是一个面向主题的(Subject Oriented)、集成的(Integrated)、相对稳定的(Non-Volatile)、反映历史变化(Time Variant)的数据集合，用于支持管理决策(Decision Making Support)。

**2. 数据仓库特点**

(1) 数据仓库是面向主题的。操作型数据库的数据组织面向事务处理任务，各个业务系统之间各自分离，而数据仓库中的数据是按照一定的主题域进行组织的。

(2) 数据仓库是集成的。数据仓库的数据来自于分散的操作型数据，将所需数据从原来的数据中抽取出来，进行加工与集成，统一与综合之后才能进入数据仓库。数据仓库中的数据是在对原有分散的数据库数据进行抽取、清理的基础上经过系统加工、汇总和整理得到的，必须消除源数据中的不一致性，以保证数据仓库内的信息是关于整个企业的一致的全局信息。

(3) 数据仓库是不可更新的。数据仓库主要是为决策分析提供数据，所涉及的操作主要是数据的查询。某个数据进入数据仓库以后，一般情况下将被长期保留，也就是数据仓库中一般有大量的查询操作，但修改和删除操作很少，通常只需要定期的加载、刷新。

(4) 数据仓库是随时间而变化的。传统的关系数据库系统比较适合处理格式化的数据，能够较好地满足商业商务处理的需求，它在商业领域取得了巨大的成功。数据仓库中的数据通常包含历史信息，系统记录了企业从过去某一时点(如开始应用数据仓库的时点)到目前各个阶段的信息，通过这些信息，可以对企业的发展历程和未来趋势做出定量分析和预测。

**3. 数据仓库与数据库的区别**

数据仓库的出现，并不是要取代数据库。目前，大部分数据仓库还是用关系数据库管理系统来管理的。可以说，数据库、数据仓库相辅相成、各有千秋。

数据库是面向事务的设计，数据仓库是面向主题设计的。

数据库一般存储在线交易数据，数据仓库存储的一般是历史数据。

数据库设计是尽量避免冗余，一般采用符合范式的规则来设计，数据仓库在设计时有意引入冗余，采用反范式的方式来设计。数据库是为捕获数据而设计，数据仓库是为分析数据而设计，它的两个基本的元素是维表和事实表。

4. 为什么要建立数据仓库

计算机发展的早期，人们已经提出了建立数据仓库的构想。Bill Inmon 对"数据仓库"的描述为：数据仓库是为支持企业决策而特别设计和建立的数据集合。

企业建立数据仓库是为了填补现有数据存储形式已经不能满足信息分析的需要。数据仓库理论中的一个核心理念就是：事务型数据和决策支持型数据的处理性能不同。

企业在它们的事务操作中收集数据。在企业运作过程中，随着订货、销售记录的进行，这些事务型数据也连续地产生。为了引入数据，必须优化事务型数据库。

处理决策支持型数据时，一些问题经常会被提出：哪类客户会购买哪类产品？促销后销售额会变化多少？价格变化后或者商店地址变化后销售额又会变化多少？在某一段时间内，相对其他产品来说哪类产品特别容易销售？哪些客户增加了他们的购买额？哪些客户削减了他们的购买额？

事务型数据库可以为这些问题做出解答，但是它所给出的答案往往并不能让人十分满意。在运用有限的计算机资源时常常存在着竞争。在增加新信息的时候需要事务型数据库是空闲的。而在解答一系列具体的有关信息分析的问题的时候，系统处理新数据的有效性又会被大大降低。另一个问题就在于事务型数据总是在动态变化的。决策支持型处理需要相对稳定的数据，从而问题都能得到一致连续的解答。

数据仓库的解决方法包括：将决策支持型数据处理从事务型数据处理中分离出来。数据按照一定的周期(通常在每晚或者每周末)，从事务型数据库中导入决策支持型数据库——即"数据仓库"。数据仓库是按回答企业某方面的问题来分"主题"组织数据的，这是最有效的数据组织方式。每一家公司都有自己的数据。并且，许多公司在计算机系统中存储有大量的数据，记录着企业购买、销售、生产过程中的大量信息和客户的信息。通常这些数据都存储在许多不同的地方。

使用数据仓库之后，企业将所有收集来的信息存放在唯一的一个地方——数据仓库。仓库中的数据按照一定的方式组织，从而使得信息容易存取并且有使用价值。

目前，已经开发出一些专门的软件工具，使数据仓库的过程实现可以半自动化，帮助企业将数据导入数据仓库，并使用那些已经存入仓库的数据。

数据仓库给组织带来了巨大的变化。数据仓库的建立给企业带来了一些新的工作流程，其他的流程也因此而改变。

数据仓库为企业带来了一些"以数据为基础"的知识，它们主要应用于对市场战略的评价，以及为企业发现新的市场商机，同时，也用来控制库存、检查生产方法和定义客户群。

每一家公司都有自己的数据。数据仓库将企业的数据按照特定的方式组织，从而产生新的商业知识，并为企业的运作带来新的视角。

5. 数据仓库的组成

数据仓库是一个过程而不是一个项目。

数据仓库系统是一个信息提供平台，它从业务处理系统获得数据，主要以星型模型和雪花模型进行数据组织，并为用户提供各种手段从数据中获取信息和知识。

从功能结构化分，数据仓库系统至少应该包含数据获取(Data Acquisition)、数据存储(Data Storage)、数据访问(Data Access)3 个关键部分。

　　企业数据仓库的建设，是以现有企业业务系统和大量业务数据的积累为基础的。数据仓库不是静态的概念，只有把信息及时交给需要这些信息的使用者，供他们做出改善其业务经营的决策，信息才能发挥作用，信息才有意义。而把信息加以整理归纳和重组，并及时提供给相应的管理决策人员，是数据仓库的根本任务。因此，从产业界的角度看，数据仓库建设是一个工程，是一个过程。

　　数据仓库数据库是整个数据仓库环境的核心，是数据存放的地方和提供对数据检索的支持。相对于操纵型数据库来说其突出的特点是对海量数据的支持和快速的检索技术。

　　数据抽取工具把数据从各种各样的存储方式中拿出来，进行必要的转化、整理，再存放到数据仓库内。对各种不同数据存储方式的访问能力是数据抽取工具的关键，应能生成COBOL 程序、MVS 作业控制语言(JCL)、UNIX 脚本和 SQL 语句等，以访问不同的数据。数据转换包括删除对决策应用没有意义的数据段；转换到统一的数据名称和定义；计算统计和衍生数据；给缺值数据赋予缺省值；统一不同的数据定义方式。

　　元数据是描述数据仓库内数据的结构和建立方法的数据。可将其按用途的不同分为两类，技术元数据和商业元数据。

　　技术元数据是数据仓库的设计和管理人员用于开发和日常管理数据仓库时用的数据，包括数据源信息；数据转换的描述；数据仓库内对象和数据结构的定义；数据清理和数据更新时用的规则；源数据到目的数据的映射；用户访问权限，数据备份历史记录，数据导入历史记录，信息发布历史记录等。

　　商业元数据从商业业务的角度描述了数据仓库中的数据，包括业务主题的描述，包含的数据、查询、报表。

　　元数据为访问数据仓库提供了一个信息目录(Information  Directory)，这个目录全面描述了数据仓库中都有什么数据、这些数据怎么得到的和怎么访问这些数据，是数据仓库运行和维护的中心。数据仓库服务器利用它来存储和更新数据，用户通过它来了解和访问数据。

　　访问工具为用户访问数据仓库提供手段，包括数据查询和报表工具、应用开发工具、管理信息系统(EIS)工具、在线分析(OLAP)工具、数据挖掘工具。

　　数据集市(Data Marts)是为了特定的应用目的或应用范围，而从数据仓库中独立出来的一部分数据，也可称为部门数据或主题数据(Subject Area)。在数据仓库的实施过程中往往可以从一个部门的数据集市着手，以后再将几个数据集市组成一个完整的数据仓库。需要注意的是在实施不同的数据集市时，同一含义的字段定义一定要相容，这样在以后实施数据仓库时才不会造成大麻烦。

　　数据仓库管理包括安全和特权管理；跟踪数据的更新；数据质量检查；管理和更新元数据；审计和报告数据仓库的使用和状态；删除数据；复制、分割和分发数据；备份和恢复；存储管理。

　　信息发布系统把数据仓库中的数据或其他相关的数据发送给不同的地点或用户。基于Web 的信息发布系统是应对多用户访问的最有效方法。

　　6. 数据仓库的建立

　　1) 设计步骤
　　(1) 选择合适的主题(所要解决问题的领域)。
　　(2) 明确定义事实表。

(3) 确定和确认维。

(4) 选择事实表。

(5) 计算并存储 fact 表中的衍生数据段。

(6) 转换维表。

(7) 数据库数据采集。

(8) 根据需求刷新维表。

(9) 确定查询优先级和查询模式。

硬件平台：数据仓库的硬盘容量通常要是操作数据库硬盘容量的 2～3 倍。通常大型机具有更可靠的性能和稳定性，也容易与历史遗留的系统结合在一起；而 PC 服务器或 UNIX 服务器更加灵活，容易操作和提供动态生成查询请求的能力。选择硬件平台时要考虑的问题：是否提供并行的 I/O 吞吐；对多 CPU 的支持能力如何。

数据仓库 DBMS：它的存储大数据量的能力、查询的性能、对并行处理的支持如何。

网络结构：数据仓库的实施在哪部分网络段上会产生大量的数据通信，需不需要对网络结构进行改进。

2) 建立步骤

(1) 收集和分析业务需求。

(2) 建立数据模型和对数据仓库进行物理设计。

(3) 定义数据源。

(4) 选择数据仓库技术和平台。

(5) 从操作型数据库中抽取、净化和转换数据到数据仓库。

(6) 选择访问和报表工具。

(7) 选择数据库连接软件。

(8) 选择数据分析和数据展示软件。

(9) 更新数据仓库。

3) 数据转换工具

(1) 数据转换工具要能从各种不同的数据源中读取数据。

(2) 支持平面文件、索引文件和 LegacyDBMS。

(3) 能以不同类型数据源为输入整合数据。

(4) 具有规范的数据访问接口。

(5) 最好具有从数据字典中读取数据的能力。

(6) 工具生成的代码必须是在开发环境中可维护的。

(7) 能只抽取满足指定条件的数据和源数据的指定部分。

(8) 能在抽取中进行数据类型转换和字符集转换。

(9) 能在抽取的过程中计算生成衍生字段。

(10) 能让数据仓库管理系统自动调用以定期进行数据抽取工作，或能将结果生成平面文件。

必须对软件供应商的生命力和产品支持能力进行仔细评估，主要数据抽取工具供应商：Prismsolutions、Carleton's PASSPORT、Information Builders Inc.'s、EDA/SQL、SAS Institute Inc。

## 7.3 数据仓库测试工作流程

测试数据仓库的工作流程如图 7.1 所示，整个过程用 3 个任务来确定数据仓库涉及的问题，明确数据仓库活动过程，最后确定测试能否恰当地解决众多问题。测试的活动必须是数据仓库活动过程中最常见的。测试的最终结果是对数据仓库各类问题减少程度的评估。

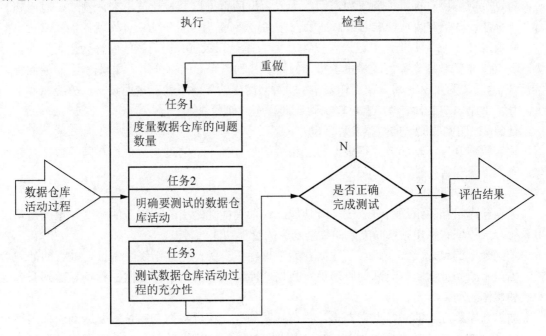

图 7.1　测试数据仓库工作流程

## 7.4　数据仓库测试实施

1．输入

要完成数据仓库活动就要制定规程去管理、操作和控制相关活动。该测试过程的输入就是数据仓库活动过程设计的各类知识。如果测试小组成员不具备这些知识，他们就该补充具备这方面知识的人。

2．执行过程

测试过程要完成以下 3 个任务。

任务 1：度量数据仓库的问题数量

该任务包含两类活动：第一类活动是确认前面描述的 14 类问题是否适合于该组使用的数据仓库，也可依情况对它们做适当增减。另外，也可以更改对这些问题的描述，使其更加适合于相关组织的文化背景。例如，问题 1 是任务分配的合理性，如果将其看成"工作种类分配的合理性"，这对组织来说可能更合适，那就可以做相应的调整。

一旦确认了数据仓库的这些问题，也就确定了需要考虑的问题数量，表 7-3 也要做相应的调整。

为了能够使用表 7-3，测试小组要具备能够把测试和数据仓库活动结合起来的知识。表 7-3 中的每个问题都有严格的标准，是否达到这些标准可以用"是"或"否"来回答。测试小组要在这些问题上达成一致。回答为"是"，标明达到这项标准，也就是标准得到了正确的应用。例如，问题 1 的标准 1，询问是否建立了数据仓库管理功能图表，回答为"是"，也就意味着正确建立并使用了这个图表，回答为"否"就意味着既没有建立这个图表，也没有正确使用。在注释栏会对"是"和"否"的回答做适当的解释。

对每个问题所有标准的回答中，回答为"否"的百分比会被计算出来。例如，对问题 1 有 7 项标准，如果有 3 项标准回答都是"否"，那么回答为"否"的百分比就约为 43%。

完成表 7-3 后，要把结果记入表 7-4 中，也就是记录 14 类问题的回答为"否"的百分比。表 7-4 中的数据仓库问题显示了每个问题回答为"否"的百分比。如果问题 1 的回答为"否"的百分比为 43%，那么在工作表 7-4 中对问题 1 的障碍率就确定为 43%，分级在"中"级。有了工作表 7-4 的结论，就可以明确数据仓库的问题数量了。

任务 2：明确要测试的数据仓库活动

建立数据仓库活动的方式很多，与之相关的是各种不同的过程。根据不同的数据仓库活动，有如下一些常见过程。

1) 组织化过程

数据仓库给相关组织引进了一项新功能。这项功能随之引起了任务的转变，也就是从应用系统开发领域和用户领域向集中的数据仓库的管理功能的转变。

数据仓库的引入大多和正式的数据仓库管理组织有关。这些组织经常报告数据的处理功能，这些主要是针对数据处理的管理员。数据仓库管理功能的目标是监控和指导数据仓库的安装和操作活动。

数据仓库管理功能对数据文档化、系统开发规程、使用数据仓库技术要达到的标准等承担了一系列的责任。数据库管理员(DBA)也要间接地对计算机操作和数据仓库技术的用户提供建议和指导。另外，数据仓库管理者也应该对隐藏的问题有所察觉，积极提供相应的解决方案。

对成熟的数据仓库技术的研究表明，制订计划是非常重要的，关键是要把数据仓库集成到相关组织的结构中。这种集成需要对数据处理和用户领域进行部分重组。

2) 数据文档化过程

数据仓库技术的转变包含信息技术(特别是数据处理)的转变。现在有很多系统是过程驱动的，而数据仓库技术则是数据驱动的技术。这种变化对数据文档提出了更高的要求。

如果很多用户使用相同的数据，这就需要简化数据的使用，保证文档的完整。如果对数据的内容、可靠性、一致性等有误解，将导致在解释数据和使用数据时出现错误。很明显，清晰的文档有助于减少这些错误的发生。

很多组织使用标准化的数据文档。最简单的方法就是使用表单来书写规程以控制定义数据的方法。很多成熟的安装程序使用数据字典。数据字典可以作为独立的自动文档或将其集成到处理环境中。通过这种集成将数据定义确定下来。

数据仓库管理员通常要监控数据字典的使用。这包括确定哪些数据元素需要文档化以及所需文档的类型和范围；确保文档的及时更新；保证文档符合质量标准等。

数据的文档化还同时承担 3 个任务：第一，对个人进行所需文档类型的培训，并提供这些类型的文档；第二，文档化要保证数据的正确性和完整性；第三，操作环境中使用的数据必须与文档中的数据一致。如果操作的数据与文档中的数据不一致，整个操作都将失败。

3) 系统开发过程

数据仓库技术是为了简化系统开发过程，然而，这仅仅是在应用系统与现存的数据结构适合的情况下。如果系统需求超出了数据仓库的结构，那么使用数据仓库进行系统开发将变得更复杂，费用也更高。

确保应用系统有效地使用数据仓库技术的方法是让数据仓库管理人员参与开发过程。换句话说，就是要在没有使用数据仓库时就做好前期计划和预算来保证数据仓库技术的有效使用。这种前期努力也确保了应用项目小组较好地理解从数据仓库技术中使用的资源。

数据仓库是一个不断变化的数据的集合。部分参与系统开发的数据仓库随着应用系统的变化而不断调整和更改它的结构，因此，数据仓库的开发过程要做以下两件事：第一，保证应用系统有效地使用数据仓库；第二，为保证与应用系统的需求一致而建立新的数据仓库。

用数据仓库技术进行系统开发的过程有以下 3 个目标。

(1) 让系统开发人员熟悉他们可用的有效资源和他们潜在的能力。

(2) 确保应用系统可以集成到现存的数据仓库结构中，如果不能，修改应用系统或数据仓库的结构。

(3) 确保应用系统的处理过程保持了数据仓库中数据的一致性、可靠性、完整性。

如何管理数据仓库的使用是应用数据仓库技术时经常会遇到的问题。有些使用数据仓库的应用操作比其他的操作有效。经验表明，把一些不用数据仓库技术的应用转为使用数据仓库技术，会大大降低处理的费用。反之，则费用增加。这说明数据仓库对特定的数据使用进行了一定的优化。很明显，数据仓库管理员一定会优化经常应用的数据仓库，而减小在小型应用系统中对数据仓库的低效使用。不应该因为数据仓库的费用原因而减少对数据的使用。

4) 访问控制过程

管理数据仓库时一个很重要的方面就是如何做好对信息的访问控制。仓库中存放的数据越多，对攻击者而言价值就越大。

访问控制功能有两个主要目标：第一是明确需要控制的资源，并确定谁有权访问这些资源；第二是在操作环境中，确定并严格执行上述对资源的控制。

访问控制功能可以通过数据仓库管理功能来实现，也可以有独立的安全指挥系统。很明显，独立的控制功能要强于在管理功能中实现访问控制。选择什么方法要根据数据仓库中信息的价值和应用数据仓库组织的规模而定。数据越有价值，或者组织的规模越大，就越应该选用独立的安全指挥系统。

在联机系统中，使用安全管理软件对数据仓库进行安全管理。一些数据仓库管理系统在数据仓库软件中集成了安全管理的模块，不过这需要有专门的安全管理软件包的支持。很多重要的硬件厂商(如 IBM)就提供专门的安全管理软件。还有一些独立的安全软件厂商也提供能与任何数据仓库软件兼容的通用的安全管理软件。

访问控制功能还应负责监控安全管理工作是否有效，发现并调查对数据仓库的访问控制有重大影响的潜在的攻击行为。首先如果没有对访问控制过程的监控，就不能发现这些访问攻击。另外，如果攻击者不受到检举和惩戒，他们就会变本加厉地违反访问控制的各种规则。

5) 数据完整性过程

保证数据仓库内容的完整性是用户和数据仓库管理员共同的责任。数据仓库管理员主要考虑数据结构和记录的完整性，用户主要考虑保存的实际内容和数值的完整性。

过去，对于保护文件的完整性，主要是用户的责任。数据处理部门主要负责使用正确的文件并增加一些功能来保护文件记录的物理结构的完整性。然而，保证完整性最终的责任还在于用户。因此应该建立一个应用系统来保证文件的完整性。一般是通过累积一个或多个控制域的数值，得到一个独立的汇总值来检查任何时间文件的使用情况。

数据的完整处理将涉及很多不同的小组。这些小组(如不同的用户和数据仓库管理员)都有责任保证数据完整。要想保证数据的完整性，必须完成以下任务。

(1) 确定保证数据仓库物理记录完整性的方法。

(2) 确定保证数据仓库逻辑结构完整性的方法(及结构图)。

(3) 确定哪个用户对哪部分数据负责。

(4) 使用某种方法保证用户能够履行他们对数据完整性应负的责任。

(5) 确定什么时候数据完整性可能受到破坏。

6) 操作过程

数据仓库操作发展的一般过程是从数据仓库的管理功能到特殊的操作人员，最后到正式的计算机操作员。这个发展过程是有必要的，这样才能总结出合理的技能和方法用于训练和监督正式的计算机操作员。如果没有时间开发这些技能，那么操作员将很难成功完成这些操作。

数据仓库技术比不使用数据仓库的技术复杂得多。一般来说，数据仓库技术都伴随着通信技术。这意味着两个尖端技术结合在一起使用，更增加了技术的复杂程度。

大多数的日常操作都是由用户完成的。数据仓库提供了用于用户操作的相关技术。数据仓库的一个优势是为用户提供了非常实用的技术，其中最有用的就是查询语言，它几乎给用户提供了无限的力量来利用数据仓库的数据进行分析和报告。

对于计算机操作员，使用数据仓库技术会面临以下挑战。

(1) 监控空间占用，以保证不会因空间管理问题导致系统崩溃。

(2) 理解和使用数据仓库软件的操作规程及各类信息。

(3) 监控服务水平，以保证有充足的资源供用户使用。

(4) 坚持操作统计，以保证对数据仓库活动的监控。

(5) 必要时重组数据仓库(一般在数据仓库管理员的指导下)，以改进性能，并增加处理能力。

7) 备份/恢复过程

最复杂的数据处理技术就是对崩溃的数据仓库进行数据恢复。这个过程将面临如下挑战。

(1) 确认数据仓库完整性已经受到破坏。

(2) 提醒用户数据仓库已不可操作，并提供备用的处理方法(注意：这些方法应该是事先确定好的，可能是以手册的方式提供给用户)。

(3) 保证准备好了适当的备份数据。

(4) 执行必要的规程来恢复数据仓库的完整性。

很多数据仓库只在营业日运行，也有些一周工作7天。一般一天之内发生上千交易量的情况是很普遍的，因此，除非恢复操作是事先计划好的，否则可能需要几小时甚至几天的时间才能恢复数据仓库的完整性。这里不必过分强调制定应对偶然情况的负责计划。

数据仓库的恢复活动一般由计算机操作部门来负责，然而，用户和数据仓库的管理人员必须提供恢复过程的输入数据。数据仓库人员一般负责制定规程，提供恢复操作的工具和技术。用户要被告知需要进行恢复操作的时间范围，并确定在这段时间内是否有可用的备用规程。

这里要注意，数据仓库的用户不再是操作人员。在大型组织中，可能会有很多用户，甚至几百位用户都与同一个数据仓库有联系，那么通知这些用户数据仓库已经停止操作了，要比把数据仓库恢复到正常状态花费更长的时间。参与数据恢复的小组可能没有充分的资源来通知所有的用户。他们可以有如下的选择。

(1) 如果传输设备可用，就通知那些终端用户。

(2) 使用外部记录信息传达数据仓库崩溃的消息。

(3) 告诉用户实际能达到的服务程度，如果达不到这个程度，应该按照怎样的规程来进行。

确定什么时间做什么恢复操作是备份/恢复首先要做的事，这个过程要求有回复规格说明。按照这些规格说明，连续完成每个过程，最终达到恢复数据的目标。该过程绝大部分时间都是在收集和存储备份数据。备份数据已经被确定为日常的操作规程。经常说的一类用于恢复操作的文件就是数据仓库软件的日志，它记录了数据仓库操作的顺序和内容。

8) 完成任务 2

完成任务 2 需要完成两件事。第一是确定以上活动是否适合于当前的数据仓库活动。工作表 7-5 用来完成这个任务。表中列出了前面描述过的 7 类数据仓库活动过程，可以对其进行补充和删减。另外，活动过程的名字应该根据特定的文化背景进行调整。在该任务的最后，工作表 7-5 将会指出哪些过程适合于当前的数据仓库的活动。

任务 3：测试数据仓库活动过程的充分性

该任务评价这 7 类过程中所包含的控制是否足以减少数据仓库的问题数量。控制是一种减少故障发生可能性的方法。

3. 检查过程

表 7-6 是该测试的质量控制检查单，回答为"是"表明该项的测试是有效的，回答为"否"说明该项还有必要做进一步的调查，注释栏是对"否"回答的解释，并记录调查结果。回答为"N/A"说明该测试项不适合本次测试。

4. 输出

该测试过程的输出是对数据仓库活动过程正确性的一种评估，以确认数据仓库活动是否有效。评估报告中会公布测试小组发现的问题，数据仓库活动中的有效过程，以及这些过程能够保证哪些问题不会导致数据仓库发生故障。

# 7.5　有关工作表

表 7-1 表明应该测试哪些活动过程。它最先明确哪些是重要的数据仓库问题，这是在任务 1 中确定的。数据仓库活动过程栏中的检查栏表明了哪些过程减少了数据库问题的数量，从而使发生故障的可能性降低至最小。例如，存在一个重要的数据仓库问题——任务分配不合理，那么组织化、系统开发、访问控制这 3 个过程都应该被测试。

表 7-2 介绍了为确定数据仓库各个活动过程是否存在问题而需要进行的测试的类型。表中列出了各种问题和相应的测试活动。这些测试主要确定各个过程是否存在特殊的控制。如果存在，测试者就可以认为该过程得到了充分的控制，发生故障的可能性会很小。

表 7-1　需要测试的数据仓库活动

| 数据仓库活动过程＼数据仓库问题 | 组织化过程 | 数据文档化过程 | 系统开发过程 | 访问控制过程 | 数据完整性过程 | 操作过程 | 备份/恢复过程 |
|---|---|---|---|---|---|---|---|
| 职责不明 | √ | | √ | √ | | | |
| 数据库中的数据不正确或不完整 | √ | | √ | | √ | √ | √ |
| 对某一数据项的更新失败 | | | √ | | √ | | |
| 审计跟踪不充分 | √ | √ | | √ | | √ | |
| 非法访问数据仓库 | | | | √ | | √ | |
| 服务水平不合格 | | √ | | | √ | √ | |
| 把数据放在错误的时间段内 | | √ | √ | | | | |
| 数据仓库软件无法实现指定功能 | √ | √ | √ | | √ | √ | √ |
| 欺诈和盗用 | √ | | √ | √ | | | |
| 缺乏独立的数据库审核 | √ | | | | | | |
| 文档不完整 | √ | √ | | | √ | √ | √ |
| 处理的连续性 | | | √ | | √ | √ | |
| 缺乏实施标准 | √ | | √ | | | √ | |
| 缺乏管理支持 | √ | | √ | √ | | | |

注：√表示应该被测试

表 7-2　有组织的控制目标

| 组织化控制目标 | | |
|---|---|---|
| 问题序号 | 问　题 | 测试中确定的应该存在的控制 |
| 1 | 职责不明 | (1) 把数据仓库各项任务分配给专人<br>(2) 检查使用者是否对数据的正确性、完整性、安全性尽到了责任<br>(3) 进行独立的评审、保证任务分配的合理性 |
| 2 | 数据仓库中的数据不正确或不完整 | 检查组织结构的设计是否能够保证任务分配的合理性 |
| 8 | 数据仓库软件无法实现指定功能 | (1) 检查组织结构的设计是否保证及时清除和纠正数据仓库软件的错误<br>(2) 记录期望数据仓库实现的功能 |
| 9 | 欺诈和盗用 | 分散任务，使个人不能完成和隐藏一个完整的事件 |
| 10 | 缺乏独立的数据库审核 | (1) 检查是否建立了一个不依赖于数据仓库功能的数据仓库评审小组<br>(2) 明确评审工作的责任 |
| 11 | 文档不完整 | (1) 把部门对数据仓库所负的责任写入各部门的工作规章<br>(2) 把个人对数据仓库所负的责任写入他们的工作职责 |
| 13 | 缺乏实施标准 | 把对数据仓库的期望用可度量的方式定义 |
| 14 | 缺乏管理支持 | (1) 确保由高级管理人员制定有关数据原则，并保证能够实施<br>(2) 确保高级管理人员参与制定数据仓库的决策<br>(3) 确保高级管理人员支持独立的数据仓库评审小组 |

表 7-2  有组织的控制目标(续 1)

| 问题序号 | 问 题 | 测试中确定的应该存在的控制 |
|---|---|---|
| | **数据文档控制目标** | |
| 4 | 审计跟踪不充分 | (1) 定义数据仓库审计跟踪需求<br>(2) 分离用户和 DBA 功能需求<br>(3) 记录删除的部分 |
| 7 | 把数据放在错误的时间段内 | 定义数据账目需求 |
| 8 | 数据仓库软件无法实现指定功能 | (1) 对外部计划实行集中控制<br>(2) 单独定义应用中使用的数据 |
| 11 | 文档不完整 | (1) 创建数据元素清单<br>(2) 根据文档标准记录数据<br>(3) 强制使用记录的数据 |

表 7-2  有组织的控制目标(续 2)

| 问题序号 | 问 题 | 测试中确定的应该存在的控制 |
|---|---|---|
| | **安全访问控制目标** | |
| 1 | 职责不明 | 制定一项没有安全需求的功能来负责安全问题 |
| 5 | 非法访问数据仓库 | (1) 定义数据仓库资源的访问权限<br>(2) 要包含所有与数据仓库访问控制有关的人员<br>(3) 确保及时惩处攻击者<br>(4) 创建安全访问日志 |
| 9 | 欺诈和盗用 | 检查安全措施中有关欺诈方法的对策 |
| 12 | 处理的连续性 | (1) 保证访问者和服务人员都受到保护<br>(2) 评估破坏操作过程的各种安全问题的风险程度 |
| 14 | 缺乏管理支持 | (1) 检查依据安全水平要求所建立的管理系统的情况<br>(2) 检查依据对系统攻击者的惩罚要求所建立的管理系统的情况 |

表 7-2  有组织的控制目标(续 3)

| 问题序号 | 问 题 | 测试中确定的应该存在的控制 |
|---|---|---|
| | **计算机操作活动控制目标** | |
| 2 | 数据仓库中的数据不正确或不完整 | 确保数据不会因为操作失误而丢失和改变 |
| 5 | 非法访问数据仓库 | 对数据仓库的非法访问采取物理保护 |
| 6 | 服务水平不合格 | (1) 尽量减少不合格服务发生的频率和影响<br>(2) 监控服务水平的执行情况 |
| 8 | 数据仓库软件无法实现指定功能 | 监控数据仓库软件不能完成指定任务的情况以及修复的过程 |

续表

| 问题序号 | 问 题 | 测试中确定的应该存在的控制 |
|---|---|---|
| 11 | 文档不完整 | 记录数据仓库软件的操作过程和控制过程 |
| 12 | 处理的连续性 | (1) 为期望的容量需求提出计划<br>(2) 尽量减少数据仓库软件的故障时间 |
| 13 | 缺乏实施标准 | 确定数据仓库软件的预期目标 |

表 7-2  有组织的控制目标(续 4)

数据仓库的备份/恢复控制目标

| 问题序号 | 问 题 | 测试中确定的应该存在的控制 |
|---|---|---|
| 2 | 数据仓库中的数据不正确或不完整 | 验证恢复后的数据仓库,确保实施控制以保证数据的完整性 |
| 4 | 审计跟踪不充分 | 对恢复过程的记录进行维护 |
| 6 | 服务水平不合格 | (1) 在恢复过程中保证包含了应用的每个部分<br>(2) 明确任务<br>(3) 保留适当的备份数据 |
| 8 | 数据仓库软件无法实现指定功能 | 测试恢复过程<br>记录恢复过程 |
| 11 | 文档不完整 | (1) 确定预期的故障率<br>(2) 阐明恢复需求 |
| 12 | 处理的连续性 | (1) 确定备用的处理过程<br>(2) 通知用户服务要中断 |

表 7-2  有组织的控制目标(续 5)

数据仓库整体控制目标

| 问题序号 | 问 题 | 测试中确定的应该存在的控制 |
|---|---|---|
| 2 | 数据仓库中的数据不正确或不完整 | (1) 检验数据仓库最初总数的完整性<br>(2) 确认数据定义的一致性<br>(3) 对修改数据的访问实行控制<br>(4) 提供适当的备份/恢复方法<br>(5) 保持数据仓库的完整性<br>(6) 保持数据冗余的一致性<br>(7) 控制在介质和设备上的数据分布<br>(8) 维护数据仓库各种独立的控制<br>(9) 维护数据仓库的分段数量 |
| 3 | 对某一数据项的更新失败 | 应用并发和切断控制 |
| 4 | 审计跟踪不充分 | 进行适当的审计跟踪,以允许重建处理过程 |
| 7 | 把数据放在错误的时间段内 | 建立账目控制,确保数据不会放在错误的时间段内 |
| 8 | 数据仓库软件无法实现指定功能 | (1) 检验数据仓库软件的正常功能<br>(2) 检验数据仓库软件接口的正确性 |
| 11 | 文档不完整 | 记录创建数据仓库软件时的数据定义 |

表 7-2 有组织的控制目标(续 6)

系统开发控制目标

| 问题序号 | 问 题 | 阶段 | 测试中确定的应该存在的控制 |
|---|---|---|---|
| 1 | 职责不明 | 需求 | 将系统开发的任务分配给 DBA 功能,应用项目和用户 |
| 14 | 缺乏管理支持 | 需求 | (1) 确保高级管理人员参与制定数据仓库应用系统的计划<br>(2) 确保高级管理人员支持数据仓库的应用建议 |
| 13 | 缺乏实施标准 | 需求 | 对所有数据仓库应用制定实施标准 |
| 4 | 审计跟踪不充分 | 设计 | 对设计规格审计跟踪 |
| 2 | 数据仓库的数据不正确或不完整 | 设计 | 在设计规格说明中包含确保数据完整和正确的方法 |
| 7 | 把数据放在错误的时间段内 | 设计 | 在设计规格说明中包含账目需求 |
| 11 | 文档不完整 | 编程 | (1) 确保文档符合数据仓库文档标准<br>(2) 保证文档及时更新 |
| 3 | 对某一数据项的更新失败 | 编程 | 实施控制以保证适当的更新顺序 |
| 10 | 缺乏独立的数据库审核 | 测试 | (1) 建立测试计划<br>(2) 由独立的小组实施测试计划并监控测试过程 |
| 9 | 欺诈和盗用 | 测试 | 测试控制活动是否正确 |
| 8 | 数据仓库软件无法实现指定功能 | 测试 | 进行测试以保证达到指定的实施标准 |
| 6 | 服务水平不合格 | 安装 | 监控安装的应用系统以保证达到制定的实施标准 |

表 7-3 数据仓库问题分级工作表

| 表 项 | 输入数据说明 |
|---|---|
| 数据仓库的问题 | 前面提到的数据仓库需要考虑的 14 类问题 |
| 问题描述 | 对这 14 类问题的描述 |
| 序号 | 每类问题的顺序编号 |
| 标准 | 确定各类的问题等级编号 |
| 回答 | 明确各标准是否陈述得当(回答为"是"),或不恰当(回答为"否") |
| 注释 | 让测试者解释他们对各种标准作出回答为"是"和"否"的原因 |
| 回答为"否"的百分比 | 计算回答为"否"的百分比 |

## 数据仓库问题分级

工作单 1：职责不明

问题描述：数据仓库活动中可能会存在不恰当的责任分派，或者有些责任没有分派。

| 序号 | 标 准 | 回 答 | | 注 释 |
| --- | --- | --- | --- | --- |
| | | 是 | 否 | |
| 1 | 是否具有数据管理功能的有关规章来规定它的各种任务和责任 | | | |
| 2 | 在考虑数据完整性时，是否定义了用户的责任 | | | |
| 3 | 对于与数据仓库相连的所有用户，是否明确了他们在数据仓库中的责任 | | | |
| 4 | 是否对专职的数据仓库管理人员的工作职责进行了具体的界定 | | | |
| 5 | 是否建立了解决数据仓库争端的正式方法 | | | |
| 6 | 使用数据仓库的组织是否有策略概述他们对于数据的责任 | | | |
| 7 | 数据仓库管理员完成的功能是否包含在管理员的规定任务中 | | | |
| 回答为"否"的百分比 | | | % | |

工作单 2：数据仓库的数据不正确或不完整

问题描述：录入数据仓库的数据不完整可能是因为疏忽造成的，也可能是故意的破坏活动。

| 序号 | 标 准 | 回 答 | | 注 释 |
| --- | --- | --- | --- | --- |
| | | 是 | 否 | |
| 1 | 是否确定了数据仓库的每个数据元素 | | | |
| 2 | 是否将所有数据元素的确认数据元素的确认规则文档化了 | | | |
| 3 | 是否执行了确认数据元素的规则 | | | |
| 4 | 确认数据元素的规则能否保证数据的正确性 | | | |
| 5 | 是否建立了保证冗余数据元素稳定的过程 | | | |
| 6 | 是否定期纠正数据的输入错误 | | | |
| 7 | 当发现数据有错误和不完整的情况时，是否建立能够迅速通知数据仓库所有用户的过程 | | | |
| 8 | 数据仓库管理工具和技术是否能确保冗余数据元素的稳定 | | | |
| 回答为"否"的百分比 | | | % | |

工作单 3：对某一数据项的更新失败

问题描述：不正确的更新过程可能造成对单一数据项的一次或多次更新失败。

| 序号 | 标 准 | 回 答 | | 注 释 |
| --- | --- | --- | --- | --- |
| | | 是 | 否 | |
| 1 | 数据仓库中是否使用了一些特殊的切断技术，来防止同时更新单一数据项 | | | |
| 2 | 数据仓库软件是否使用了一些特殊方法，来解决访问数据时的死锁现象(例如，用户 A 持有数据项 1，而希望得到数据项 2，用户 B 持有数据项 2 而希望得到数据项 1 时，就会造成死锁) | | | |

| 序号 | 标　　准 | 回　答 | | 注　释 |
|---|---|---|---|---|
| | | 是 | 否 | |
| 3 | 是否定义更新数据的顺序 | | | |
| 4 | 数据仓库软件中是否具有保证事件按预定顺序执行的控制机制 | | | |
| 5 | 是否有人可以创建、更新或删除确定的数据项 | | | |
| 回答为"否"的百分比 | | | % | |

工作单 4：审计跟踪不充分

问题描述：多个应用系统同时使用数据，可能会造成对各应用系统的审计跟踪和对数据仓库软件的审计跟踪分离的情况。

| 序号 | 标　　准 | 回　答 | | 注　释 |
|---|---|---|---|---|
| | | 是 | 否 | |
| 1 | 对数据仓库应用的审计跟踪是否被确定下来并编制成文档 | | | |
| 2 | 是否确定了数据仓库审计跟踪每部分的持续时间 | | | |
| 3 | 是否维护数据仓库的软件日志 | | | |
| 4 | 管理系统是否确定了需要在数据仓库软件日志中进行维护的信息 | | | |
| 5 | 审计跟踪是否能描绘源事务的控制总量，并返回初始事务的控制总量 | | | |
| 6 | 审计跟踪是否能提供重建事务过程的证据 | | | |
| 7 | 是否在数据仓库运行的任何时候，都进行着审计跟踪 | | | |
| 8 | 是否所有正常数据仓库软件过程中的滥用活动都被记录在日志中 | | | |
| 9 | 对应用系统的审计跟踪记录是否与数据仓库软件日志中的审计跟踪记录建立了联系 | | | |
| 回答为"否"的百分比 | | | % | |

工作单 5：非法访问数据仓库

问题描述：数据的集中存放使敏感数据有可能被有权访问数据仓库的人获得。

| 序号 | 标　　准 | 回　答 | | 注　释 |
|---|---|---|---|---|
| | | 是 | 否 | |
| 1 | 是否所有需要安全保护的数据元素已经都被识别 | | | |
| 2 | 是否确定了数据仓库的所有用户 | | | |
| 3 | 是否确立用户分类机制以确定哪些用户可以访问哪些资源 | | | |
| 4 | 用户的强制分类是否已自动完成 | | | |
| 5 | 数据仓库的访问机制(如密码等)是否得到保护以防非法操作 | | | |
| 6 | 使用数据仓库的组织是否设立了数据仓库安全的指挥功能(注意，这里指的不一定是专门的功能) | | | |
| 7 | 安全攻击者是否迅速受到惩罚 | | | |
| 8 | 是否对安全攻击行为进行了记录 | | | |
| 9 | 受到安全攻击的情况是否以正式报告的形式提供给管理人员 | | | |
| 回答为"否"的百分比 | | | % | |

工作单6：服务水平不合格

问题描述：因为需求过多或资源不足，多用户争夺同一资源时会降低每人得到的服务水平。

| 序号 | 标　准 | 回　答 | | 注　释 |
|---|---|---|---|---|
| | | 是 | 否 | |
| 1 | 是否将期望的服务标准编制成了文档 | | | |
| 2 | 是否建立了监控用户服务水平的规格 | | | |
| 3 | 是否鼓励用户使用降低失控率的技术，尽量执行一些非紧急的处理 | | | |
| 4 | 当某些服务水平降低后，是否能改进这些服务 | | | |
| 5 | 数据仓库管理员是否一直都在监控服务水平，并做适当的调整 | | | |
| 6 | 在服务水平降低的地方，是否采取一定的应对步骤 | | | |
| 7 | 执行过程是否能够确定导致服务水平降低的原因(例如，某个用户需要过多的资源，以采取恰当的措施来消除这些原因) | | | |
| 回答为"否"的百分比 | | | % | |

工作单7：把数据放在错误的时间段内

问题描述：在联机数据仓库环境中，很难确认是否在正确的时间段中处理了数据。

| 序号 | 标　准 | 回　答 | | 注　释 |
|---|---|---|---|---|
| | | 是 | 否 | |
| 1 | 在执行过程中是否遵照一定的标准来确定应该在哪个核算期内进行事务处理 | | | |
| 2 | 是否给所有被延误的事务打上时间戳以标明它们到底属于哪个核算期 | | | |
| 3 | 在重要的核算期结束的时候是否有相应的过程来中断事务处理，如年终的时候 | | | |
| 4 | 对于必须由几个核算期才能完成的应用服务，如果在核算期切换的时候处理一些重要事务，是否要立即进行人工检查以确保它们是在正确的核算期内 | | | |
| 5 | 是否有一些常规过程能够把数据从一个核算期正确地移动到另一个核算期 | | | |
| 回答为"否"的百分比 | | | % | |

工作单8：数据仓库软件无法实现指定功能

问题描述：大多数据仓库软件都是由厂商提供的，这使数据仓库管理员必须依靠厂商来保证软件功能的正确执行。

| 序号 | 标　准 | 回　答 | | 注释 |
|---|---|---|---|---|
| | | 是 | 否 | |
| 1 | 是否明确要处理什么 | | | |
| 2 | 是否对数据仓库软件进行了评估以确定它正确完成了预定的需求 | | | |
| 3 | 数据仓库软件的每个新版本是否都经过了测试 | | | |
| 4 | 是否签订了数据仓库软件的维护合同 | | | |

续表

| 序号 | 标　　准 | 回　答 | | 注释 |
| --- | --- | --- | --- | --- |
| | | 是 | 否 | |
| 5 | 是否建立了相应的规程来确定数据仓库软件发生的问题 | | | |
| 6 | 是否对操作人员进行了培训，以使他们能够发现和报告数据仓库软件发生的问题 | | | |
| 7 | 是否建立了备份过程，以防止数据仓库软件发生障碍 | | | |
| 8 | 数据仓库软件发生的障碍是否被记录下来，并报告了管理员 | | | |
| 9 | 当数据仓库软件发生问题时，是否能够将有关问题迅速通报给厂商，以便他们采取正确的应对措施 | | | |
| 回答为"否"的百分比 | | | % | |

工作单 9：欺诈和盗用

问题描述：控制资源的系统经常会经受欺诈和盗用行为。

| 序号 | 标　　准 | 回　答 | | 注　释 |
| --- | --- | --- | --- | --- |
| | | 是 | 否 | |
| 1 | 数据仓库管理员是否有权访问数据仓库中的数据 | | | |
| 2 | 是否制定了设计数据仓库控制机制的方案 | | | |
| 3 | 最近一年中是否有独立的评审人员对数据仓库进行过审核 | | | |
| 4 | 是否有相应的规程来识别那些错误行为、失职行为和欺诈行为，并报告给高级管理人员 | | | |
| 5 | 所有对数据仓库资源的访问行为是否都受到控制 | | | |
| 6 | 口令或其他访问控制规程在最近 6 个月内是否发生过变化 | | | |
| 7 | 所有错误信息是否适时表达出来 | | | |
| 8 | 是否对那些不正确的处理过程进行调整 | | | |
| 9 | 数据确认规程是否能够预示和报告非正常的处理过程 | | | |
| 回答为"否"的百分比 | | | % | |

工作单 10：缺乏独立的数据仓库评审

问题描述：很多数据仓库评审人对数据仓库技术并不熟悉，因此不能评价数据仓库的安装情况，另外，很多审计软件包不能访问数据仓库软件。

| 序号 | 标　　准 | 回　答 | | 注　释 |
| --- | --- | --- | --- | --- |
| | | 是 | 否 | |
| 1 | 内部审计功能是否有权审查数据仓库技术 | | | |
| 2 | 电子数据处理质量保证小组是否有权对数据仓库技术进行审查 | | | |
| 3 | 这些审查小组是否具备必要的技能来完成审查工作 | | | |
| 4 | 最近 12 个月是否有对数据仓库技术的独立评审过程 | | | |
| 5 | 是否公布了有关评审的结果和建议 | | | |
| 6 | 评审的结果和建议对于当前使用的数据仓库技术是否是合理的 | | | |
| 7 | 在接下来的 12 个月内，是否有计划对数据仓库技术再次进行评审 | | | |
| 回答为"否"的百分比 | | | % | |

工作单 11：文档不完整

问题描述：用户都需要通过数据仓库技术文档来系统地理解和使用数据仓库。

| 序号 | 标　准 | 回答 | | 注　释 |
| --- | --- | --- | --- | --- |
| | | 是 | 否 | |
| 1 | 是否存在数据文档标准 | | | |
| 2 | 是否强制使用数据文档标准 | | | |
| 3 | 数据字典是否经常归纳数据元素的属性 | | | |
| 4 | 在数据仓库软件的实际运行中是否使用了数据字典，以使数据字典成为访问受控数据的唯一入口 | | | |
| 5 | 数据仓库管理小组对归档和使用数据是否提出了有关建议 | | | |
| 6 | 数据文档中是否包含数据确认规则 | | | |
| 回答为"否"的百分比 | | | % | |

工作单 12：处理的连续性

问题描述：很多组织严重依赖于数据仓库技术来进行日常的事务处理。

| 序号 | 标　准 | 回答 | | 注　释 |
| --- | --- | --- | --- | --- |
| | | 是 | 否 | |
| 1 | 是否识别导致数据仓库故障的潜在因素 | | | |
| 2 | 每种故障产生的影响是得到评估 | | | |
| 3 | 数据仓库发生故障时，是否有相对应的规程可以保证事务处理继续进行 | | | |
| 4 | 是否有相应的规程来保证在数据仓库出现故障后，能够恢复数据仓库的完整 | | | |
| 5 | 数据仓库出现故障后，是否将恢复过程按必需的活动的顺序归档 | | | |
| 6 | 计算机操作人员是否接受过数据仓库恢复过程的培训 | | | |
| 7 | 是否有充足的备份数据以便在发生灾难性事故后，重建事务处理 | | | |
| 8 | 是否对有关数据仓库的故障数据进行维护以便进行一些特别的分析 | | | |
| 回答为"否"的百分比 | | | % | |

工作单 13：缺乏实施标准

问题描述：如果没有实施标准，就不能确定一个组织是否达到了使用数据仓库的目标。

| 序号 | 标　准 | 回答 | | 注　释 |
| --- | --- | --- | --- | --- |
| | | 是 | 否 | |
| 1 | 是否建立了数据仓库技术的度量目标 | | | |
| 2 | 是否对这些目标进行监控，以确保它们能够得以实现 | | | |
| 3 | 能否确定数据仓库技术的相关费用 | | | |
| 4 | 能否确定数据仓库技术的相关收益 | | | |
| 5 | 在安装和运行数据仓库技术之前，是否进行了成本/效益分析 | | | |

续表

| 序号 | 标　　准 | 回答 是 | 回答 否 | 注　释 |
|---|---|---|---|---|
| 6 | 是否对成本/效益计划进行监控，以度量这些预测是否准确 | | | |
| 7 | 是否由独立的组织(如 EDP 质量保证委员会)来对标准的完成情况进行评估 | | | |
| 回答为"否"的百分比 | | | % | |

工作单 14：缺乏管理支持

问题描述：没有适当的支持和管理，数据仓库的优势是很难发挥出来的。

| 序号 | 标　　准 | 回答 是 | 回答 否 | 注　释 |
|---|---|---|---|---|
| 1 | 是否任命了高级管理人员负责管理数据 | | | |
| 2 | 高级管理人员是否参与了数据仓库技术的选择 | | | |
| 3 | 是否由包括用户、EDP 人员、高级管理人员在内的评审委员会来监督数据仓库技术的使用 | | | |
| 4 | 数据处理管理员是否使用过数据仓库技术 | | | |
| 5 | 是否有定期的简报向高级管理人员报告数据仓库技术的运行和使用情况 | | | |
| 6 | 高级管理人员是否参与制定有关信息使用的长远计划 | | | |
| 7 | 高级管理人员是否参与制定有关信息的属性和使用问题的争端 | | | |
| 回答为"否"的百分比 | | | % | |

表 7-4　数据仓库涉及的问题工作表

| 表项 | 输入数据说明 |
|---|---|
| 回答为"否"的百分比 | 把回答为"否"的百分比分成高、中、低 3 个等级 |
| 问题等级 | 在表 7-3 中回答为"否"的问题的百分比所处的等级 |
| 数据仓库涉及的问题 | 上述数据仓库需要考虑的 14 类问题 |

| | | 1 | 2 | 3 | 4 | 5 | 6 | 7 | 8 | 9 | 10 | 11 | 12 | 13 | 14 |
|---|---|---|---|---|---|---|---|---|---|---|---|---|---|---|---|
| 回答为"否"的百分比 | 问题等级 | 职责不明 | 数据仓库中的等级不正确或不完整 | 对某一数据项的更新失败 | 审计跟踪不充分 | 非法访问数据仓库 | 服务水平不合格 | 在错误的时间段内存放数据 | 数据仓库技术不能实现指定功能 | 欺诈和盗用 | 缺乏独立的数据仓库评审 | 文档不完整 | 处理的连续性 | 缺乏实施标准 | 缺乏管理支持 |

续表

| 68%~100% | 高 | | | | | | | | | | | |
|---|---|---|---|---|---|---|---|---|---|---|---|---|
| 34%~67% | 中 | | | | | | | | | | | |
| 0%~33% | 低 | | | | | | | | | | | |

表 7-5　数据仓库活动过程

表项　输入数据说明

项目　上述数据仓库的 7 种活动过程，或根据相应组织的实施情况进行适当修正过的过程

回答　确定这 7 类活动过程是否适当，回答可以是"是"或"否"

注释　对新过程的说明，或对现存过程修改的说明

| 序号 | 项　目 | 回　答 | | | 注　释 |
|---|---|---|---|---|---|
| | | 是 | 否 | N/A | |
| 1 | 组织化过程 | | | | |
| 2 | 数据文档化过程 | | | | |
| 3 | 系统开发过程 | | | | |
| 4 | 访问控制过程 | | | | |
| 5 | 数据完整性过程 | | | | |
| 6 | 操作过程 | | | | |
| 7 | 备份/恢复过程 | | | | |

表 7-6　数据仓库质量控制检查单

表项　输入说明

序号　质量控制相应序号，表明这是已经正确完成的项目

项目　特别的质量控制，用来度量这一步完成的效果

回答　在该栏里，测试人员将表明他们是否完成了相应的项目，回答可以是"是"、"否"，如果该项不适合当前组织的测试过程则选"N/A"

注释　此栏是对每一项回答的说明。一般只需要对"否"进行注释。如果该项回答为"否"，就要进行研究并决定在考虑完成这一步后是否要执行它

| 序号 | 项　目 | 回　答 | | | 注　释 |
|---|---|---|---|---|---|
| | | 是 | 否 | N/A | |
| 1 | 测试小组成员是否具备数据仓库的各种技能 | | | | |
| 2 | 测试人员是否能够理解数据仓库一般性的问题 | | | | |
| 3 | 数据仓库的最后问题列表是否真正反映了当前组织存在的问题 | | | | |
| 4 | 所有工作表和流程图中的词汇是否都调整为适合于该组织的词汇 | | | | |
| 5 | 测试小组是否理解确定数据仓库相关的问题数量的标准 | | | | |

| 序号 | 项　　　目 | 回　　答 | | | 注　　释 |
|---|---|---|---|---|---|
| | | 是 | 否 | N/A | |
| 6 | 对各类问题数量的分级是否合理 | | | | |
| 7 | 是否确定了数据仓库各个活动过程 | | | | |
| 8 | 被确定的过程是否是当前数据仓库活动中正在使用的实际过程 | | | | |
| 9 | 测试小组是否理解每个数据仓库活动过程的需求，尽可能减少故障数量的控制活动 | | | | |
| 10 | 测试小组关于数据仓库的最终评估对于测试小组来说是否合理 | | | | |
| 11 | 测试小组公布的评估报告是否真正反映了测试的结果 | | | | |

# 本 章 小 结

### 1. 数据仓库测试原则

本案例介绍的数据仓库测试活动是一类风险评估活动。该测试不是要保证该数据仓库对于每种情况都能正常工作，而是评价数据仓库的管理是否能将发生故障的可能性降到最小，以及是否应该采用其他方法来减少相关问题。是否对数据仓库实行了正确的处理活动要结合使用数据仓库的应用来确定。

### 2. 说明

本案例介绍的测试过程用于协助测试人员对与数据仓库有关的工作过程进行评估。它通常与测试使用数据仓库的应用软件一同使用。对数据仓库数据的实际测试过程应该按照有关的测试步骤进行。然而，除非有恰当的控制规程，否则测试人员不能把某个应用软件的测试结果再用于其他数据仓库应用中。

如果数据仓库的活动过程是正确的，并解决了上述的各种问题，那么测试者就可以认为该应用的测试结果与其他数据仓库应用软件的测试结果相似。另外，如果这些活动过程没有减少数据库发生故障的可能性，那么对于数据仓库的所有应用都应该进行更进一步的测试。

# 知识拓展与练习

1. 查找有关资料，学习数据仓库的基本概念、基本组成、基本原理等知识，并找出一个在实际生活或工作中用到的数据仓库的例子。

2. 对比数据库与数据仓库。

# 能力拓展与训练

根据本章中数据仓库的测试案例，试着写出另外一个实际生活或工作中用到的数据仓库的测试方案。

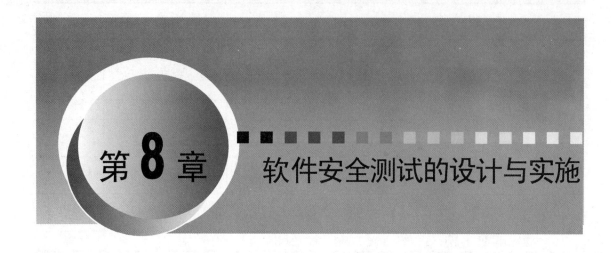

第**8**章　软件安全测试的设计与实施

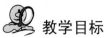 教学目标

　　本章介绍了软件安全测试的相关知识，包括软件安全测试的特点及测试策略，通过安全测试构建入侵矩阵并找出软件安全隐患。通过本章的学习：

　　(1) 掌握软件安全测试基本概念，熟悉软件安全测试的实施步骤。

　　(2) 熟悉软件安全测试策略，能够根据不同客观情况制定不同的测试策略。

　　(3) 能够实施软件安全测试，根据入侵点创建入侵矩阵并找出软件安全隐患。

 教学要素

| 岗位技能 | 知识点 |
| --- | --- |
| 掌握软件安全测试基本概念及其测试策略 | 软件安全测试 |
| 理解安全隐患的概念，能够列出潜在安全隐患 | 软件安全隐患 |
| 能够找到潜在的入侵点，明确入侵位置及高风险入侵点 | 入侵点 |
| 能够根据入侵点创建入侵矩阵并列出软件安全隐患 | 入侵矩阵 |

现在，计算机系统环境安全是所有组织关注的重要问题之一。物理设备的安全已经做得很好了。然而，对于一个组织而言，还面临着一个巨大的风险就是计算机软件的安全问题。不论是企业内部雇员之间的通信，或是通过通信线路与外界的联系，还是通过 Internet 进行数据处理等都涉及安全问题。

安全性测试非常复杂，费用也很高，进行彻底的安全测试一般不太现实。

如果能够注意到哪里的安全性问题会被忽视，就可以有针对性地改进安全测试使其发挥更大的作用。已经证实有一种测试工具在进行安全测试时很有效，那就是"入侵矩阵"。本章描述的安全性测试过程首先就从构造"入侵矩阵"开始，这与以往的测试过程有些不同。

本章对安全性有两个需要考虑的问题：第一是如何确定安全性风险，第二是选择恰当的控制系统来尽量减少这些风险。

## 8.1　软件安全测试

1.　安全测试和传统软件测试的对比

传统软件测试关注的主要是验证功能需求。其目的通常是要回答这样一个问题："应用程序是否满足设计用例和需求文档中列出的要求？"在此一级的水平上，传统的测试还关注操作性需求，如性能、压力表现、备份以及可恢复性等。然而，人们对操作性需求却往往理解得不够全面，或者规定得太过勉强，这使得这些需求很难验证。在传统测试环境中，安全需求的规定很少，或者干脆就被忽略了。这种类型的环境很少或根本没有安全测试规定。

在传统的软件测试环境中，软件测试人员基于应用程序需求来构建测试用例和测试规定。在这种情况下，各种测试技术和策略被用于系统地演练应用程序的每项功能，从而确保其正常运行。

像"一个财务应用程序应该接受一个银行账号并显示该账号的收支情况"这样一项看似简单明了的需求，如果进行详尽测试，也会需要大量测试规定。例如，该需求除需要一些以正常用户使用方式运行该功能的测试规定，还要增加一些针对"银行账号"字段的输入约束来进行变化和转换的测试规定，而正是这些行为可能会"终止"系统。

这种功能性测试验证合法的输入产生预期的输出结果(肯定测试)，并验证系统能够得体地处理非法输入(如通过显示有用的错误信息)。系统还应该检查那些非预期的系统行为，如验证服务器没有崩溃(否定测试)。

在测试"银行账号"约束的用例中，需求中应该陈述账号必须精确地包含 12 个数字字符。

一个简化的测试示例如下。

肯定约束在"银行账号"字段输入精确的 12 个数字字符，单击"确定"按钮，并评估系统的行为。

否定约束在"银行账号"字段输入 11 个(max-1)数字字符，单击"确定"按钮，并评估系统的行为(系统应显示一个错误消息)。

尝试在"银行账号"字段输入 13 个(max+1)数字字符。系统应该不允许用户输入多于 12 个数字字符。

如果系统像设计的那样运转，且在处理约束条件时不会"终止"，测试人员通常会继续进行下一个测试用例。一般来讲，如果系统没有像测试计划或用例里定义的那样产生预期的输出，测试人员就会编写一份软件缺陷报告，而缺陷跟踪系统一般会将其发送给相应的程序员，这样程序员就可以修正这个问题。

尽管传统的测试处理了大部分的应用程序需求，并且验证了用例想定已经实现，但往往并不对应用程序未设定允许的想定和行为进行测试。而能恰当地围绕各类安全问题的攻击用例及其相关的测试计划(如基于攻击模式的想定)则一般都不会予以考虑。

在前述实例中，一种要检查的攻击模式实例就是要检查系统是否存在"SQL 注入"的常见应用程序攻击所针对的漏洞。这类应用可能存在这样的可能，即当攻击者能把 SQL 命令作为正常用户输入的一部分而输入的时候，这些 SQL 命令就被作为 SQL 查询的一部分发送给了 SQL 服务器。有一种简单的办法可以检查用户输入是否被用来构建一个动态生成的 SQL 查询，那就是将一个单引号( ' )作为输入字符的一部分输入。

不妨通过举例来理解 SQL 注入攻击模式。在银行账号字段输入 12 个字符，这 12 个字符由一个单引号后面跟 11 个数字组成。使用 Web 应用来输入这些数据(将在第二部分讲述)。如果存在输入验证的话，这种验证一般是在浏览器端由 JavaScript 来完成的，而所用的 Web 应用可以绕过这种输入验证。观察应用程序返回的错误信息，如果这个错误信息中包含的输出看起来像是从数据库服务器或数据库驱动程序中产生的，如 Microsoft OLE DB Provider for ODBC Drivers error '80040e07'，那么很可能这个系统就没能正确地对 SQL 注入攻击进行防护。

基于安全需求缺乏或测试用例不完善，或者根本就不进行这种测试，是造成应用程序安全缺陷的典型原因，而这些安全缺陷又会导致安全漏洞的出现。仅仅就这一个窗体字段，就需要进行许多安全测试。

2. 安全测试转变的范式

一个程序即使正确地实现了其"应该的"功能和操作的需求，也仍然是不安全的，这是因为其"不应该的"或"不允许的"方面仍然存在，或者没有得到解决，或者被忽略了。

这样开头的需求陈述比较常见："系统应该……"，而很少看到这样开头的需求陈述："系统不应该……"。

大多数漏洞都起因于副作用或者超出的功能，即软件不应该有的功能或者不应该允许的功能。由于开发的是传统的测试用例，其关注点是"系统应该"的需求，因而这类缺陷会出现在通过了所有功能测试的软件中。

这就是经常看到的那种情况：软件已经通过了一整套的功能测试，而测试团队也据此将该软件提交为正式的产品，但在其中还是出现了安全漏洞。这里，由于没有提出安全需求，安全测试仍然没有得到关注。

这里给出了一系列高级安全测试策略，这是因为安全测试需要不同的方法来考虑测试的问题，这和功能性测试的方法不同，如图 8.1 所示。此外还需要有用于这部分的传统的测试人员和测试团队的转变范式。

那些习惯于基于功能需求而编写测试用例或执行测试的测试人员需要坚持要求得到安全需求。安全需求或攻击用例可使测试人员从潜在漏洞的角度审视系统。测试人员不仅应该把自己当做验证者，还应该把自己当做攻击者，而作为攻击者就必然要做一些侦测性工作来设计一次适当的攻击。

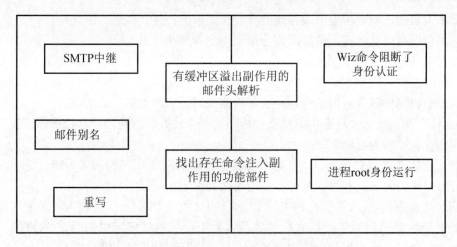

图 8.1　发送电子邮件的功能测试和预防测试对照

并不是所有的攻击都等同于破坏。因此，测试人员必须评估并排定安全测试想定的优先级，同样也要对所有未发现的潜在漏洞进行评估和优先级排定。

3. 高级安全测试策略

在一个软件中，所有的地方都可能存在安全缺陷。因此，安全测试人员需要应用各种技术和测试策略来高效地搜寻并找出这些缺陷。

在测试的故障注入模型中，测试人员如同侦探。

攻击者并不对功能部件的运转进行验证，他们想方设法让程序行为失常，或者控制这个程序。为了模拟攻击者所能做的事情，安全测试人员首先必须进行一些侦测性工作，或者先进行分析而后对破坏性想定进行模拟。

就像侦探在破案的时候经常让自己站在犯罪者的角度来设想罪犯会想些什么，软件安全测试人员必须想象攻击者会从哪里下手并找出程序的缺陷。

理解安全漏洞怎样藏进软件中并将其作为背景，同时配备了安全需求和攻击用例，安全测试人员需要将可能出现的实现方面的漏洞牢记在心。通过对输入数据以及可引出各类安全漏洞的想定进行分析，测试人员必须设计一些测试，在其中专门使用那些应用程序处理起来最有可能出现问题的输入数据。

特别需要指出的是，如果程序本身提供安全功能，测试人员不应仅仅针对程序本身的安全功能进行测试。安全缺陷可能也可以从安全功能中产生，但大量的安全缺陷都是在程序的其他地方被发现的。

下面是一些攻击模式的范例。

验证用户输入不会提供机会让攻击者通过已知的 SQL 注入攻击来操纵后台数据库。

验证不存在跨站点执行脚本的可能性。跨站点执行脚本是一种攻击方法，能使得攻击者的脚本在受害人的 Web 浏览器内执行。

验证在向服务器发送一个它不能正确处理的非法数据包的情况下，从网络读取数据时，不良的缓冲区处理方式是否会导致服务器崩溃，这种崩溃会发生拒绝服务(DoS)攻击，或者允许远程攻击者执行他选中的代码。

验证程序对错误的处理是恰当的，从而可以从基本的软件攻击——非预期输入的情况中安全地恢复使用。

验证私人数据在网络传输中或存储的时候受到保护。

验证不会出现信息泄露。信息泄露会帮助攻击者发动攻击。

验证对审计日志提供了保护。

验证访问控制。

验证安全机制的默认值为拒绝，并且正确地实现了这种机制。

"不允许"测试或者"攻击"测试强制程序处理非法或恶意数据，从而揭示该程序能为攻击者提供做什么事情的可能。

为对比攻击测试和功能测试，还以前面提到的财务应用程序的需求为例，这个程序接收一个银行账号作为输入，并将该账号收支情况作为输出。

最简单的攻击测试(通常也是约束/否定功能测试的一个部分)就是输入一种非法账号的变体，并查看该程序返回的错误信息。这就是常见于传统测试环境中的否定/约束测试的局限性。而要充分测试一个应用程序的安全性，就需要进行更加广泛的攻击测试。

例如，对于给定的这个财务程序计划进行攻击测试需要进行这样的检查，即输入一个负数，或者输入程序可能特别对待的字符，如引号、反斜杠或美元符号，然后检查会发生什么情况。

最快、最简单的测试方法就是向想要测试的程序中输入或者注入这类手工制作的数据，然后验证系统是否允许这类输入。或者如果系统允许这种输入，则验证系统是否以安全的方式对其进行处理。

由于进度紧张而预算有限，安全测试人员不得不使用下列建议的策略来展开攻击测试。

(1) 坚决要求使用攻击用例，并理解攻击模式。

(2) 理解安全的设计和实现标准。

(3) 遵循安全的软件开发生命周期(SSDL)。

(4) 使用威胁建模的结果和信息。

(5) 作为威胁建模评估的一部分而列作最高风险的项目应作为安全测试的重点。

(6) 如果程序允许非法的输入，测试人员就应该制作输入数据尝试导致程序出现故障，并导致应用程序进入一种非预期的状态。如果程序产生了不正确的结果，安全测试人员应该操纵这些数据，努力促使应用程序失效。如果测试人员能够尽力控制这个程序并执行该程序不允许他做的动作，那么他的侦测工作就将最终揭示一个安全漏洞。

(7) 评估这个漏洞，编写漏洞报告，等待对其改正，然后重新测试。

## 8.2　软件安全测试项目概述

1. 概述

该测试过程利用一种工具来确定那些物理位置或信息系统中具有入侵风险的点。现在还没有统计过该技术的精确性，但是如果由专业人员使用这些技术来抵御入侵，它的可靠性还是很高的。

这种测试技术要构建一个二维矩阵，一维代表潜在的安全隐患，另一维代表入侵点。创建矩阵的人员通过这两维交叉点的情况来评估系统被入侵的可能性。一旦确定了最有可能被入侵的点，就可以对相应的物理位置或信息系统进行检查。

## 2. 目标

使用入侵矩阵的目的是让软件测试组织对那些高风险的点采取安全措施。即使不能证实哪个物理位置或信息系统会被入侵，对那些抗高风险的安全措施予以关注，也会提高抵御入侵的能力。

## 3. 工作流程

工作流程假定有一个具备相关知识的工作小组来保证物理位置或信息系统的安全。该小组应该具备以下条件。

(1) 有可用的通信网络。

(2) 每个人有权使用通信网络。

(3) 软件系统包含需要保护的数据或过程。

(4) 要保护信息或过程的价值。

(5) 掌握软件系统的处理流程以明确数据的移动过程。

(6) 具备安全系统的知识和概念。

(7) 了解有关入侵计算机系统的方法和技术。

工作流程确定了创建和使用入侵矩阵的 5 项任务，如图 8.2 所示。工作流程中使用的工具就是入侵矩阵。使用该矩阵的主要目的是集中讨论入侵的高风险点，它有助于明确哪些地方需要着重注意。该工具由项目开发小组使用，尤其是由负责安全的小组使用，或者由质量保证或质量控制人员使用该工具来评估系统的安全性。

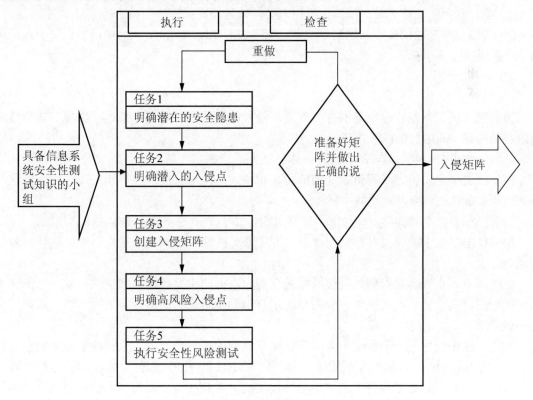

图 8.2　入侵矩阵工作流程

# 8.3 软件安全测试的实施

1. 输入

负责该测试过程的输入是这样一个小组，他们了解需要保护的信息系统。输出结果的可靠性将极大地依赖于测试小组个人的知识水平和入侵者的具体类型。测试技术非常简单，不需要对测试小组成员再进行任何前期培训。

2. 执行过程

该测试过程要完成以下5项任务。

任务1：明确潜在的安全隐患。

执行该测试时，测试小组要缩小安全问题的怀疑范围和可能的入侵点的范围。将所有可能进入信息系统的个人都作为可能的入侵者进行调查。一般来说，总是针对具体的业务领域进行测试(如购物系统或工资系统)。

测试小组要列出一个潜在安全隐患的列表，可能包括以下几部分。

(1) 相关组织的重要雇员，它们在调查中应该受到信任(如公司的官员或管理人员)。

(2) 计算机项目人员。

(3) 计算机操作人员。

(4) 第三方参与者(如审计员)。

(5) 签订合同的工作人员：计算机维护人员、软件顾问或清洁人员。

(6) 可能会通过通信线路入侵到系统中，或能够把 Trojan Horse 或其他简单程序植入应用系统中的(雇员以外)熟悉系统的人员。

(7) 业务客户。

(8) 其他人员。

下面列出测试小组应该注意的有关可能入侵者的一些信息类型，描述了位置、知识技能与潜在的危害，其中包括以下几部分。

功能：这个公司雇员能够操作远程终端，按照用户的指令输入事务、数据和程序等。

知识：这个雇员一定了解资源文档的内容和格式、终端输出的内容和格式、终端协议，系统识别和确认过程以及其他的控制过程。

技能：具备打字和键盘操作技能，能够灵活操作手工设备，具备基本的阅读技能。

访问权限：这个操作员有权访问终端、源文件、终端输出、终端操作指令、确认、验证资源等。

系统弱点：系统容易受到入侵性操作的攻击。攻击的主要范围包括更改、破坏、泄露该组织的数据，其次还有两类攻击，分别是对用户组织应用程序的破坏或泄漏，以及对终端设备的破坏或干脆偷走终端设备。

结论：这个操作员处于重要位置，它能够接触到该用户组织输入系统的数据和程序，以及产生的结果(即输出)。对数据的更改相对于对程序的更改的危险性更大，因为这样更难查找所造成的损坏。对数据和程序的破坏是很危险的，尤其在源文档没有备份的情况下。不过有的操作员只能在他所服务的领域操纵数据和程序。

任务 2：明确潜在的入侵点。

入侵点指的是在应用计算机的业务环境中发生入侵行为的地方。这些入侵点一般存在于控制较弱的区域，因此会导致很多非法攻击。

任务 2 的目标是列出在应用处理中有可能发生入侵的地方。一般情况下，入侵行为容易发生在一个事务被初始化的时候、输入系统的时候、进行存储操作的时候、进行检索操作的时候、正在处理的时候或正在输出的时候。在任务 4 中，测试小组要确定在这些地方发生入侵的可能性，而在本任务中，只需列出哪些地方有可能存在入侵。

下面讲述系统最容易受到安全攻击的情况，它们与那些无意或故意地破坏以及自然因素造成的系统攻击有所不同。

1) 功能性漏洞

以下按发生频率的顺序依次列出计算机最容易受到入侵的 8 个漏洞及其简要介绍。

(1) 对手工处理输入/输出数据时控制不利。这类攻击最容易在访问过程中发生。过去，访问过程非常简单，就是数据输入/输出的人为活动。由手工完成的数据访问要比程序控制的访问操作简单，因此有很多控制被忽视或淡化了。例如，对数据的分布处理、任务转化、双重控制任务、文档计数、批量检查、审计跟踪、存储保护、访问限制以及分类标注等。

(2) 缺少或没有建立物理访问控制。发生物理访问漏洞时，非雇员获得访问计算机设备的权限，雇员获得未授权时间和未授权区域的访问权限。这些攻击者的动机可能是政治目的、竞争目的或经济利益。经济利益可能通过非法出售计算机服务、抢劫和盗窃获得。这种情况下，一些有不满情绪的员工就具备了攻击系统的动机。据称，在自动化程度很高的地方，都存在这样的员工。控制较弱或没有控制可能发生在这样一些地方：访问入口、入侵警报、隐蔽访问、确定和建立安全周期、标志系统、防护和自动化的监视功能(如闭路电视)、对传输设备的检查和支持、对攻击很敏感的员工等。一些入侵行为发生在安全监督员和员工不工作的时间内。

(3) 计算机和终端的操作过程。这里会因为破坏行为、监视行为及出售服务，从计算机系统采集数据，为个人利益而非法使用系统，IT 领域可直接获得经济利益。控制这些不良行为应该：分离操作人员的任务，加倍控制这些敏感功能，明确员工的责任，严格控制服务账目，监视有威胁的活动，对操作人员进行近距离的监视，备份重要指标和资源，制定恢复和应对突发事件的计划等，这里，最常见的问题是非法使用和买卖服务、数据等，其次是有不满情绪的员工进行的破坏行为。

(4) 业务测试过程中的缺陷。业务测试过程中的一些缺陷或故障会导致以业务或政府机构的名义造成的计算机滥用或犯罪行为。采取的对策主要是改进测试过程或管理决策，而不是找出非法使用计算机的个人。这些有缺陷的测试过程和管理决策导致了欺骗、胁迫、非法使用服务或产品，以及在竞争领域的金融诈骗、间谍活动和破坏行为等。对他们的控制包括由公司董事会做出的业务测试过程审查，或其他的主管部门、审计部门和法定强制部门做出的审查。

(5) 计算机程序控制中的缺陷。有一些程序容易被利用，他们可能成为攻击的工具，也可能因为某些攻击行为而被非法修改。非法修改是最普遍的一种攻击形式。发生这些漏洞的控制行为主要有：表明程序的所有权，采用正规的开发方法(包括测试和质量保证过程)，在大型程序开发中分离编程任务，加倍控制程序中的敏感部分，明确编程中各程序员的责任，安全存储程序和文档，跟踪比较运行程序和原始程序的差别，采用正规的方法更新和维护规程，获得程序的所有权等。

(6) 操作系统的访问控制和完整性存在缺陷。这类攻击存在于分时服务中。它们可能是利用系统设计上的缺陷而导致的欺诈行为。这些行为包括有目的地寻找操作系统中的漏洞，非法利用这些漏洞等。在大学的计算机分时服务系统中，经常有学生的故意破坏、攻击行为，或试图免费使用计算机的欺诈行为。要消除访问控制中存在的漏洞，应该确保操作系统设计的完整性和安全性，使用规范的设计方法，确保系统的完整性符合说明要求，采用严格的维护规程。

(7) 对以伪造身份访问系统的行为控制不力。以伪造身份对分时服务系统进行访问，大部分是通过窃取加密口令的方式实现的。这些攻击者可能通过偶然的机会，如一时粗心或管理上的失误来欺骗他人获取口令，或以猜测明显的字母或数字的组合等方式获得口令。这种入侵方式太普通了，以至于几乎没有受害者会报告这种情况。对口令控制不力包括：口令的管理疏忽，没有定期更新口令，用户没有很好地保护口令，口令选择不当，缺乏对分时系统中口令使用的监控或分析，没有防止口令泄露等。

(8) 介质控制漏洞。窃取和破坏磁盘数据应归因于对磁盘介质的控制不力。还有很多其他的情况，如操作过程中的问题，包括操作和复制数据问题等。对此类漏洞的控制包括限制对数据的访问，对磁性介质的存储活动进行安全控制，标记数据，定位数据，进行介质数量统计，控制去磁设备，备份重要指标等。

2) 入侵的位置

数据和报告的准备区域以及集中了最多的人工功能的计算机操作设备等是最容易被入侵的地方，在表 8-1 中列出了 9 类容易受到攻击的位置，并分别对其进行说明和分级。

表 8-1　有关功能定位的计算机安全弱点

| 定　位 | 等　级 |
| --- | --- |
| 数据准备和报告准备 | 1 |
| 计算机操作 | 2 |
| 非 IT 领域 | 3 |
| 中央处理器 | 9 |
| 程序设计室 | 5 |
| 磁性存储设备 | 7(并列) |
| 联机终端存储 | 4 |
| 联机数据准备和报告生成 | 6 |
| 联机操作 | 7(并列) |

(1) 数据准备和报告准备。该入侵区域包括通过键盘将数据输入磁盘，计算机作业安装，输出控制和分配，数据采集，数据传输等。通过联机方式与远程终端进行输入输出操作的情况不属于该范围。

(2) 计算机操作。对该入侵区域的定位要考虑操作计算机的区域或中心计算机机房等。这些不同区域可能有通过电缆连接的外围设备。联机方式的远程终端(通过电话线路连接的计算机)不包含在此范围内。

(3) 非 IT 区域。非 IT 区域存在很多滥用业务决策的行为,该入侵区域包括非 IT 领域中的管理部门、市场部门、销售部门和业务室。

(4) 中央处理器。该入侵区域在计算机的操作系统中(不包含终端操作)。

(5) 程序设计室。该入侵区域是程序员编制程序和存储程序列表及文档的地点。

(6) 磁性存储设备。该入侵区域包括数据库和可用数据的存储区。

(7) 联机终端存储。对联机系统的攻击区域可能发生在通过终端命令操作程序执行的过程中。

(8) 联机数据准备和报告生成。该入侵区域与准备联机脚本的功能区域一致。

(9) 联机操作。该入侵区域包含前面讨论的各种计算机操作,同时还有联机终端区域。

3) 无意和故意行为造成的损失对比

错误和疏忽一般发生在劳动密集型功能中,这里的工作很琐碎。当没有特别集中精力做这些详细、琐碎、繁重的工作时,就会产生漏洞,一般出现在明显的数据错误、计算机程序错误(Bug)、设备或供给受到破坏的情况中。这时需要频繁地刷新作业、纠正错误、置换和修正设备和供给等。

然而,一般很难区分哪些是无意的,哪些是故意的原因造成的损失。事实上,很多报道过的故意损失的案例都是因为这些入侵者发现和利用了一些错误漏洞。当造成这些损失时,员工和管理人员都会首先责怪计算机硬件本身,因为这样能使个人免于承担责任,而把问题留给开发商来解决。而事实上,这些问题几乎都不是计算机硬件问题,但是要证实这一点就需要在发生损失之前在其他地方找到证据。还有一个经常会被怀疑的对象就是用户和数据的来源。这样,IT 部门就可以借机指责其他组织,接下来会被指责的就是计算机编程人员了。最后,当所有这些目标都被排除后,IT 员工才会质疑自己的工作。

现在经常举行这样的信息会议,会上将讨论在计算机操作员、程序员、维护工程师和用户中该由谁来首先寻找损失的原因。要找到哪些是有意造成的损失总是很难,因为所有人都认为自己的那部分功能状态良好。

在很多计算机研发中心,员工们都不清楚无意的错误和疏忽造成的损失与故意造成的损失有什么重大区别。自从各组织使用计算机进行自动化数据处理开始,已经与那些无意造成损失战斗了 40 多年。采取何种解决办法取决于减少这种损失的动机和费效比。专家预计,以相同方式对故意造成的损失进行控制也是有效的。在频繁的失败中已经总结出,与他们进行抗争的敌人具备各种技能、经验和访问能力来达到入侵目的。这表明,不同的攻击中,有些具有极大的挑战性,所以无论如何都需要做充分的安全防护和控制。

4) 自然阻力造成的攻击

很明显,计算机系统容易受到大量的自然因素(人为的限制)造成的攻击。计算机系统和设备是很脆弱的,入侵者可能利用简单的方法就能进行恶意更改、损毁、破坏、敲诈等有威胁的破坏行为。自然事件,如恶劣的天气和地质运动等也都可能成为破坏性攻击的原因。

大部分计算机中心都有去磁设备来消除磁带的磁性。现在正在致力于减小便携式电热盘尺寸的研究。要确保控制好去瓷器的钥匙、锁等设备,或至少用几个房间来存放磁带。

任务 3:创建入侵矩阵。

创建入侵矩阵,首先要确定矩阵的两维。列代表任务 1 中的潜在安全隐患,行代表任务 2 中明确的入侵行为。完成这个入侵矩阵包含两部分内容,见表 8-2。

第一部分：确定可能的入侵点。

测试小组必须检查矩阵的每一点。在入侵矩阵示例(表 8-2)中，测试小组要确定在地点处存在入侵的可能。这是根据测试小组处理其他类似应用系统的经验和判断得出的。

这些可能性依据以下条件记分。

3——在这一地点发生个人入侵行为的可能性很高。

2——在这一地点发生个人入侵行为的可能性一般。

1——在这一地点发生个人入侵行为的可能性不大。

0——在这一地点发生个人入侵行为的可能性几乎没有。

表 8-2　入侵矩阵样例

| 潜在的安全隐患 | 1 | 2 | 3 | 4 | 5 | 6 | 7 | 入侵总分 |
|---|---|---|---|---|---|---|---|---|
| A | 1 | 2 | 3 | — | — | — | — | 6 |
| B | 1 | 2 | 1 | 3 | 1 | 1 | 1 | 10 |
| C | — | — | 3 | 2 | 1 | 1 | — | 7 |
| D | 1 | 1 | 1 | 1 | — | — | — | 4 |
| E | — | — | — | — | 1 | 2 | 3 | 6 |
| F | — | — | 1 | 1 | 1 | 2 | — | 5 |
| G | 3 | 1 | 1 | — | — | — | — | 5 |
| H | — | — | 2 | 2 | 2 | — | — | 6 |
| I | 1 | 1 | 2 | — | — | — | — | 4 |
| J | 3 | 2 | 3 | 1 | 2 | 2 | — | 13 |
| K | — | — | — | — | 1 | 2 | 1 | 4 |
| L | 3 | 2 | 3 | 1 | — | — | — | 9 |
| M | — | — | 1 | — | 2 | 2 | 1 | 6 |
| 入侵地点总分 | 13 | 11 | 21 | 11 | 11 | 12 | 6 | |

第二部分：添加行和列。

在行和列上的可能性分值已经计算出来了。在入侵矩阵示例中，潜在安全隐患"A"在入侵总分栏中分值为 6，安全隐患地点 1 的总分为 13，所有的行和列的总分都要加起来。虽然没有统计这个总分的正确率，但就该任务而言，明确了最有可能的攻击地点就足够了。经验表明，对这些攻击情况的统计极大地促进了系统安全性的改进。

表 8-2 可用来创建入侵矩阵。入侵矩阵明确了潜在的安全隐患、可能发生入侵的地点，以及入侵的可能性。任务 4 将使用该矩阵中的信息来计算最有可能受到入侵的地点。

任务 4：明确高风险入侵点。

入侵矩阵可以明确发生入侵的地点，以及最有可能实施入侵的个人。入侵点依据以下两种假设确定。

最有忌讳实施入侵的个人攻击系统的频率最大。

系统会在最有可能受到入侵的地点受到攻击。

　　这些假设已经在很多计算机犯罪案例中得到证实。能够理解它们很重要，因为这里讨论的攻击方法都只基于一种可能性。

　　任务 4 的目标是选择一个或多个入侵进行调查。在上面的例子中，只选择了一个点，但是在实际测试过程中会选择很多点进行测试。选择这些点的方法就是选择那些入侵总分最高和入侵地点分值最高的点，在很多情况下，测试小组要选择 3～5 个入侵总分最高和入侵地点分值最高的点。遍历了所有的高分值点后，就确定了这些高分值点的交叉点在哪里。

　　在入侵矩阵中测试会看到 3 或 2 的位置是可能的交叉点，地点 3 是最有可能受到入侵的地点。

　　在该任务的最后，测试小组已经明确了最有可能受到入侵的地点，接下来要做的就是对其进行调查和控制，调查的顺序按照分值的大小而定。例如，在入侵矩阵中，遍历出总值为 34(21 加 13)的点是分值最高的交叉点，就可以从这一点着手进行调查和控制。

　　任务 5：执行安全性测试。

　　下面 3 种测试都可以用于对入侵可能性大的地点进行测试。假定入侵可能性大的点会被入侵的可能限制安全测试。对欺诈行为的研究表明，入侵可能性大的地点就是入侵发生最多的地方。对这 3 类测试的详细描述如下。

　　(1) 评价指定地点安全性控制的程度。该测试的目的是对该地点所做的安全性控制进行评价，以确定它是否真的阻止了很多重大的入侵行为。这个过程其实就是对风险数量和控制强度的评价。如果控制的力度大于风险的危害，那么在该点受到入侵的可能就降低了。反之，该点的风险程度最高。

　　(2) 确定指定地点发生入侵的可能性。该测试中，测试人员试图在该点入侵系统。例如，在工资管理系统中，测试人员试图在超时的情况下非法进入到工资系统中，实际就是测试人员破坏安全控制的一种行为。这种类型的测试先要经过管理人员的批准。测试人员必须事先考虑如何保护自己，以免与受到对系统进行攻击的控告。而且，如果测试人员真的通过某种技术造成了入侵系统的行为，那他们的入侵的罪名也该得以澄清。

　　(3) 确定指定地点是否真的发生过入侵行为。该测试要通过实际调查来确定。例如，考虑非法时间这个问题时，工资系统职员是最容易成为系统入侵者的，那么测试人员就要通过调查确定是否所有的行为都只发生在合法时间内。

　　注意，创建入侵矩阵可以由软件测试人员完成。然而，任务 5 中的 3 类测试最好由与软件测试相对应的内部/外部审计人员来完成。但是，测试人员可能希望他们能与内部/外部审计人员合作完成这 3 类测试。软件测试人员可能对此过程会有帮助，也同时可以学习审计人员是如何完成这 3 类测试的。

　　3. 检查过程

　　该测试的检查过程要关注于测试小组使用矩阵的完整性和能力，也就是安全隐患列表和入侵点列表的完整性。分析过程同样具有挑战性。

　　表 8-3 是一些帮助检查入侵矩阵完整性和正确性的问题。"是"回答表明该项目控制较好，"否"回答表明对入侵矩阵完整性和正确性的结论有过疑义。

表 8-3　安全性测试质量控制检查单

表项　输入数据说明
序号　质量控制序号，表明这一步已经正确完成
项目　特别的质量控制项，用来度量这一步完成的效果
回答　在该栏里，测试人员将表明他们是否完成了相应的项目，回答可以是"是"或"否"，如果该项不
　　　适合当前组织的测试过程则选"N/A"
注释　此栏是对每一项回答的说明，一般只需要对回答为"否"的项做出注释。如果该项回答为"否"，
　　　就要研究并决定在考虑完成这一步之前，是否要执行它

| 序号 | 项　目 | 回　答 | | | 注　释 |
|---|---|---|---|---|---|
| | | 是 | 否 | N/A | |
| 1 | 是否成立了 3 人以上的测试小组共同准备和使用入侵矩阵 | | | | |
| 2 | 测试小组成员是否能确定所有重要的潜在入侵者 | | | | |
| 3 | 测试小组成员是否具备调查物理位置或信息系统的知识 | | | | |
| 4 | 测试小组是否能确定所有重要的潜在入侵点 | | | | |
| 5 | 测试小组是否包含了所有确定的入侵者和入侵点 | | | | |
| 6 | 入侵矩阵是否包含了所有确定的入侵者和入侵点 | | | | |
| 7 | 测试小组是否使用恰当的辅助工具(如风险等级)来确定特殊点的入侵等级 | | | | |
| 8 | 是否分析了所有的入侵者和入侵点 | | | | |
| 9 | 每个点的总分是否计算正确 | | | | |
| 10 | 是否确定重大风险点 | | | | |
| 11 | 对于高风险点就是高入侵点的说法是否有疑义 | | | | |

4. 输出

该测试过程就是在入侵矩阵中明确具有高入侵可能的安全隐患。如果任务 5 完成了，这个输出还将包含矩阵中确定的高风险的位置。

# 8.4　总　结

1. 原则

入侵矩阵可以用在如下两种情况中。
(1) 它可以明确哪些人和潜在的安全隐患会导致物理位置和信息系统受到攻击。
(2) 它可以用来评价、创建、改进系统的安全性，以减少系统受到攻击的重大风险。

2. 总结

该测试过程用来帮助软件测试人员确定计算机的安全性，测试过程建立在两个前提上：第一，彻底的安全性测试是不切实际的，实际的安全测试要集中在特殊的攻击点上；第二，软件测试人员要明确潜在的安全漏洞，而由审计人员来完成更实际的测试。

该测试过程描述了如何完成入侵矩阵(表 8-4)，这个矩阵明确了容易受到入侵的位置，有

了这些信息，测试人员就可以：①确定在适当的控制下，入侵发生的可能性；②测试入侵的可能性；③测试是否发生过入侵。

表 8-4　安全性入侵矩阵

| 表项 | 输入数据说明 |
|---|---|
| 安全测试区域 | 该栏可以是单一软件系统、多软件系统、处理能力、例如，家庭办公室交互的代理或代理技术，如 Internet |
| 潜在的安全隐患 | 可能破毁系统安全性的个别人的名字或某类人。所有可能的人和组织都要列出，因为没有哪个组织认为自己对安全性有威胁 |
| 入侵点 | 明确在信息系统或技术中可能会被入侵的地方，一般都是信息传输的接口位置，或对信息进行其他处理的地方 |
| 入侵的可能性 | 在 8.3 节的任务 3 中描述的有可能入侵的交叉点处 |
| 入侵点总分 | 行和列的总分。行代表入侵攻击的可能性，列代表最有可能发生入侵的地点 |

3——在这一地点发生个人入侵行为的可能性很高

2——在这一地点发生个人入侵行为的可能性一般

1——在这一地点发生个人入侵行为的可能性不大

0——在这一地点发生个人入侵行为的可能性几乎没有

| 潜在的安全隐患　＼　入侵点 | 1 | 2 | 3 | 4 | 5 | 6 | 7 | 入侵总分 |
|---|---|---|---|---|---|---|---|---|
|  |  |  |  |  |  |  |  |  |
|  |  |  |  |  |  |  |  |  |
|  |  |  |  |  |  |  |  |  |
|  |  |  |  |  |  |  |  |  |
| 入侵点总分 |  |  |  |  |  |  |  |  |
|  |  |  |  |  |  |  |  |  |
|  |  |  |  |  |  |  |  |  |
|  |  |  |  |  |  |  |  |  |
|  |  |  |  |  |  |  |  |  |
|  |  |  |  |  |  |  |  |  |

# 本 章 小 结

本章先简要介绍了软件安全测试的基本知识，然后讲解了软件安全测试的测试策略，最后通过 5 个任务详细讲解了软件安全测试的具体实施步骤，并通过实例讲解了入侵矩阵的使用以加深学生的理解。

# 知识拓展与练习

通过查找资料，继续学习有关软件安全测试的知识。

# 能力拓展与训练

1. 选择两种常见的攻击模式策略，进行软件安全测试用例的设计。

2. 选择一个常用软件，分析该软件潜在的案例威胁，确定入侵位置，构建该软件的安全性入侵矩阵，并实施安全测试按照表 8-3 制作《安全性测试质量控制检查单》。

第**9**章　嵌入式软件测试的
　　　　设计与实施

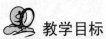 教学目标

　　本章将介绍嵌入式系统及其测试方法的相关知识，包括嵌入式系统的特点及分类。通过本章的学习：

　　(1) 深入了解嵌入式系统的有关概念。

　　(2) 能针对不同类型的嵌入式系统设计不同的测试方案。

　　(3) 掌握不同测试环境下的软件测试步骤并能编写不同的测试用例。

　　(4) 熟练使用多种测试技术对嵌入式软件进行测试。

　　(5) 了解 Logiscope、CodeTest 和 TestManager 等常见测试工具。

 教学要素

| 岗位技能 | 知识点 |
| --- | --- |
| 掌握嵌入式系统的基本概念、特点及其分类 | 嵌入式系统 |
| 能够针对不同类型的嵌入式软件开展测试工作 | 嵌入式软件测试 |
| 能够针对不同类型的嵌入式软件设置测试环境 | 嵌入式软件测试环境 |
| 能够使用状态转换测试、控制流测试等测试技术对嵌入式软件进行测试 | 嵌入式软件测试技术 |
| 能使用 Logiscope、CodeTest 和 TestManager 等常见测试工具对嵌入式软件进行基本测试 | 嵌入式软件测试工具 |

嵌入式系统已经广泛存在于日常生活中，本章将对嵌入式软件测试的设计与实施进行初步学习。

# 9.1　嵌入式系统及测试

在学习嵌入式软件测试之前，首先对嵌入式系统的概念、特点、分类等作一个简要介绍，为后面的学习奠定基础。

1. 嵌入式系统定义

由于目前嵌入式系统已被应用到网络、手持通信设备、国防军事、消费电子和自动化的各个领域，因此嵌入式系统本身是一个相对模糊的概念。根据 IEEE(国际电气和电子工程师协会)的定义，嵌入式系统是"控制、监视或者辅助设备、机器和车间运行的装置"。这主要是从应用上加以定义的，由此也可以看出嵌入式系统是软件和硬件的结合。

目前国内的一个普遍认同的定义是：嵌入式系统是以应用为中心，以计算机技术为基础，软、硬件可裁减的，能满足应用系统对功能、成本、体积、功耗等严格要求的专用计算机系统。

总体上来说嵌入式系统可以分为硬件和软件两个部分，硬件一般由高性能的微处理器和外围的接口电路组成，软件一般由硬件抽象层、操作系统、板级支持包、应用平台和应用程序几部分组成。

2. 嵌入式系统特点

嵌入式系统是一种针对特定任务、特殊环境而进行特殊设计的定制产品，与传统计算机系统相比，它主要有以下几个方面的特征。

1) 嵌入式系统行业是不可垄断的高度分散的行业

从某种意义上来说，通用计算机行业的技术是垄断的，而嵌入式系统行业充满竞争、机遇与创新，没有哪一个系列的处理器和操作系统能够垄断全部市场。即便在体系结构上存在着主流，各不同的应用领域也决定了不可能有少数公司、少数产品垄断整个嵌入式系统行业。

2) 系统精简，内核小

由于嵌入式系统主要应用在一些对成本、资源、占用空间有严格要求的环境，系统资源的需求在满足实际应用的要求下应尽可能少，所以嵌入式系统的内核要比传统的操作系统小得多，例如，ENEA 公司的 OSE 分布系统的内核只有 5KB，而 Windows 系统的内核则大得多。

3) 专用性强

嵌入式系统通常是面向特定应用的，具有极强的专用性，所以就要求其中的软、硬件结合非常紧密。即使是同一品牌、同一系列的产品也需要根据系统应用的变化而对软、硬件进行裁减，往往是一种量体裁衣的应用。

4) 软硬件结合紧密

在嵌入式系统中，软硬件的结合尤为紧密。通常要针对不同的硬件平台进行系统的移植，即使是同一品牌、同一系列的产品也需要根据系统硬件的变化不断进行修改。同时，针对不同的任务，往往需要对系统进行较大的更改，程序的编译下载要和系统相结合，这种修改和通用软件的"升级"是完全不同的概念。在编写应用软件的过程中要考虑硬件资源的管理和使用，这一点尤为重要，它决定着软件的质量和效率。

5) 开发需专门的环境和开发工具

嵌入式系统的开发与传统的 PC 上的开发存在较大的差别。嵌入式系统本身不具备自主开发能力，系统设计开发完成后，用户通常也不能对其中的程序功能进行修改。开发过程主要是由通用计算机上的硬件设备模拟开发，并通过调试工具仿真调试，最终在目标设备上运行。用于程序开发的通用计算机称为主机(也称为宿主机)，程序最终执行的目标设备称为目标机。

6) 软件要求固态化存储

为了提高执行速度和系统可靠性，嵌入式系统中的软件一般都固化在存储器芯片或处理器的内部存储器中，而不是存储于磁盘等载体中。

7) 实时性要求较高

多数嵌入式系统的应用对响应时间都有明确限制，否则极有可能产生灾难性的损失或引起系统崩溃。例如，对于激光制导武器中的目标锁定系统，延迟 0.001 秒就有可能失去一次进攻的机会，甚至被对方摧毁。

**3. 嵌入式系统分类**

由于嵌入式系统的用途广泛、种类繁多，而且人们对嵌入式系统的理解也各不相同，所以其分类方法也有多种。

(1) 根据嵌入方式，分为整机嵌入、部件式嵌入和芯片式嵌入。

① 整机嵌入：将一个带有专用接口的计算机系统嵌入到一个系统中，使其成为这个系统的核心部分。这种计算机的功能完整性比较强，用来完成系统中的关键工作，而且有完善的人机界面和外部设备。

② 部件式嵌入：将计算机系统以部件的方式嵌入到设备中，用于实现某一处的功能。这种方式使计算机与其他硬件耦合得更加紧密，功能专一。

③ 芯片式嵌入：将一个具有完整计算功能的芯片嵌入到设备中。这种芯片具有存储器和完整的输入/输出接口，能实现专门的功能。显示控制器和微波炉采用的就是这种方式。

(2) 根据嵌入式软件类型，分为单线程程序方式嵌入和事件驱动程序方式嵌入。

① 单线程程序方式嵌入：这种方式没有主控程序，其优点是程序简单、执行效率高，缺点是一旦出现故障，系统无法自动控制和恢复，安全性差。

② 事件驱动程序方式嵌入：包括中断驱动系统和多任务系统两种方式，往往有嵌入操作系统的参与。

(3) 根据实时性，分为严格实时性系统和非实时性系统。

① 严格实时性系统(Firm Real-Time)：系统对系统响应时间有严格的要求，如果系统响应时间不能满足，就会导致无法接受的低质量服务。

② 非实时性系统(Non Real-Time)：系统对系统响应时间没有实时要求。

嵌入式系统不一定是实时系统,但实时系统一定是嵌入式系统。IEEE 定义实时系统为 "那些正确性不仅取决于计算的逻辑结果,也取决于产生结果所花费的时间的系统"。实时嵌入式系统必须在一个可预测、可保证的时间段对外部时间做出反应,如果没有达到这一要求,那么系统就会做出错误的操作。

(4) 根据嵌入式系统的复杂程度,分为单微处理器嵌入式系统、组件嵌入式系统和分布式嵌入式系统。

① 单微处理器嵌入式系统是在应用系统中嵌入一个带有微处理器的计算机系统对应用系统进行控制,这种嵌入式计算机系统与应用结合密切。

② 组件嵌入式系统是一个相对独立的嵌入式系统,作为一个组件嵌入到应用系统中,如电源。

③ 分布式嵌入式系统是由多个分立的嵌入式系统通过组网协同工作的一种模式。

4. 嵌入式软件测试

嵌入式系统自身的特点,如实时性强、内存受限、必须使用专用开发工具、CPU 种类繁多等,决定了不同的嵌入式系统必须有不同的测试方法,但还是可以找到相似的解决方法。嵌入式软件测试阶段包含 4 项测试任务。

1) 软件集成测试

嵌入式软件的集成测试分两种集成方式:一种是在宿主机上集成测试,另一种是在目标机上集成测试。它所包含的任务如下。

执行软件集成测试计划。

编写软件集成测试分析报告。

完成软件使用说明的编写。

2) 软件配置项测试

软件配置项测试所包含的任务如下。

测试整个程序。

适用软件使用说明。

编写配置项测试分析报告。

3) 系统测试

嵌入式软件的系统测试需要在相应的目标机平台上进行,它所包含的任务如下。

按系统测试要求开展测试工作。

编写系统测试结果分析报告。

4) 验收和交付测试

验收和交付测试的所有任务都是交给用户去做,它所包含的任务如下。

验收测试与审核(可利用已有测试与审核结果)。

验收评审。

进行软件产品移交。

表 9-1 描述了测试阶段的过程控制。

表 9-1　测试阶段的过程控制

| 研制阶段 | | 本阶段的进入条件 | 主要工作 | 管理任务 | 完成标志 | 阶段产品 | 主要控制手段 |
|---|---|---|---|---|---|---|---|
| 测试阶段 | 软件集成测试 | (1) 已集成的软件单元通过了单元测试<br>(2) 已具备集成测试环境和工具 | (1) 执行软件集成测试计划<br>(2) 编写软件集成测试分析报告<br>(3) 完成软件使用说明的编写 | (1) 加强测试<br>(2) 分析风险<br>(3) 组织评审<br>(4) 确定可否供系统测试 | (1) 通过软件集成测试审评<br>(2) 阶段产品纳入受控库 | (1) 可运行的程序及数据<br>(2) 软件集成测试计划<br>(3) 软件集成测试分析报告<br>(4) 软件使用说明 | (1) 评审<br>(2) 规范<br>(3) 测试技术工具<br>(4) 配置管理 |
| | 软件配置项测试 | (1) 已完成了软件集成测试和评审<br>(2) 已具备 CSCI 测试环境 | (1) 测试整个程序<br>(2) 使用软件使用说明<br>(3) 编写配置项测试分析报告 | (5) 进行配置管理<br>(6) 实施计划管理 | (1) 通过 CSCI 测试评审<br>(2) 阶段产品纳入受控库 | (1) 配置项测试计划<br>(2) 配置项测试分析报告 | |
| | 系统测试 | (1) 已通过 CSCI 测试或集成测试<br>(2) 已具备系统测试环境 | (1) 按系统测试要求开展测试工作<br>(2) 编写系统测试结果分析报告 | (1) 分析并报告问题<br>(2) 组织问题追踪<br>(3) 进行配置管理<br>(4) 组织评审 | (1) 通过系统测试正式评审<br>(2) 阶段产品纳入受控库 | (1) 系统测试分析报告<br>(2) 软件问题报告单和修改报告单 | (1) 评审<br>(2) 规范<br>(3) 配置管理 |
| | 验收和交付测试 | (1) 达到任务书规定的验收条件<br>(2) 完成任务书中规定的各类文档和测试 | (1) 验收测试与审核(可利用已有测试与审核结果)<br>(2) 验收评审<br>(3) 进行软件产品移交 | (1) 组织验收<br>(2) 组织记录并报告问题<br>(3) 问题归零 | (1) 软件产品纳入产品库<br>(2) 软件产品向交办方移交 | (1) 产品移交文件<br>(2) 软件验收报告 | (1) 评审和审计<br>(2) 测试技术工具 |

# 9.2　嵌入式软件测试

所有的测试，不论是嵌入式软件测试还是普通的软件测试，它们的中心任务都是验证和确认其设计实现是否符合需求要求，在验证过程中发现系统的缺陷。对于每个测试过程，从系统的调试和接受性方面来说，发现缺陷是关键的部分。尽管所有的人都承认预防缺陷总比发现和改正它们要好，但现实是我们还无法生产出无缺陷的系统。在系统开发过程中，测试是一个基本要素，它有助于提高系统的品质。

1. 嵌入式软件测试的特点

嵌入式软件测试作为一种特殊的软件测试，它的目的和原则与普通的软件测试是相同的，同样是作为验证或达到可靠性要求而对软件进行测试。但是和一般的应用软件的可靠测试相比，嵌入式软件有自身的特点。

(1) 嵌入式软件是在特定的硬件环境下才能运行的软件。因此，嵌入式软件测试最重要的目的就是保证嵌入式软件能在此特定环境下更可靠地运行。

(2) 嵌入式软件测试除了要保证嵌入式软件在特定硬件环境中运行的高可靠性，还要保证嵌入式软件的实时性。如在工业控制中，如果某些特定环境下的嵌入式软件不具备实时响应的能力，就可能造成巨大的损失。

(3) 嵌入式软件产品为了满足高可靠性的要求，不允许内存在运行时有泄漏等情况发生，因此嵌入式软件测试除了对软件进行性能测试、GUI 测试、覆盖分析测试是与普通软件测试一样都不可或缺之外，还需要对内存进行测试。

(4) 嵌入式产品不同于一般的软件产品，在嵌入式软件和硬件集成测试完成之后，并不代表测试全部完成，在第一件嵌入式产品生产出来之后，还需要对其进行产品测试。嵌入式软件测试的最终目的是使嵌入式产品能够在满足所有功能的同时安全可靠地运行。

因此，嵌入式软件测试除了要遵循普通软件测试的原则之外，还应该遵循以下几个原则。

(1) 嵌入式软件测试对软件在硬件平台的测试必不可少的。

(2) 嵌入式软件测试需要在特定环境下对嵌入式软件进行测试，例如，对某些软件在工业强磁场的干扰下测试，这也是为保证嵌入式软件可靠性所必须进行的测试。

(3) 必要的可靠性负载测试，例如，测试某些嵌入式系统能否连续 1 000 个小时不断电工作。

(4) 除了要对嵌入式软件系统的功能进行测试之外，还需要对实时性进行测试。在判断系统是否失效方面，除了看它的输出结果是否正确外，还应考虑其是否在规定的时间内输出了结果。

(5) 在对嵌入式软件进行测试时，需要在特定硬件平台上进行性能测试、内存测试、GUI测试、覆盖分析测试。这些测试可以利用相应的工具进行。

(6) 对嵌入式软件产品进行测试时，需要对生产出来的第一件产品进行产品测试。

总之，嵌入式软件测试的目的和原则既与普通软件测试的目的和原则有相似之处，又在一定程度上高于普通软件测试的目的和原则。

2. 嵌入式软件统一测试模型

嵌入式软件测试是保证嵌入式软件质量、可靠性的过程。嵌入式软件测试是嵌入式软件开发的重要环节，也是嵌入式软件从开发到应用的关键一环。图 9.1 给出了嵌入式软件的统一测试模型。

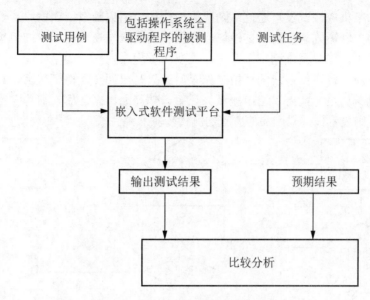

图 9.1　嵌入式软件的统一测试模型

3．嵌入式软件目标机环境测试和宿主机环境测试

嵌入式软件测试与普通软件测试不同的是嵌入式软件测试的测试方法。嵌入式软件测试分为目标机环境测试和宿主机环境测试两种。

在嵌入式软件测试中，常常要在基于目标机环境测试和基于宿主机环境测试之间做出折中。基于目标机环境测试要消耗较多的经费和时间，而基于宿主机环境测试代价较小，但毕竟是在模拟环境中进行的。目前的趋势是把更多的测试转移到宿主机环境中进行，但是，它不可能完全模拟目标机环境的复杂性和独特性。

在两个环境中可以出现不同的软件缺陷，重要的是对目标机环境的测试内容有所选择。在宿主机环境中，可以进行逻辑或界面的测试，以及和硬件无关的测试，测试消耗的时间通常较少，用调试工具可以更快地完成调试和测试任务。而与定时问题有关的白盒测试、中断测试、硬件接口测试只能在目标机环境中进行。在软件测试周期中，基于目标机的测试是在较晚的"硬件/软件测试集成测试"阶段开始的，如果不更早地在模拟环境中进行白盒测试，而是等到"硬件/软件测试集成测试"阶段进行全部白盒测试，将耗费更多的财力和人力。

4．嵌入式软件的测试步骤概述

根据嵌入式软件系统的开发流程，为了最经济地实现系统的功能，采用自顶向下、层层推进的方法对嵌入式系统进行测试，于是提出了如图 9.2 所示的基于模块化设计的嵌入式软件测试流程。这样，当某个测试阶段以前的测试完成后，若再发现错误，则可断定错误是在该测试阶段发生的，只需在该测试阶段内查找错误即可。这并不是一个绝对准确的方法，但最大限度地节省了定位错误的时间。

嵌入式软件测试的总体步骤如下：首先进行操作系统移植并编写系统底层驱动，然后进行系统平台测试，其中包括硬件电路测试、操作系统及底层驱动程序的测试等。如果测试不通过，需要进行操作系统移植和编写系统底层驱动；如果此测试通过，可以进入以下流程——用模块化的方法编写应用代码，随后再对软件模块进行测试。如果测试没有通过，则要对此代码模块进行修改，然后对软件模块进行测试；如果所有的模块都通过测试，需要进行集成测试。如果集成测试没有通过，则要对模块接口函数确定错误模块，然后修改错误模块代码，再利用关联矩阵确定需测试模块，并重新回到软件模块测试；如果集成测试通过，则要进行系统测试。如果系统测试未通过，需要修改程序代码，如果问题出现在操作系统的移植上，需要重新进行操作系统的移植；如果问题只是出现在软件模块上，只需修改软件模块。如果系统测试通过，就可以退出测试。在第一件产品出来之后，需要对产品进行测试，如果测试通过，则表示嵌入式产品的所有的测试步骤已经完成。

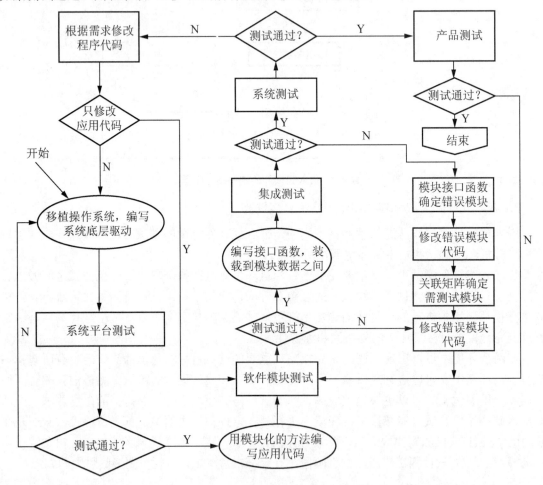

图 9.2 嵌入式软件测试的详细流程

1）系统平台测试

系统平台测试包括硬件电路测试、操作系统及底层驱动程序的测试等。硬件电路的测试需要用专门的测试工具完成，这里不再赘述。操作系统和底层驱动程序的测试包括测试操作系统的任务调度、实时性能、通信端口的数据传输率。该阶段测试完成后，系统应可以成为一个完整的嵌入式系统平台，用户只需添加应用程序即可完成特定的任务。

2）单元模块测试

通常，大型的嵌入式软件系统会被划分为若干个相对较小的单元任务模块，由不同的程序员分别同时对其进行编码。编码完成后，在把各个模块集成起来之前，必须对单个模块进行测试。由于没有其他数据模块会对其进行数据传递，因此该阶段测试一般是在宿主机上进行的(宿主机有丰富的资源和方便的调试环境)。此阶段主要进行白盒测试,尽可能测试到每一个函数、每一个条件分支、每一个程序语句,提高代码测试的覆盖率。由于只有每个单元模块都正确才有必要进行整体集成,因此,每个单元模块的测试要充分、完整。在构造单元模块测试的测试用例时,不但要测试系统正常的运行情况,还要进行边界测试。边界测试就是进行某一数据变量的最大值和最小值的测试,同时进行越界测试,即输入不该输入的数据变量测试系统的运行情况。

3) 集成测试

软件模块测试通过之后,应将所有模块集成起来进行测试。集成测试阶段的主要任务是找出各模块之间数据传递错误和系统组成后的逻辑结构的错误。在宿主机上采用黑盒与白盒相结合的方法进行测试,要最大限度地模拟实际运行环境,可以屏蔽掉一些不影响系统执行和数据传递的难以模拟的函数。集成测试前,应该由程序员根据模块之间的数据输入输出编写模块接口函数,这项工作由负责不同软件模块的程序员共同协调完成,然后将单元模块接口函数集成到接收数据模块的入口处。由前面的分析可知,对单链路数据传递的软件模块进行集成测试时容易定位错误所在的软件模块。但一个软件模块的数据不一定由一个模块提供,即软件模块的数据链路不一定是单链路的,测试时可以把负责链路结构的数据传递划分为单链路结构的数据传递以进行错误定位。修改输出数据的软件模块时,可能导致输入数据的软件模块引入新的错误,因此在这里要引入关联矩阵以便确认修改某一模块后需要重点测试的模块。

可见,集成测试是在拥有程序设计文档、程序结构和数据结构时,发现软件单元模块集成过程中所出现的错误而进行的测试。集成测试时,通过模块接口函数来定位错误,修复错误代码,根据关联矩阵确定需重点测试的软件单元模块。

4) 系统测试

集成测试完成后,退出宿主机测试环境,把系统移植到目标机上,以将其应用到现场环境中。此时,应从用户的角度对系统进行黑盒测试,验证每一项具体的功能。由于测试者对程序内容、程序的执行情况一无所知,因此本测试阶段的错误定位比较困难。在系统测试阶段应该进行意外测试和破坏性测试,即测试系统正常执行情况下不该发生的激发活动和人为的破坏性测试,从而验证系统性能。在系统测试阶段,不应该在确定错误后立即修改代码,而是应根据错误发生频率,确定测试周期,在每个测试周期结束时修改代码,进行反复测试;否则不但增加了完全测试的任务量,而且降低了测试的可信度。

5) 确认测试

确认测试是嵌入式软件测试的最后一个活动,它的主要任务是将嵌入式软件交给委托人使用,通过这种方式来验证软件的功能、性能及其他特性是否与用户的要求一致。嵌入式软件确认测试包括有效性测试、软件配置检查、验收测试、α 测试和 β 测试。

5. 嵌入式软件测试和普通软件测试的区别

嵌入式软件与普通软件相比,有其自身的一些特点。

(1) 开发与运行环境分开。嵌入式软件最终的运行平台是在目标机上,但是由于目标机中的环境有种种限制,因此,嵌入式软件的开发不能在目标机上进行,而是在目标机之外的PC上进行,即宿主机。在宿主机上完成软件开发之后,再将软件程序移植到目标机上运行。

(2) 开发平台复杂多样。因为嵌入式系统的一个突出的特点是其专用性,即一个嵌入式系统只进行特定的一项或几项工作，嵌入式软件运行的硬件平台都视为进行这些工作而开发出来的专用硬件电路，它们的体系结构、硬件电路，甚至所用到的元器件都是不一样的，所以嵌入式软件运行的平台(通常称为开发平台)也是复杂多样的。

(3) 硬件资源、时间有严格限制。由于嵌入式系统的专用性，嵌入式软件运行的硬件平台上的硬件资源是相当有限的。另外，由于嵌入式系统的实时性，决定了嵌入式系统的运行时间也是受严格限制的。

(4) 缺乏可视化编程模式。由于嵌入式软件最终要在目标机平台上运行，而其开发只能在宿主机上进行，编程的结果只能在代码完成并通过相应的调试和编译后下载到目标机平台上才能看到，无法实现可视化编程。

(5) 不同的嵌入式软件在不同环境下的可靠性、安全性的要求是不同的。一些嵌入式系统，如工厂车间的某些车床控制系统，它们要在电磁很强的恶劣的环境下可靠地工作，而且要保证操作人员的安全。但是对于手机软件来说，它的可靠性和安全性就不如工厂车间的车床控制系统要求的高。

从嵌入式软件与普通软件在开发过程中的区别中可以得到嵌入式软件与普通软件在测试方面的区别。

(1) 为嵌入式软件开发和运行环境是分开的，因此，各个阶段测试的平台是不一样的。

① 单元测试阶段：所有单元级测试都可以在宿主机环境下进行，只有个别情况下会特别指定单元测试直接在目标机环境下进行。应该最大化在宿主机环境进行软件测试的比例，通过尽可能小的目标单元访问其指定的目标单元界面，提高单元测试的有效性和针对性。

在宿主机平台上运行测试的速度比在目标机平台上快得多，当在宿主机平台上完成测试后，可以在目标机环境下重复做一次简单的确认测试，确认测试结果在宿主机和目标机上没有不同。在目标机环境下进行确认测试将确定一些未知的、未预料到的、未说明的宿主机与目标机的不同之处。例如，目标机编译器可能有缺陷，但在宿主机编译器上没有。

② 集成测试阶段：软件集成也可在宿主机环境下完成，在宿主机平台上模拟目标环境运行，在此级别上的确认测试可确定一些与环境有关的问题，如内存定位和分配方面的一些错误。

在宿主机环境上的集成测试的使用，依赖于目标系统的具体功能。有些嵌入式系统与目标机环境耦合得非常紧密，这种情况下就不适合在宿主机环境下进行集成。对于一个大型软件的开发而言，集成可以分几个级别。低级别的软件集成在宿主机平台上完成有很大的优势，级别越高，集成越依赖于目标机环境。

③ 系统测试和确认测试阶段：所有的系统测试和确认测试必须在目标机环境下执行。

当然在宿主机上开发和执行系统测试，然后移植到目标机环境重复执行是很方便的。对目标系统的依赖性会妨碍将宿主机上的系统测试移植到目标系统上，况且只有少数开发者会卷入系统测试，所以有时放弃在宿主机上执行系统测试可能更方便。

确认测试最终必须在目标机环境中进行，因为系统的确认必须在真实系统下完成，而不能在宿主机环境下模拟，这关系到嵌入式软件的最终使用。

(2) 开发平台的复杂多样使得嵌入式软件的测试从测试环境的建立到测试用例的编写也是复杂多样的。与不同的开发平台对应的嵌入式软件肯定是不相同的；与相同的开发平台对应的嵌入式软件也可能是不相同的。嵌入式软件测试在一定程度上并不只是对嵌入式软件的测试，很多情况下是对嵌入式软件在开发平台中与硬件的兼容性的测试。因此，对于任何一套嵌入式软件系统，都需要有自己的测试、创建自己的测试环境、编写自己的测试用例。

(3) 由于嵌入式软件在开发时受目标机的硬件资源的限制，因此嵌入式软件在测试时应当充分考虑对软件的性能测试，并且充分利用性能测试的数据进一步优化软件。另一方面，嵌入式软件在测试时应该充分考虑系统实时响应的问题，很多嵌入式系统会要求系统的响应时间应在多少毫秒之内。在测试有严格响应时间要求的嵌入式系统时需要进行负载测试。

(4) 最终的测试需要在目标机平台上进行，在对目标机进行测试时，需要对在宿主机上编译通过的代码进行插桩处理(插桩的代码需要根据测试用例编写)。插桩完成之后，需要重新对代码进行编译，如果编译通过，就可以将编译好的代码下载到目标机上执行。在目标机执行程序的时候，需要将插桩时预设好的数据返回到宿主机上，因此，宿主机和目标机上要有能够相互传递数据的网线或者串口线，宿主机上同时要有能够处理返回的数据的处理程序或软件。

(5) 因为嵌入式软件对系统的可靠性和安全性要求比一般的软件系统高，所以还需要进行系统的可靠性测试。对于不同的嵌入式系统，需要制定相应的符合系统需求的可靠性级别(在软件开发的需求分析阶段完成)，在进行可靠性测试时应该考虑系统的可靠性级别。

### 6. 嵌入式软件测试策略总结

使用有效的嵌入式软件测试策略不仅能够快速、准确地完成嵌入式软件测试这种相对复杂的工作，而且能够极大地提高嵌入式软件的测试水平和效率。当然，要达到这些目的，仅有好的测试策略是远远不够的，很大程度上还要有嵌入式软件测试工具。

综上所述，结合嵌入式软件测试工具的应用，嵌入式软件的测试策略(也可以说是交叉测试的测试策略)有如下几点。

(1) 使用测试工具的插桩功能(主机环境)执行静态测试分析，并且为动态覆盖测试准备好已插桩好的软件代码。

(2) 使用源码在宿主机环境执行功能测试，修正软件的错误和测试脚本中的错误。

(3) 使用插桩后的软件代码执行覆盖率测试，添加测试用例或修正软件错误，保证达到所要求的覆盖率目标。

(4) 目标机环境下重复步骤 2，确保软件在目标机环境汇总执行的正确性。

(5) 若测试需要达到最大的完整性，最好在目标机系统上重复步骤 3，确定软件的覆盖率没有改变。

通常在宿主机环境执行多数的测试，只是在最终确定测试结果和进行系统测试时才移植到目标机中，这样可以避免发生访问目标系统资源上的瓶颈，也可以减少使用昂贵资源(如在线仿真器)的费用。另外，若目标系统的硬件由于某种原因不能使用时，最后的确认测试可以推迟到目标硬件可用为止，这为嵌入式软件的开发测试提供了多种测试方法。完成软件的移植性是成功进行嵌入式软件测试的先决条件，它通常可以提高软件的质量，并且对软件的维护大有益处。

## 9.3　嵌入式软件测试环境

大多数嵌入式软件需要实时运行，运行时很难监控，同时还需要特定的外部设备，运行过程中软件、硬件、外部设备常常是频繁交互的，这些特点决定了嵌入式软件测试是一类最难的测试。本节将具体介绍嵌入式软件测试环境。

### 9.3.1  嵌入式软件测试环境综述

在嵌入式软件测试过程中,对外部设备通常用仿真技术。所谓仿真,就是用特定的软件或硬件模拟设备的功能达到简化测试环境的目的。仿真分为硬件仿真和软件仿真。在嵌入式软件的测试过程中,硬件仿真是开发外部设备的替代硬件和软件,所开发的硬件设备对软件的交互在功能上和目标设备上完全相同,在性能上也非常接近。硬件仿真比较逼真地模拟出了嵌入式软件的运行环境,因此被大量地用在嵌入式软件的测试过程中,但由于要开发硬件,所以费用较高、周期较长。软件仿真是开发相应的软件替代外设,所开发的替代软件对软件的交互在功能上和目标硬件完全相同,但在性能上差异较大。

1. 嵌入式软件仿真测试环境

根据运行环境和实际环境的差异,嵌入式软件仿真测试可分为全实物仿真测试环境、半实物仿真测试环境和全数字仿真测试环境。

1) 全实物仿真测试环境

在全实物仿真测试环境中,被测软件处在完全真实的运行环境中,直接将整个系统(包括硬件平台和嵌入式软件)和其交联的物理设备建立真实的连接,形成闭环进行测试。全实物仿真测试侧重于对被测系统与其他设备的接口进行测试。全实物仿真对测试环境的要求相对较低,只需要它能够模拟飞行数据,同时便于观察和记录测试中各个设备之间的通信数据即可。

2) 半实物仿真测试环境

半实物仿真测试环境是利用仿真模型来仿真被测系统的交联系统,而被测系统采用真实系统。所有与被测系统有输入、输出关系的设备以及它们之间的 I/O 接口所构成的硬件与软件的总和称为被测系统的交联环境。测试环境需要对被测软件进行自动的、实时的、非侵入性的闭环测试,要求能够逼真地模拟被测软件运行所需的真实物理环境的输入和输出,并且能够组织被测软件的输入来驱动被测软件运行,同时接收被测软件的输出结果。

3) 全数字仿真测试环境

全数字仿真测试环境是指仿真嵌入式系统硬件及外围环境的一套软件系统。全数字仿真环境是通过 CPU、控制芯片、I/O、中断、时钟等仿真器的组合在宿主机上构造嵌入式软件运行所必需的硬件环境,为嵌入式软件的运行提供一个精确的数字化硬件环境模型。全数字仿真测试是 3 类测试中对测试环境要求最为复杂的一种。典型的全数字仿真测试环境如图 9.3 所示。

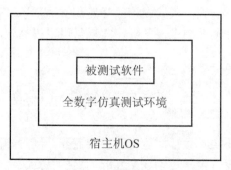

图 9.3  典型的全数字仿真测试环境

由于很多嵌入式系统造价高且使用寿命短，所以全实物测试的代价很大，而全数字仿真环境或半实物仿真环境正好弥补了这个缺点。

### 2. 嵌入式软件测试环境的体系结构

目前，嵌入式软件测试环境的体系结构主要有两种：一种基于网络，一种基于单机。无论是哪一种，都必须模拟出嵌入式软件运行环境的基本特性。

基于网络的仿真测试环境通常由主机、激励/仿真和嵌入式系统 3 部分组成。此外，测试环境中还包括网络操作系统、通信软件、通信协议等。一般在对实时性要求较高时采用这种结构。

在基于单机的仿真测试环境中，一般是将基于网络的仿真测试环境中的主机和激励/仿真合为一台机器，通过串口与嵌入式系统相连。

### 3. 交叉测试方式

自从高级语言出现以后，软件的开发便出现了 host-target(宿主机-目标机)开发方式，这种开发方式被广泛地应用于嵌入式软件的开发过程中。host-target 开发方式是指软件的开发在一台机器(通常是 PC)上进行。而软件的运行却在另一台机器(通常是 PC 或者另一个硬件)上进行。运行开发环境的机器称为宿主机(host)，而运行开发之后的软件的机器称为目标机(target)。

在 host-target 开发方式下，涉及很多对嵌入式软件的测试步骤，这些测试步骤在宿主机和目标机中都要进行，这种开发方式下的测试方式称为 host-target 测试方式或者交叉测试(cross-testing)方式。

### 4. 插桩技术

插桩技术是动态测试中一种基本的测试手段，主要借助向源程序中添加一些语句(也称探测器)，通过对程序语句的执行、变量的变化等情况进行检查，实现测试目的。

对程序进行动态测试时，一般要使用程序插桩进行覆盖测试。插桩可以通过插桩点捕获程序当前的状态，插桩点是需要测试结果返回的测试点。

在使用插桩技术进行测试前，应该充分明确以下问题。

(1) 要探测哪些信息？

(2) 在程序的什么位置设置插桩点？

(3) 需要设计多少个插桩点？

插桩时需要在被测试的源程序中植入插桩语句，即函数的声明。而插桩语句的原型在插桩函数库中定义，在目标文件连接成可执行文件时，必须连入插桩函数库。探针函数是否被触发取决于插桩选择记录文件，要求不同的覆盖测试激活不同的插桩函数。

插桩的典型实现方式如图 9.4 所示。

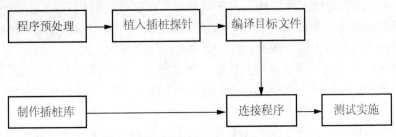

图 9.4　插桩的典型实现方式

实施插桩的步骤如下。

(1) 将被测程序经过预处理展开为不包含宏、条件编译和头文件的文件格式，如果测试的源代码是汇编的，还要将短跳转改成长跳转。

(2) 按照一定的插桩策略将探针函数加载到预处理后的文件中。方法是：将程序划分成"块"，探针主要插在其"路口"的位置。

在汇编中，主要考虑以下4种位置。

① 程序的开始(START)。

② 转移指令之前(JMP condition LABEL)。

③ 标号之前(LABEL)。

④ 程序的出口(END)。

(3) 制作插桩库，主要是生成插桩库中的探针函数。

(4) 将编译生成的目标文件与制作插桩库时生成的库文件连接起来，生成带有插桩信息的可执行程序。

(5) 运行程序，通过插桩点获取信息。

探针可以分为多种类型，如分支覆盖探针、变量跟踪探针和时间探针。

① 分支覆盖探针是对条件表达式的值进行跟踪的探针。

② 变量跟踪探针要在变量声明后的某处植入，以实现变量跟踪。

③ 时间探针要在指明时间跟踪的地方植入，以截获系统时间。

## 9.3.2　嵌入式软件测试环境的建立

在嵌入式软件测试环境建立之前，必须先做以下准备。

(1) 弄清楚所需要测试的嵌入式软件系统是基于带操作系统嵌入式软件运行环境还是基于不带操作系统嵌入式软件运行环境，也就是说确定所需要测试的嵌入式软件系统是运行在嵌入式操作系统上还是不需要运行在嵌入式操作系统上。

如果所需要测试的嵌入式软件系统是基于带操作系统嵌入式软件运行环境的，则在建立嵌入式环境时，不论是用软仿真还是用硬仿真的方式，待测系统所需要的改动都相当小。

如果所需要测试的嵌入式软件系统是基于不带操作系统嵌入式软件运行环境的，则在建立嵌入式环境时，如果用硬仿真的方式，待测系统几乎不需要改动，但是如果用软仿真的方式，待测系统则需要进行部分改动，改动的多少取决于 PC 和嵌入式软件运行的硬件环境的硬件差别。

(2) 确定所要建立的嵌入式软件测试环境是要进行什么阶段的测试，可以根据各个阶段选择相应的测试环境。

(3) 确定所要建立的嵌入式软件测试环境是基于什么体系结构的。如果选择仿真环境方式，则需要确定是基于网络的仿真测试环境的结构还是基于单机的仿真测试环境的结构；如果只是直接在嵌入式平台上进行测试，就不需要考虑这个问题。

基于网络的仿真测试环境是用网线将嵌入式系统与主机相连，它们之间的信息交互方式是通过通信协议和通信软件来进行的；而基于单机的仿真测试环境是通过串口将嵌入式系统与主机相连，它们之间是通过串口协议来进行通信的。

所需要测试的嵌入式软件系统基于不带操作系统嵌入式软件运行环境的情况比较复杂，下面将着重介绍这种情况的嵌入式软件测试环境的建立。它可以分为以下3个步骤。

(1) 软件指令仿真。嵌入式软件同外围设备的交互一般是通过软件 I/O 实现的。在将软件代码与硬件环境剥离的过程中，必须对这些 I/O 操作进行替换。由于 I/O 操作在功能上和 Memory 操作是等价的，因此在软件 I/O 操作转变为软件 Memory 操作后，转变前后的软件功能上是等价的。

(2) 软件进行移植。在对软件 I/O 指令处理后，软件还是不能直接在某种操作系统之上运行。因为具体的操作系统对可执行模块有特定的要求，而直接运行于硬件之上的嵌入式软件显然不符合这种要求。例如，在一个操作系统中，系统并不允许一个软件直接获取 CPU 指令指针，而大多数不带操作系统的嵌入式软件是可以随便取得 CPU 指令指针的，因此需要在操作系统与被测模块之间加入驱动模块，驱动模块的任务就是完成被测软件和操作系统之间的沟通，这样做的目的是使被测软件符合操作系统的规范。

在程序中插入驱动模块后，对程序进行重新编译，使它符合操作系统的规范，就可以达到软件移植的目的。

(3) 对软件进行插桩处理。这也是建立嵌入式软件测试环境的最后一个步骤。插桩后的软件如图 9.5 所示。

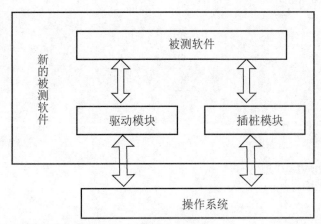

图 9.5　插桩后的软件

被测软件、插桩模块、驱动模块和操作系统及 PC 组成了整个测试环境。

### 9.3.3　嵌入式软件测试环境建立实例

下面以设计一台遥控摄像头的控制软件为例，具体介绍嵌入式软件的测试环境是如何建立起来的。

首先，必须清楚这台遥控摄像头是不带操作系统的，因此软件的设计是直接基于硬件的，在进行测试时，测试环境的建立相对来说比较复杂。

其次，需要明白要进行什么阶段测试。这里要进行的是原型阶段的软件集成测试，利用仿真的方法通过纯软件仿真的方式建立测试环境。

最后，考虑到遥控摄像头的控制及通信软件在实际系统中运行于 Intel 8086 之上，而 8086 的指令系统是目前 PC 所使用的 CPU 的子集，所以结合现有环境和现有技术，在这次软件测试过程中，对嵌入式软件进行变异，插入驱动和操作模块后移植到 DOS 环境，再配置相应的测试用例，组建成基于 DOS 的测试环境。

具体操作按照以下三步进行。

1. 软件指令仿真

这一步的主要工作是对相关的 I/O 操作进行替换。在 8086 系列 CPU 指令集中，I/O 指令有两个 IN 和 OUT，对这两个指令，都定义相应的宏来代替其操作，同时在内存中组织变量代替 I/O 操作中的寄存器变量。

软件 I/O 指令主要有以下几类。

```
IN REGISTER,BYTE
IN REGISTER,WORD
OUT BYTE,REGISTER
OUT REGISTER,WORD
```

构造如下的宏指令仿真上述指令的功能。

```
inb macro reg.port
 mov di.counti
mov al,byte ptr inbuf[di]
inc di
mov counti,di
endm

inw macro reg,port
mov di,counti
mov ah,byte ptr inbuf[di]
Inc di
mov al,byte ptr inbuf[di]
inc di
mov counti,di
endm

Outb macro reg,port
mov di,counto
mov byte ptr outbuf[di],al
Inc di
mov counto,di
endm

Outw macro reg,port
mov di,counto
mov word ptr outbuf[di],ax
Inc di
mov counto,di
endm
```

将软件中的 I/O 指令用上述宏指令代替，代替后的软件与原软件在功能上是等价的，但在性能上有差别。由于这次测试主要是功能测试，所以仿真成立。

2．软件打点

为了便于测试完成后分析软件的执行路径，必须在软件中加入特定的输出语句。这样才能在分析软件输出数据时进行对比，得到软件的实际运行情况。在遥控摄像头的控制及通信软件中增加如下语句：

MOV DADIAN,PATH[NO]

将软件中的上述插入点写入软件的输出结果中，测试结束后分析数据时就可以根据路径编号分析软件的执行路径。

3．软件移植

由于遥控摄像头的控制及通信软件在实际环境中的执行方式是直接操作底层硬件，而 DOS 系统中的软件是和操作系统交互的，因此，为了进行测试，必须对软件进行移植，使软件能运行在 DOS 系统中。

在基于 8086 组建的嵌入式系统中，一般软件安排在特定的存储地址中，系统启动时，CPU 指令指针首先指向 FF000H，在 FF000H 单元中安排特定的跳转语句，使软件跳转到存储器中存放软件的地址，然后系统进入正常运行状态。然而在 DOS 操作系统中不能直接操作 CPU 指令指针，使 CPU 指令指针切换到存放特定软件的地址。DOS 系统下的可执行程序必须符合 DOS 系统的规范。

在程序中插入驱动模块，然后对程序进行重新编译，使它符合 DOS 系统的规范，就可以解决上述问题。

至此，此软件的测试环境已经建立完成。被测软件、插桩模块、驱动模块和 DOS 系统及 PC 就组成了遥控摄像头的控制及通信软件的测试环境。

当然，并不是所有的嵌入式软件在进行类似的软件仿真测试时都需要按照以上步骤进行，而且软件指令仿真步骤对相关的 I/O 操作进行替换也并不都是按照实例中的规则进行的，这需要看宿主机上的操作系统的底层硬件对 I/O 指令的规则是如何定义的。这一点希望读者多加注意。

在进行系统的移植时，由于被测的嵌入式应用系统原先是直接运行于硬件底层之上的，而系统的启动一般都是硬件中的 bootloader 事先写好的，所以系统启动时直接调用 bootloader 中的语句即可。一些操作系统在初始时已经设定系统的启动地址，也就是说，系统启动时 CPU 指令指针首先指向一个固定的初始地址；而有些操作系统是不直接操作 CPU 指令指针的，这样 CPU 指令指针就无法切换到存放特定软件的地址，所以需要在移植时修改系统初始化第一句，即初始时 CPU 指令指针原本应指向的地址，这个语句应该修改成符合宿主机操作系统的规范。

嵌入式软件所运行的环境不同，建立相应的嵌入式软件测试环境的方法也会有所不同。另一方面，随着嵌入式软件事先的功能越来越复杂，其开发也越来越复杂。所以，一些嵌入式软件测试环境的建立远远不如以上实例这么简单，所需要进行的步骤也远远不止这几步。因此，并不能用一个很系统、很准确的方法来描述嵌入式软件测试环境的建立，还需要读者在实践中慢慢体会和总结。

# 9.4 嵌入式软件的特殊测试技术

嵌入式软件除了可以进行一般软件测试中的黑盒测试和白盒测试外,由于嵌入式软件自身的特点,还需要使用一些特殊的软件测试技术来完成测试工作。

## 9.4.1 状态转换测试

状态转换测试实际上是一种黑盒测试,之所以单独介绍它,是因为许多嵌入式软件系统全部或部分表现出基于状态的行为。基于状态转换的测试目标是验证事件、动作、行为、状态与状态转换之间的关系。通过测试可以判定系统基于状态的行为是否满足系统的规范集合。一个系统的行为可以归纳为以下 3 种类型。

(1) 简单行为:对于特定输入,系统总是以同一种方式做出响应,与系统历史无关。

(2) 连续行为:系统的当前状态依赖于历史,因而无法标识一个单独的状态。

(3) 基于状态的行为:系统的当前状态依赖于历史,并且能与其他的系统状态清晰区别开来。

基于状态的行为可以用表、图或状态图表示,但状态图是基于状态行为最常用的方法,通常用 UML(统一建模语言)来描述。

在测试基于状态的行为时,必须验证系统以便对输入事件做出正确的响应动作,从而使系统达到正确的状态。

状态转换测试的步骤如下。

(1) 编写状态—事件表。

(2) 编写转换树。

(3) 编写合法测试用例的测试脚本。

(4) 编写非法测试用例的测试脚本。

(5) 编写测试脚本保护。

1. 编写状态—事件表

状态图是编写状态—事件表的起点。状态—事件表给出状态与事件的关系。如果一个状态—事件的组合是合法的,就将这一组合的最终状态归入状态—事件表,并且为这个转换分配一个编号。状态—事件表的第一列是初始状态,接下来的列由可以直接从初始状态转换到的状态组成(从初始状态转换一次得到),然后是从初始状态转换两次得到的状态。依次继续下去,直到所有的状态都出现在状态—事件表中。转换到自身的状态—事件组合(最终状态是接收状态)也要包含在状态—事件表中。

例如,根据一个录像机功能的状态图,可以编写出如表 9-2 所示的状态—事件表。

表 9-2 录像机功能的状态—事件表

| | 待　机 | 倒　带 | 播　放 | 快　进 | 录　音 |
|---|---|---|---|---|---|
| evRewindbutton | 1——倒带 | * | 9——倒带 | 13——倒带 | * |
| evPlaybutton | 2——播放 | 5——播放 | * | 14——播放 | * |
| evFastforwardbutton | 3——快进 | 6——快进 | 10——快进 | * | * |
| evRecord | 4——录音 | * | * | * | * |

续表

| | 待　机 | 倒　带 | 播　放 | 快　进 | 录　音 |
|---|---|---|---|---|---|
| evStopbutton | * | 7——待机 | 11——待机 | 15——待机 | 17——待机 |
| evEndtape | * | * | 12——待机 | 16——待机 | 18——待机 |
| evBeginningtape | * | 8——待机 | * | * | * |

2．编写转换树

状态—事件表可用于编写状态转换树。初始状态为转换树的根。从初始状态开始，所有引出的转换与相关状态都要加入到转换树中，还要复制状态—事件表中的编号并标记有保护的转换。从这些状态开始，下一级的转换和状态被加入到转换树中。重复以上步骤，直到所有的路径都到达最终状态，或者再次到达初始状态为止。如果在构造转换树的过程中，树中其他地方已经存在一个需要加入的状态，那么这个路径终止，并用一个临时终止点来标记。

如果一个到自身的转换是状态图的一个部分，那么最终状态(即接收状态)也要放在转换树中。这样，测试用例成为一个级联的事件—转换树。在最后生成的事件—转换树中，最终状态不同于接收状态。在从转换树导出的测试脚本中，每个路径都沿着最短路线完成。表 9-2 的转换树如图 9.6 所示。

状态树中的保护如下。

(1) [myTape->IS_IN(exist)]AND NOT myTape->IS_IN(beginning)

(2) [myTape->IS_IN(exist)AND NOT myTape->IS_IN(end)]

(3) [myTape->IS_IN(exist)AND NOT myTape->IS_IN(end)]

(4) [myTape->IS_IN(exist)AND NOT myTape->IS_IN(end)]

3．编写合法测试用例的测试脚本

借助于转换树与状态—事件表，可以创建一个覆盖合法测试用例的测试脚本。转换树的每一条路径都是一个测试用例，这个测试用例覆盖整个路径。在表 9-3 中，每一行包括事件、预期动作与最终状态。

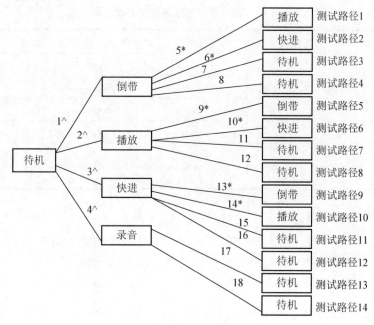

图 9.6　录像机的转换树

表9-3　从状态图中导出的部分测试脚本

| 输　　入 | | 预期结果 | |
|---|---|---|---|
| ID | 事件 | 动作 | 状态 |
| L1.1 | evRewindbutton | 开始倒带 | 倒带 |
| L1.2 | evPlaybutton | 停止倒带；开始播放 | 播放 |
| L1.3 | evStopbutton | 停止播放 | 待机 |
| L2.1 | evReeindbutton | 开始倒带 | 倒带 |
| L2.2 | evFastforwardbutton | 停止倒带；开始快进 | 快进 |
| L2.3 | evStopbutton | 停止播放 | 待机 |
| … | … | … | … |

4．编写非法测试用例的测试脚本

可以从状态—事件表中得到非法的状态—事件组合。非法的状态—事件组合是指当处于该特定状态时，系统没有指定要对该事件做出响应。因此，所有非法测试用例的预期结果应当是系统不做出响应。

非法测试用例并不是系统中明确指出不对某个事件做出响应，而只是一个错误消息的测试用例。在测试脚本中要描述起始情况(从非法状态—事件组合而来的接收状态)。如果从非法状态—事件组合而来的接收状态与初始状态不一致，那么就要创建一个到该状态的路径，可以用合法测试脚本中所描述的测试步骤来创建。录像机例子的部分非法测试用例的测试脚本见表9-4。

表9-4　部分非法测试用例的测试脚本

| ID | 装备步骤 | 状态 | 事件 | 结果 |
|---|---|---|---|---|
| … | … | … | … | … |
| I3 | | 待机 | evBeginningtape | |
| I4 | L1.1 | 倒带 | evRewind | |
| I5 | L1.1 | 倒带 | evRecord | |
| I6 | L1.1 | 倒带 | evEndtape | |
| I7 | L5.1 | 播放 | evPlay | |

5．编写测试脚本保护

如果保护由一个带有边界值的条件组成，那么需要对该保护进行边界值分析。对每一个保护，要从边界左侧和右侧两个方向来应用边界条件与测试用例。对于录像机实例，为保护而编写的部分测试用例的测试脚本见表9-5。

表9-5　为保护而编写的部分测试用例的测试脚本

| ID | 准备步骤 | 状　　态 | 事　　件 | 条　　件 | 预期结果 |
|---|---|---|---|---|---|
| G1.1 | 已覆盖 | 待机 | evFastforwardbutton | 磁盘存在；磁带不在起点 | 开始倒带；状态为倒带 |
|  | (L1.1) |  |  |  |  |
| G1.2 |  | 待机 | evRewindbutton | 磁盘存在；磁带不在起点 | 忽略 |
| G1.3 |  | 待机 | evRewindbutton | 磁盘不存在 | 忽略 |
| G2.1 | 已覆盖 | 待机 | evPlaybutton | 磁盘存在；磁带不在末端 | 开始播放；状态为播放 |
|  | (L5.1) |  |  |  |  |
| G2.2 |  | 待机 | evPlaybutton | 磁盘存在；磁带在末端 | 忽略 |
| G2.3 |  | 待机 | evPlaybutton | 磁盘不存在 | 忽略 |
| G3.1 | 已覆盖 | 待机 | evFastforwardbutton | 磁盘存在；磁带不在末端 | 开始快进；状态为快进 |
|  | (L9.1) |  |  |  |  |
| G3.2 |  | 待机 | evFastforwardbutton | 磁盘存在；磁带在末端 | 忽略 |
| G3.3 |  | 待机 | evFastforwardbutton | 磁盘不存在 | 忽略 |
| G4.1 | 已覆盖 | 待机 | evRecord | 磁盘存在；磁带不在末端 | 开始录音；状态为录音 |
|  | (L13.1) |  |  |  |  |
| G4.2 |  | 待机 | evRecord | 磁盘存在；磁带在末端 | 忽略 |
| G4.3 |  | 待机 | evRecord | 磁盘不存在 | 忽略 |

## 9.4.2　控制流测试

控制流测试是一种正式的测试设计技术，其目标是测试程序结构。它的测试用例是根据算法和程序的结构来导出的。每个测试用例由一组动作组成，这组动作覆盖该算法的一个特定路径。

程序设计或技术设计被用作测试基础。这个测试基础应当包含待测算法的结构描述，如流程图、决策表、活动图等。如果没有提供结构的描述，那么必须基于可用的信息准备关于程序结构的文档。如果无法提供算法结构的描述，那么不能使用控制流测试。

控制流测试的步骤如下。

(1) 编制决策点的清单。

(2) 确定测试路径。

(3) 定义测试用例。

(4) 建立初始数据集。

(5) 组合测试脚本。

(6) 执行测试。

1. 决策点

决策点是一个标记符，指示做出一个决策(如一个判断)，且控制流相应地转到不同位置，转移是一个动作的状态到另一个动作的状态。必须确定程序结构中的所有决策点并唯一标识它们，并且将两个连续决策点之间的动作也视为一个大动作，并唯一标识。

2. 测试路径

将动作组合到测试路径中取决于预期的测试深度。测试深度用于确定被测试的连续决策点之间的相关程度。测试深度 $N$ 意味着在 1 个决策点之前，$N-1$ 个决策点之后的动作的所有相关性都被检验，即 $N$ 个连续动作的所有组合都被用到。

测试深度对测试用例数目及测试的覆盖程度有直接的影响，对测试用例数目有直接影响也意味着对测试工作有直接的影响。

为了说明测试深度对测试用例的影响，图 9.7 给出了 1 个测试深度的例子。对每个标识出的决策点，确定其动作组合，如图 9.7 中的 A 点与 B 点。

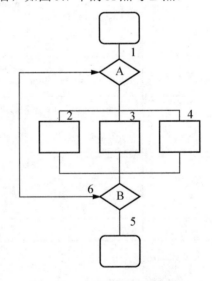

图 9.7　一段程序的结构流程图

决策点的动作组合为：

A：(1，2)；(1，3)；(1，4)；(6，2)；(6，3)；(6，4)

B：(2，5)；(3，5)；(4，5)；(2，6)；(3，6)；(4，6)

(1) 将动作组合按升序排序：(1，2)；(1，3)；(1，4)；(2，5)；(2，6)；(3，5)；(3，6)；(4，5)；(4，6)；(6，2)；(6，3)；(6，4)。

(2) 链接动作组合以创建从算法起点到算法终点的运行路径。在这个例子中，这意味着每个路径必须从动作 1 开始，到动作 5 结束。

(3) 从还没有包含在路径中的第一个动作组合开始。在这个例子中是(1，2)。接下来，从还没有被包含在路径中，以 2 开始的第一个动作组合开始。将它链接在第一个被选择的组合之后，在这个例子中是(2，5)。这样就创建了路径(1，2，5)，并可以开始选择其他的路径。

(4) 剩余的动作组合为：(1，3)；(1，4)；(2，6)；(3，5)；(3，6)；(4，5)；(4，6)；(6，2)；(6，3)；(6，4)。

(5) 继续处理剩余的动作组合。还没有被包含在路径中的第一个动作组合是(1，3)。以 3 开始还没有被包含在路径中的第一个动作组合是(3，5)。这样就创建了路径(1，3，5)，可以开始选择其他的路径了。

(6) 剩余的动作组合为：(1，4)；(2，6)；(3，5)；(3，6)；(4，5)；(4，6)；(6，2)；(6，3)；(6，4)。

(7) 继续处理剩余的动作组合。还没有被包含在路径中的第一个动作组合是(1，4)。以 4 开始还没有被包含在路径中的第一个动作组合是(4，5)。这样就创建了路径(1，4，5)，可以开始选择其他的路径了。

(8) 剩余的动作组合为：(2，6)；(3，6)；(4，6)；(6，2)；(6，3)；(6，4)。

(9) 还没有被包含在路径中的第一个动作组合是(2，6)。因为这个动作组合不是从计法起点开始的，因而必须确定其前面的动作组合，可选择(1，2)。这个组合已经被使用了两次，但这并不是什么问题。接下来，继续选择以 6 开始还没有被包含在路径中的第一个动作组合，可选择(6，2)。再选择组合(2，5)形成一个完整的路径，这样就创建了路径(1，2，6，2，5)。

(10) 剩余的动作组合为：(1，2)；(1，3)；(1，4)；(2，5)；(2，6)；(3，5)；(3，6)；(4，5)；(4，6)；(6，2)；(6，3)；(6，4)。

(11) 剩余的动作组合被包含在测试路径(1，3，6，4，6，3，5)中。下面是经过分析处理，获得的所有动作组合的路径。

路径 1：(1，2，5)

路径 2：(1，3，5)

路径 3：(1，4，5)

路径 4：(1，2，6，2，5)

路径 5：(1，3，6，4，6，3，5)

测试深度二是基于以下的想法：执行一个动作可以在决策点之后立即有结果。对一个动作来说，不仅这个决策点重要，而且前面的动作也重要。相反，测试深度一假定一个动作只受到决策点的影响。

对于测试深度一，会形成下面的动作组合。

-: (1)

A: (1)；(3)；(4)

B: (5)；(6)

这将生成下面的路径组合。

路径 1：(1，2，5)

路径 2：(1，3，6，4，5)

可见，测试深度越低，测试工作量就越小，但是覆盖程度越低。相反，测试深度越高，也就意味着执行一个动作会影响到其后面的两个或多个动作。只有在安全性相关的部分或程序很复杂的部分，才使用高测试深度。

3. 测试用例

上面导出的测试路径是逻辑测试路径，这些逻辑测试路径要被转化为物理测试用例才可以实现控制流测试。对每一个测试路径，必须确定其测试输入。确定一个测试路径的正确测试输入是一件很难的事情。所选择的测试输入必须要使得每一个决策点都沿着正确的路径。如果在测试路径执行算法的期间输入发生了改变，那么就必须返回到起点重新计算该值。但是有时候算法十分复杂，因而这实际上是不可能的，如使用科学算法时。对每一个测试输入，必须确定其预期的输出。对于那些不会影响测试路径的变量和参数，应当为其设定默认值。

**4. 初始化数据集**

有时候，执行测试需要有一个特定的初始化数据集。应简要描述这个初始化数据集，并将这个描述加入到测试路径和测试用例的描述中。

**5. 测试脚本**

前面的步骤都是测试脚本的基础。测试脚本描述测试动作，并保证按照正确的顺序执行测试。测试脚本也要列出测试脚本要执行的前提条件。前提条件通常包括一个初始化数据集、系统应当处在某个特定的状态或一些特定的占位，以及驱动程序的可用性条件。

**6. 测试执行**

最后，依照测试脚本执行测试，将结果与预期的输出进行比较。对于单元测试，测试者必须像开发者一样进行多次测试。此外，还要查明输出结果与预期输出之间存在差异的原因。

# 9.5　嵌入式软件测试工具

嵌入式软件有自己的测试工具，下面进行简单介绍，目的是有个初步印象，为以后可能的应用奠定基础。

## 9.5.1　Logiscope

Logiscope 是法国 Telelogic 公司生产的一个工具套件，它能够很好地支持嵌入式软件测试，常应用于嵌入式软件的覆盖测试中。

虽然还有很多工具都能应用于嵌入式软件的覆盖测试中，例如，T-VEC Technologies 公司的 Test Vector Generation System 工具，但是 Logiscope 是嵌入式软件覆盖测试工具中的佼佼者。众所周知，嵌入式系统软件的测试是最为困难的，因为它的开发是用交叉编译进行的。在目标机上，不可能有多余的空间记录测试的信息，必须实时地将测试信息通过网线/串口传到宿主机上，并实时在线显示，因此对源代码的插桩和目标机上的信息收集与回传成为问题的关键。Logiscope 工具能够很好地解决以上问题，并且同时支持宿主机上和目标机上的覆盖测试，这也是其他一些嵌入式软件覆盖工具(如 Test Vector Generation System 工具)所不具备的。同时 Logiscope 工具支持各种实时操作系统上的应用程序的测试，也支持逻辑系统的测试，它还提供 VxWorks、pSOS、VRTX 实时操作系统的测试库。

Logiscope 贯穿于软件开发、代码评审、单元/集成测试、系统测试以及软件维护阶段，是面向源代码进行工作的，因此它的重点是帮助代码评审和动态测试。

· 222 ·

Logiscope 工具分为 Audit、RuleChecker 和 TestChecker 等 3 个模块,下面分别介绍。

1. Audit 模块

Audit 模块(代码审核模块)的主要功能如下。

(1) 定位错误的模块,同时评估软件质量及软件的复杂程度。它以 ISO 9126 模型作为质量评估模型的基础。质量评估模型描述了从 Halstead、McCabe 的度量方法学和 Verilog 引入的质量方法学中的质量因素(可维护性、可重用性)和质量标准(可测试性、可读性等)。

(2) 给出模块调用图和控制流图,并将其与规定的模型比较。将被评价的软件与规定的质量模型进行比较,用图形形式显示软件质量应该是最直观的方式。这样,质量人员可以将主要精力集中到需要修改的代码部分,并对与质量因素和质量模型不一致的地方给予解释和纠正。具体的图形表示法有以下几种。

① 整个应用体系结果:显示部件之间的关系,评审系统设计。

② 具体部件的逻辑结构:通过控制流图显示具体部件的逻辑结构,评审部件的可维护性。

③ 评价质量模型:通过度量元对整个应用代码进行度量,并作出 Kiviat 图显示分析结果,对可维护性作出判断。

(3) 自动生成软件文档。它能够自动生成相应的软件文档,这样可使代码修改人员更加轻松,将主要精力放在其他方面。

2. RuleChecker 模块

RuleChecker 模块(规则核对模块)的主要功能如下。

(1) 根据工程中定义的编程规则自动检查软件代码错误,可直接定位错误。使用所选规则对源代码一一进行验证,指出所有不符合编程规则的代码,并给出违反的规则。

(2) 规则可以根据用户需要进行选择,也可以按照实际需求更改和添加。工程中定义的编程规则可以是软件定义的编程规则,还可以是用户自己创建的规则。如果对模块本身提供的规则不满意,可以按照自己的实际寻求更改和添加规则。

(3) 模块本身预定义了几十条编程风格检测规则,其中有关于结构化的编程的、面向对象编程的,等等。具体而言,这些规则如下。

① 命名控制规则。例如,变量名首字母大写等。

② 控制流规则。例如,不允许使用 goto 语句等。

(4) 自动生成测试报告。该软件会将测试的结果数据以图或表的形式表示出来,以方便使用者分析。

3. TestChecker 模块

TestChecker 模块(测试覆盖分时模块)的主要功能如下。

(1) 提供代码(语句、决策、可变条件决策)覆盖率分析。测试覆盖分析模块用于显示,没有测试代码路径,基于源代码结构分析。

(2) 可在宿主机或目标机上测试。这是 Logiscope 工具能够应用于嵌入式软件测试的最根本原因。

(3) 直接反馈测试进度和测试效率,协助进行衰退测试。

(4) 自动鉴别无效测试和衰退测试。

(5) 为每个测试用例提供相关信息，供测试人员分析使用。

(6) 提供模块调用图和控制流图。

(7) 支持不同的实时操作系统(如 Windows CE、uc/OS-II、Linux)，多线程，同时还提供 VxWorks、pSOS、VRTX 实时操作系统的测试库。

(8) 自定义并自动生成文档。

Audit 模块和 RuleChecker 模块只能对嵌入式软件开发时的源代码进行静态的评审工作，真正对嵌入式软件进行测试的是 TestChecker 模块，它提供对嵌入式软件测试时测试用例代码编写，以及在目标机上执行测试用例时对代码覆盖率情况的显示。

## 9.5.2 CodeTest

CodeTest 是由 Applied Microsystems Corporation(AMC)公司开发的首款专为嵌入式系统软件测试而设计的工具套件。它不仅适用于本机测试，而且适用于在线测试。

CodeTest 工具为追踪嵌入式应用程序，分析软件性能，测试软件的覆盖率以及存储体的动态分配等提供了一个实时在线的高效率解决方案。它还是一个可共享的网络工具，为整个开发和测试团队提供高品质的测试手段。CodeTest 工具支持所有的 16/32/64 位 CPU 和 MCU，支持的总线频率高达 100 MHz，可通过 PCI/VME/CPCO 总线、MICTOR 插头对嵌入式系统进行在线测试。无须改动用户的 PCB，就可以实现与用户系统极为方便的链接。

CodeTest 工具包括 3 种嵌入式软件测试和分析工具：CodeTest Native、CodeTest Software-In-Circuit 和 CodeTest Hardware-In-Circuit，每种工具代表了嵌入式系统开发的每个周期的不同开发阶段。

开发阶段 1，由于是开发早期，没有目标硬件，所采用的是桌面工具 CodeTest Native。

开发阶段 2，由于此时已开始开发系统的集成工作，硬件的开发板已经出现，可以进行一些软件仿真测试的工作，利用工具 CodeTest Software-In-Circuit。

开发阶段 3，此时项目已处于系统测试或确认阶段，任何疏忽、质量问题和性能缺陷都会影响产品的发布、销售和赢利，这时需要对嵌入式系统软硬件进行集成测试，利用工具 CodeTest Hardware-In-Circuit。

另外，还有 CodeTest-for-Tornado 工具，它相当于 CodeTest Software-In-Circuit 工具的一个子集，只包含基本的块覆盖率和内存分析，仅支持 VxWorks 嵌入式实时操作系统，作为一个功能模块集成在 Tornado 开发环境中。这是 AMC 公司与 WinRiver 公司合作的结果，但是自 Tornado2 以后两个公司的合作就结束了，故 Tornado 中的 CodeTest 模块已经不可用。

CodeTest 工具的突出特点如下。

(1) 性能分析可以实现代码的精确可视化，从而大大提高工作效率，简化软件确认和查找障碍的程序。

(2) 内存分析可以监视内存的使用，提前查出内存的泄漏，从而节约时间和成本。

(3) 代码追踪可以进行 3 个不同层次的软件运行追踪，甚至追踪处理器内部的缓存，这样可以更容易地查找问题所在。

(4) 高级覆盖工具可以通过确认高级隐患的代码段，显示哪些函数、代码块、语句、决策条件已执行过或未执行过，来提高产品的质量。高级覆盖工具完全符合高要求的软件测试标准(如 RCTA/DO-178B，它是 A 级标准)，可以实现语句覆盖、决策覆盖和可变条件的决策覆盖。

CodeTest 工具的主要特点如下。

(1) 支持所有 16/32/64 位 CPU 和 MCU，支持的总线频率高达 100MHz。

(2) 可通过 PCI/VME/CPCI 总线、MICTOR 插头、专用适配器或探针，协助用户顺利、方便地连接到被测系统，并对嵌入式系统进行在线测试。

(3) 它监视系统总线，当程序运行到插入的特殊的点时才主动递到数据总线上把数据捕获回来，通过这样的方式来达到硬件方式代码跟踪测试系统的目的。

(4) 可以进行单元级、集成级和系统级测试。

(5) 同时监视 128 000 个函数，1 000 个任务。

(6) 具有高级覆盖功能，可完成语句覆盖、决策覆盖和条件决策覆盖统计，并显示代码覆盖率，显示覆盖率的函数分布图和上升趋势图，用不同的颜色区分已执行和未执行的代码段。

(7) 可跟踪缓冲空间 400KB，150 万行源代码，能协助用户分析出程序的死机点。

(8) 可显示所有函数和任务的执行次数、最大执行时间、最小执行时间、平均执行时间、占程序总执行时间的百分比和函数调用数。

(9) 可显示分配内存情况实时图标，分析内存分配错误并定位函数的位置。

(10) 允许任意设置跟踪记录的起止触发条件，如函数调用关系、任务事件等。可显示跟踪期间的系统运行情况。显示模块包括函数级、控制块级、源码级。

### 9.5.3　CRESTS/ATAT

#### 1. CRESTS/ATAT 概述

CRESTS/ATAT 工具是北京奥吉通科技有限公司自主研发的嵌入式软件仿真测试工具。它能够完成对汇编语言的测试，可以对 Intel 8031/8051/8096/80196/8086、DSP TMS320C2X/C3X/C4X/C5X 及 Mil-1750 系列汇编可执行程序进行仿真运行、代码调试、代码分析、代码测试并生成测试报告。

CRESTS/ATAT 工具的最大优点在于：在进行嵌入式软件覆盖测试时，它不需要借助于任何插桩方法便可以实现对利用汇编语言开发的嵌入式软件的测试。传统的软件覆盖测试一般都是借助于插桩的方法实现的，插桩经常使得被测试软件的代码膨胀 10%~30%，而嵌入式应用的最大特点就是资源紧张、代码紧凑以及软件与硬件关系密切等，如果对嵌入式软件采用插桩的方法进行覆盖测试会带来各种各样的问题。CRESTS/ATAT 工具是在虚拟目标机上解释执行的，因此它可以不用插桩的方法来实现嵌入式软件的测试。

ATAT 可以既区别测试与调试工作，又将测试与调试的能力有效地结合起来。ATAT 规范为汇编语言的测试流程，这样就有效地排除了汇编语言测试过程中的随机性、不确定性和不可重现性。同时，ATAT 克服了汇编语言结构化能力弱、没有完善的质量评价手段的缺点，这是通过以下方式实现的。

(1) 评价 McCabe 的圈复杂度、程序跳转数、程序注释率、程序调用深度、程序长度、程序体积、程序调用及被调用描述等度量元。

(2) 显示程序控制流程图、程序控制流程轮廓图、程序调用树、程序被调用树、危害性递归调用等图形结构、流程显示以及程序运行覆盖图形。

(3) 对汇编各子程序的运行性能进行统计。

(4) 对汇编程序静态分析。

除以上特点之外，ATAT 工具还有以下特点。

(1) 具有对端口 I/O 与中断产生自编程仿真的功能。被测汇编应用程序即使存在大量 I/O 及中断事件处理要求，也能够与真实硬件环境一样连续不中断地运行。

(2) 具有对 CPU 上下文场景进行自编程配置的能力。它解决了对汇编程序进行单元测试的需求，用户可根据单元测试要求，灵活方便地对 CPU 上下文场景进行配置，形成汇编程序单元执行的驱动。

(3) 被测汇编程序的测试用例可用 TCL 脚本语言编写和管理。

(4) 能够对汇编测试进行分析。它包括运行调试、静态分析、白盒测试、黑盒测试以及单元执行等功能，并且满足开发阶段的内部测试和验收阶段的先期测试(或非现场测试)的要求，还能为测试方、被测方及上级主管生成可信赖和可再现过程与问题的测试报告。

(5) 便于用户定制、修改和增加其软件功能。

CRESTS 软件的运行环境为所有支持 GNU 软件运行的平台，包括 MS Windows、Linux、Solaris 等，其界面风格为类 Windows 的形式。目前，CRESTS 软件的运行环境为 MS Windows。

## 2. CRESTS/ATAT 的功能

目前，CRESTS/ATAT 软件具有如下功能。

### 1) 虚拟目标机

CRESTS/ATAT 虚拟目标机所要完成的任务有：CPU 指令集的解释、CPU 时序的仿真、CPU 端口动作的仿真、CPU 中断机制以及 CPU 流水、缓冲和并行指令等。它能够仿真所有指令的时序，自动仿真定时中断(激发、相应、处理与返回)，对于其他中断可通过修改有关 CPU 专用寄存器的值来仿真中断激发事件，以达到仿真中断处理的目的。

### 2) 程序结构分析

CRESTS/ATAT 在程序理解方面要做的工作是对高级语言程序单元之间的调用关系、被调用关系以及程序单元内部的控制流程关系的标识和图形显示。它支持汇编各子程序控制流图、调用树的生成与显示，并给出程序调用与被调用信息。

### 3) 软件质量度量

CRESTS/ATAT 在软件质量分析方面要做的工作是在国际软件质量标准 ISO/IEC 9126 和权威理论(McCabe 结构复杂性度量、FP 功能点度量方法及 Halstead 源代码复杂性度量)的基础上，给出严重影响程序整体质量的度量元，实现 McCabe 的圈复杂性度量、FP 功能点度量及 Halstead 源代码复杂性度量等。

### 4) 支持结构测试、故障注入

嵌入式软件全数字仿真平台 CRESTS/ATAT 使整个目标机状态可以人为设定，寄存器和内存的 I/O 翻转、程序"跑飞"等内存的故障可在运行时以指定方式、指定时间注入系统。在进行系统边界测试、容错性测试、鲁棒性测试、强度性测试等测试项目时，这一功能非常有用。

### 5) 软件测试

高级符号调试器要具备控制程序运行、观察或改变程序运行状态的功能，因此 CRESTS/ATAT 通过程序的单步运行、连续运行、设置断点等手段控制程序的运行，实现代码、数据、寄存器内容的读取或修改来观察或改变程序的运行状态。它支持指令执行的跟踪(保留执行的历史记录)等功能。

6) 软件动态覆盖率、性能测试

CRESTS/ATAT 提供动态测试功能，能够给出语句、分支和调用的覆盖测试，支持覆盖率统计并生成具有对比特性的图形化文件及图形化显示。它可以给出各汇编代码程序运行的时间特性与运行效率。

7) 外部事件全数字设备

CRESTS/ATAT 提供仿真外部设备产生外部激励信号的机制(全数字仿真)，即用 TCL 脚本语言编写端口事件、中断事件以及其他外部事件的逻辑流程。

8) 软件分析与测试总结报告

CRESTS/ATAT 的软件分析与测试总结报告是超文本的，它给出被测程序的程序理解信息、质量度量信息、程序运行信息以及测试结果统计信息等。

## 9.5.4　TestManager

Rational TestManager 是一个有效的测试管理工具，是 Rational Suite TestStudio 的一个独立存在的组件，它可以和 Rational 的其他产品很好地连接，用于对各种产品的输入进行即时跟踪，其开发式 API 可以让测试者为不同输入类型制作接口配件。

嵌入式软件的测试中包含了几乎所有类型的测试，如果没有一个统一的工具对这些测试进行管理，会在一定程度上影响开发的速度和质量。与其他用于嵌入式测试管理的工具相比，TestManager 的最大特点就是能更有效地管理几乎所有类型的测试(其中包括桌面管理功能测试、性能测试、手动测试、集成测试、回归测试、配置测试和构件测试)。同时，将 TestManager 与 IBM Rational 的其他工具(如 Rational RequisitePro 需求组件工具、Rational Rose 系统分析模型工具和 Rational ClearQuest 需求变更工具)一起使用，可以简化开发者对产品计划、需求和变更的沟通，从而提高测试管理乃至团队开发的效率。另外，TestManager 不依赖于开发平台或语言，这使其可以用在嵌入式软件的测试中。

TestManager 工具主要用来提供测试管理的核心平台，它整合了从测试需求、测试计划、测试设计、测试实施、测试执行到测试结果分析、测试报告的自动生成等整个测试生命周期的管理活动。同时，TestManager 工具可以处理几乎任何类型的测试脚本，在开发过程中遇到变更(如需求变更)时，TestManager 工具可以标记变更可能影响的测试用例，这使得测试者在重新改写测试用例时节省了很多时间。另外，它统一组织各种 TestSuite、TextCase、TestScript，便于测试者更方便地进行回归测试。当然，最重要的一点是 TestManager 遵守 RUP 标准测试流程，使测试人员能够在统一的测试管理平台上，遵循统一的测试管理流程，完成对产品的功能性、可靠性和性能等全方位的质量测试。

嵌入式软件测试中的功能测试与一般软件测试中的功能测试有所不同。嵌入式软件最终的功能测试需要在开发板上进行，而 TestManager 工具并不支持嵌入式软件测试中开发板上进行的功能测试(由于开发板上存储空间、操作系统等条件的限制，不可能在开发板上安装 TestManager 工具)，毕竟它并不只是针对嵌入式软件测试而开发的测试管理工具，因此不能通过 TestManager 工具来对嵌入式软件进行功能测试。

当利用 TestManager 工具进行嵌入式软件测试时，需要将 TestManager 工具安装在宿主机上。

在确定系统达到要求的最低配置之后，还需要从 IBM 公司获取一个许可(http://www.ibm.com/ibm/licensing)，接着需要到 IBM 指定的站点下载 Rational Suite V2003 工具套件、Rational Suite TestStudio 工具套件或者 Rational TestManager 工具(这三者的关系是前者包含后者，当然所需要付的许可费也不是一样的)。下载完毕之后就可以安装了。

# 本 章 小 结

本章首先详细介绍了嵌入式软件的基本概念及其特点和分类，然后详细讲解了嵌入式软件测试的步骤及测试策略的选择，并通过实例讲解了如何建立嵌入式软件测试环境和如何运用一些特殊的嵌入式测试技术。本章最后详细介绍了 Logiscope、CodeTest、CRESTS/ATAT 和 TestManager 这 4 种常用的嵌入式软件测试工具。

# 知识拓展与练习

1. 学习嵌入式系统硬件、软件的有关知识。
2. 将本章学习内容与前面的学习内容进行比较，列出嵌入式软件测试与一般的软件测试的异同点。

# 能力拓展与训练

1. 到本地有关软件企业调研其使用嵌入式软件的测试情况。
2. 通过网络查找有关嵌入式软件测试实施过程的案例，进行深入学习，分析其设计与实施的特点。

第 **10** 章　开源软件测试的设计与实施

 **教学目标**

本章将介绍开源软件测试的相关知识，包括开源软件的基本概念和开源软件测试模型以及开源软件模型测试工具 JUnit 和 Selenium。通过本章的学习：

(1) 了解开源软件及开放源代码的有关概念。

(2) 能够设计开源软件测试模型。

(3) 运用开源软件模型测试工具 JUnit 和 Selenium 对开源软件进行基本测试。

**教学要素**

| 岗位技能 | 知识点 |
| --- | --- |
| 掌握开源软件基本概念，能够列出开源软件特点 | 开放源代码 |
| 能够设计开源软件测试方案 | 开源软件测试模型 |
| 运用 Junit 和 Selenium 对开源软件进行基本测试 | 开源软件测试工具 |

开源软件正在获得很大成功,正在改变软件业的开发模式、运营方法等,也自然改变着软件测试的方法,借助开源软件测试工具完全可以构造一个完整的测试解决方案,从单元测试、功能测试到性能测试,从 Web 页面测试到 VoIP/Telephony 等一些多媒体应用的测试,直至测试的管理平台和缺陷跟踪系统,能覆盖整个测试工作领域。

## 10.1　开源代码的有关概念

1. 简介

开放源代码的定义由 Bruce Perens(曾是 Debian 的创始人之一)定义如下。

(1) 自由再散布(Free Distribution):获得源代码的人可自由再将此源代码散布。源代码(Source Code):程式的可执行档在散布时,必须随附完整源代码或是可让人方便地事后取得源代码。

(2) 衍生著作(Derived Works):让人可依此源代码修改后,在依照同一授权条款的情形下再散布。

(3) 原创作者程式源代码的完整性(Integrity of the Author's Source Code):修改后的版本需以不同的版本号码以与原始的程式码区分开来,保障原始的程式码的完整性。

(4) 不得对任何人或团体有差别待遇(No Discrimination against Persons or Groups):开放源代码软件不得因性别、团体、国家、族群等设定限制,但若是因为法律规定的情形则为例外(如美国政府限制高加密软件的出口)。

(5) 对程式在任何领域内的利用不得有差别待遇(No Discrimination against Fields of Endeavor):不得限制商业使用。

(6) 散布授权条款(Distribution of License):若软件再散布,必须以同一条款散布之。

(7) 授权条款不得专属于特定产品(License Must Not Be Specific to a Product):若多个程式组合成一套软件,则当某一开放源代码的程式单独散布时,也必须要符合开放源代码的条件。

(8) 授权条款不得限制其他软件(License Must Not Restrict other Software):当某一开放源代码软件与其他非开放源代码软件一起散布时(如放在同一光碟中),不得限制其他软件的授权条件也要遵照开放源代码的授权。

(9) 授权条款必须技术中立(License Must Be Technology-Neutral):授权条款不得限制为电子格式才有效,若是纸本的授权条款也应视为有效。

许多人将开放源代码与自由软件(Free Software)视为相同,但若以定义条件而言,自由软件仅是开放源代码的一种,也就是自由软件的定义较开放源代码更为严格,并非开放源代码的软件就可称为自由软件,要视该软件的授权条件是否合乎自由软件基金会对自由软件所下的定义。

开源不仅仅表示开放程序源代码。从发行角度定义的开源软件必须符合如下条件。

1) 自由再发行

许可证不能限制任何团体销售或赠送软件,软件可以是几个不同来源的程序集成后的软件发行版中的其中一个原件。许可证不能要求对这样的销售收取许可证费或其他费用。

2) 程序源代码

程序必须包含源代码。必须允许发行版在包含编译形式的同时也包含程序源代码。当产品以某种形式发行时没有包含源代码,必须非常醒目地告知用户,如何通过 Internet 免费下载源代码。源代码必须是以当程序员修改程序时优先选用的形式提供。故意地扰乱源代码是不允许的。以预处理程序或翻译器这样的中间形式作为源代码也是不允许的。

3）派生程序

许可证必须允许更改或派生程序。必须允许这些程序按与初始软件相同的许可证发行。

4）作者源代码的完整性

只有当许可证允许在程序开发阶段，为了调整程序的目的将"修补文件"的发行版与源代码一起发行时，许可证才能限制源代码以更改后的形式发行。许可证必须明确地允许按更改后的源代码所建立的程序发行。许可证可以要求派生的程序使用与初始软件不同的名称或版本号。

5）无个人或团体歧视

许可证不能限制任何个人或团体即在专门领域内的任何人使用该程序。例如不能限制程序应用于商业领域，或者应用于遗传研究。

6）许可证发行

伴随程序所具有的权利必须适用于所有的程序分销商，而不需要这些团体之间再附加许可证签字盖章。

7）许可证不能特制某个产品

如果程序是某个特殊的软件发行版中的一部分，伴随该程序所具有的权利不能只依赖于这一个发行版。如果程序是从另一个发行版中摘录出来的，使用或发行时用的都是那个程序的许可证，分销程序的所有团体都应拥有与初始软件版所允许的所有权利。

8）许可证不能排斥其他软件

许可证不能限制随该许可证软件一起发行的其他软件。例如，许可证不能要求所有与之一起发行的其他软件都是开源软件。

9）许可证实例

GNU GPL、BSD、X Consortiun 和 Artistic 许可证都被认为是符合开源软件定义的许可证，包括 MPL。

2．开源软件分类

这里首先介绍开源操作系统，因为它是应用的基础。开源的操作系统最主要有两个分支：一是 Linux，二是 BSD。

Linux 最初是一个叫 Linus 的芬兰人开发的项目，但现在它的开发者已经遍布全世界，Linus 不过是它的一个项目管理人而已。而 Linux 操作系统也已经渗透到生活的各个方面：PC、大型主机、手机、PDA、车载系统，以及其他许多领域。

由于版本比较多，这里只介绍两个版本。

Debian/Ubuntu：实际这是两个版本。Ubuntu 是从 Debian 派生出来的。而 Debian 是最"正宗"的 Linux，它完全遵循开源的精神和宗旨，是 GNU 计划的核心。它的特点之一是注重稳定性，因此用它来做服务器的很多；它的特点之二是使用它有非常好的软件安装机制，即 DEB 包。用户如果联网，配置好源之后，只需一个命令就能安装上需要的软件以及安装这个软件需要的组件，而不需要自己到网上查找。正因为表现优越，它有许多派生版本，如 Ubuntu 等。而 Ubuntu 凭借它的用户友好性、软件的前沿性，在桌面领域上超过了 Debian。

Red Hat/Fedora Core：实际上也是两种版本。后者简称 FC，是由前者派生出来的。现在后者由一个开源社区维护，前者则是 Red Hat 公司的主打产品。这个版本的好处是流行很广，有较好的商业支持，成为了事实上的工业标准。

其他开源软件主要介绍以下几种。

gcc/g++：C 和 C++语言的编译器，是整个开源领域的基石，基本上所有重要的、基础性的开源软件都在这个编译器上构建。

Vim：非常出名的文本编辑器。它的操作方式比较特别，但是它工作效率非常高，也非常轻巧快速，不需要用鼠标和方向键，在主键盘区就可以完成所有的工作，包括移动、查找、复杂的文本替换等。

Emacs：另一个非常出名的文本编辑器。它的特点是大而全，可以用这个编辑器完成几乎所有的日常工作：写程序、收发邮件、编译软件等等，实际上可以把它当成一种人机交互界面来使用。它的学习曲线较平缓而长。

Perl：应用非常广泛的脚本语言，处理文本异常高效，有内置的专门处理文本的正则表达式。

# 10.2　开源软件测试模型

## 10.2.1　开源软件测试模型概述

开放源码软件测试模型以"满意测试"为基本原则，强调迭代发展。

1. "满意测试"基本定义

"满意测试"是一个过程，通过该过程合理的成本获取足够的产品质量评价信息，从而使得与产品有关的决策更为明智和及时。

2. 模型基本需求

以下给出开源软件测试模型应满足的一些基本要求，这些要求将在实践中不断丰富和完善。

(1) 应充分考虑开放源码的早发布和常发布特点，对每一次代码的提交、滞后、变更能够做出适当反应，允许对仍处于开发、尚未集成的元素进行及时测试。

(2) 明确鼓励测试人员在进行测试设计时充分利用各种信息源，而不仅限于项目文档。

(3) 允许测试工作由于较差的或滞后的项目文档而受负面影响，但应防止完全阻塞测试工作的情况发生。

(4) 允许每个测试案例可以利用不同的信息源进行设计，允许在获得新的信息源时对测试进行重新设计。

(5) 应包含反馈机制，使得测试执行过程中的发现可被及时考虑到测试设计中。

3. 开放源码软件测试模型框架

以上述需求为基础并结合开放源码特点，给出开放源码软件测试模型。该模型是一个软件测试启发式模型，基本目标是提醒测试人员在创建测试时应着重考虑的各种因素，进而可被用来定制测试。

(1) 协商并理解项目的测试目标。

(2) 理解并协商与测试技术选择相关的各种因素，理解与测试工作有关的限制、要求和可用资源，从而使得测试更为高效。

(3) 在充分考虑和利用其他各种因素的前提下选择合适的测试技术以达到测试目标。

(4) 随时监控项目的状态，并在需要时调整测试计划，以使得目标、测试技术的选择和各种因素保持统一。

测试目标明确项目测试应优先考虑的任务和侧重点。

测试环境包括资源、限制和其他可能影响测试执行效果的外部力量，应确保在限制范围内充分利用了各种可用资源。

产品元素指被测试的对象，应确保检查了产品所有方面，包括软件、硬件和操作。

质量准则包括各种可用来确定产品是否存在问题的规则和数值，具有多维特点，并且常常是隐含的或相互矛盾的。

测试技术选择给出各种创建测试的策略和方法，在对测试目标、测试环境、产品元素和质量准则进行综合分析的情况下选择和使用，并根据测试执行情况及时调整。

4. 测试目标

(1) 发现重要问题。

(2) 评估质量/风险。

(3) 标准符合性认证。

(4) 完成过程委托监理。

(5) 让受益人满意。

(6) 责任担保。

(7) 针对 QA 的改进建议。

(8) 针对测试的改进建议。

(9) 针对质量的改进建议。

(10) 效率最大化。

(11) 成本最小化。

(12) 时间最小化。

## 10.2.2　测试环境

许多因素对于项目测试工作能否成功完成具有重要影响，在此将这些因素统称为测试环境。下面给出一些通用的信息类别，考虑其中各个因素对于测试工作是起促进作用还是阻碍作用，最大限度利用各种可用资源，同时将各种阻碍因素的影响最小化。

1. 受益人

指任何对于产品质量能够发表意见以施加影响的人。所有的需求都直接或间接地来源于一个或多个受益人，软件测试人员在整个测试过程中作为受益人的代理。

2. 测试信息

指测试工作所需要的与产品或项目有关的信息。

1) 进度

测试：何时开始测试以及要持续多长时间？

开发：构建何时可以被测试？何时增加新功能？何时冻结代码？

文档：用户文档何时可被评审？

2) 预算

需要购买或开发的测试资源和材料的费用如何？

3) 过程

项目管理：项目采用的生命周期模型、项目计划和监控手段如何？

配置管理：项目配置管理方法和实施如何？

4) 测试条目

可用性：能否获得被测产品？能否从开发人员或其他人员那里获得测试所需信息？

易变性：获取的信息是否最新？如何获得有关新信息或信息变更方面的通知？产品设计和实现经常变更吗？

可测试性：产品是否足够可靠以便于进行有效测试？

交付性：需要生成何种报告，是否要共享中间测试结果还是仅提交最终结果？

### 3. 测试团队

指任何将要执行或支持测试的人员。

1) 工作负载

是否有足够人力来按照期望时间完成所有计划好的测试工作？

2) 专家能力

是否拥有与项目有关的正确知识以很好地完成计划好的测试工作？

3) 组织

所有测试工作是否得到有效协调并与目标一致？

### 4. 测试工作平台

指用于支持和管理测试的软硬件平台。

1) 测试平台

是否拥有测试执行所需的全部设备和平台？

2) 测试工具

需要哪些测试工具？它们是否可用？

3) 测试库

是否测试过程中的任意文档和结果均要保存并进行跟踪？

4) 错误跟踪系统

如何进行错误报告和跟踪？

## 10.2.3  产品元素

软件产品最终体现为提供给客户的一种操作经历或解决方案，包括支撑平台、软件元素和用户操作，以及相互之间的数据交互，具有多维的特点。为了测试工作取得成效，必须综合考虑这些层面。下面给出了软件产品应包含的一些重要的元素类别，如果仅注意测试其中几个类别则可能会遗漏重要错误。这些类别提供了一个起始点，需要在特定环境中细化。

### 1. 支撑平台

指软件产品所依赖的任何事物。

1) 外部硬件

用于支撑软件产品工作的硬件元素和配置，不作为产品的组成部分，如 CPU、内存、键盘、外设等等。

2) 外部软件

用于支撑软件产品工作的其他软件元素和配置，不作为产品的组成部分，如操作系统、驱动程序、字体等等。

2. 软件元素

1) 结构

是指组成软件产品的任何事物。

代码：组成产品的任何代码结构，从可执行码直至单个例程。

接口：子系统之间的连接和通信点。

硬件：任何作为产品组成部分的硬件元素。

非执行文件：除程序外的任何文件如文本文件、样本数据、帮助文件等。

其他介质：软件和硬件之外的任何介质，如纸面文档、Web 连接和内容、包装、许可证协议等等。

2) 功能

指产品要完成的任何事情。

用户接口：任何协调与用户交换数据的功能。

系统接口：任何协调与用户之外的其他实体(如其他程序、硬盘、网络、打印机等等)交换数据的功能。

应用：任何用于定义产品、区分产品或完成核心需求的功能。

错误处理：任何检测错误和从错误中恢复的功能，包括所有的错误消息。

可测试性：任何支持测试该产品的功能，如诊断程序、日志文件、声明、测试菜单等等。

3) 数据

指产品要处理的任何数据。

输入：产品要处理的任何数据。

输出：经产品处理后产生的任何结果数据。

预置值：要作为产品的一部分提供给客户、或直接构建在产品内部的任何数据如预置数据库，缺省值等等。

固定值：存储在内部、在多个操作中应保持一致的任何数据，包括产品模式或状态，如选项设置、视图模式、文档内容等等。

时序：数据和时间之间的任何关系，如每秒击键次数、文件的时间戳、分布式系统的同步。

非法：任何能够触发错误处理函数的数据或状态。

3. 操作

指产品将被如何使用。

1) 使用情景

与时间相关的操作模式，包括产品在相关领域要典型处理的数据模式，随用户而变化。

2) 物理环境

产品运行的物理环境，如噪声、照明等。

## 10.2.4  质量准则

当声称一个产品是"高质量"时，意味着"高度"满足了该产品的受益人所定义的质量准则。测试工作常常不得不在质量准则不很明确的情况下进行，以下所给出的准则类别可帮助进行"头脑风暴式"思考或揭示那些需要知道的问题，尤其适合根据实际项目进行定制。建议同时参考 ISO 9126 质量特性标准或其他相关软件工程标准。

1.  操作准则

1)  能力
产品能否执行要求的功能？

2)  可靠性
在所有要求的情况下产品是否均能正常工作并抵御失败？
错误处理：产品在错误的情况下可抵御失败，失败时能够妥善应对并很容易恢复。
数据完整性：产品可防止系统数据的丢失或损坏。
安全(Security)：产品可防止未授权用户的访问。
保险(Safety)：产品的失败不会造成生命或财产的损失。

3)  可用性
产品是否很容易被真实用户使用？
易学习性：产品操作可很快被潜在用户掌握。
易操作性：产品的操作只需付出很少努力，不会引起混乱。

4)  性能
速度和相应能力如何？

5)  可安装性
是否能很容易地安装在目标平台上？

6)  兼容性
能否与外部元素和配置协同一致地工作？
应用兼容性：产品能够与其他软件产品一起工作。
操作系统兼容性：产品可与某种特定操作系统协同工作。
硬件兼容性：产品可与某种特定硬件平台元素和配置协同工作。
后向兼容性：产品能够与其早期版本协同工作。
资源使用：产品不会滥用内存、存储介质或其他系统资源。

2.  开发准则

1)  可支持性
产品技术支持工作的经济性如何？

2)  可测试性
产品测试工作的有效性如何？

3)  可维护性
产品构建、纠错或功能增强的经济性如何？

4)  可移植性
移植或在其他环境下重用产品相关技术的经济性如何？

5) 可定域性

以其他语言发布产品的经济性如何?

## 10.2.5 测试技术选择

需求:包括产品元素、质量准则、测试环境和参考资料,从总体上表达了受益人的愿望以及各种资源限制。完整需求的获得绝非易事,并随着受益人经验的增加或环境的改变而处于连续变化中。参考资料是任何可用作需求来源的文档或实体,包括显式参考(由受益人明确指定)和隐式参考(任何其他未指定的有用资料)。

定义测试预期:测试预期是用于判定一个测试通过与否的策略,测试的主要任务之一就是根据产品真实需求确定测试预期,受到测试目标的影响。

定制测试模型:根据项目特点构造一个测试模型——描述将采用何种测试方法,以及该方法相配合的测试"覆盖"内容。例如,采用基于风险的测试方法时,同时应制定相应的风险领域列表。在后面罗列一些通用测试技术以供选择使用。

选择覆盖范围:确定产品的哪些部分必须被测试,哪些可暂不考虑。

配置系统:为测试工作准备产品和平台,确保系统处于开始测试的正确状态。

操作系统:为系统提供必需的输入和控制以执行测试,对于某些测试类型可能需要特殊工具支持。

观察系统:监控系统操作过程中的输出或任何其他相关结果。对于哪些隐含变量或微妙结果的观察可能需要特殊工具支持。

评估结果:利用测试预期来评估测试结果,需要时执行附加的测试以验证评估。及时反馈评估结果给开发人员,必要时应调整测试计划。

## 10.2.6 通用测试技术

通用测试技术是一种创建测试的方式,其种类难以胜数。以下给出一些简单、实用的通用测试技术,每种技术既可以通过所谓"快速但不洁(quick and dirty)"的方式执行,也可以更为正式地执行,还可以相互结合(如基于风险的回归测试等)。

1. 域测试——依据等价类和边界值对产品不同域测试

(1) 确定要测试的域。

(2) 分析每个域的限制和特性。

(3) 确定要测试的域组合。

(4) 应用所选择的测试策略。

例如,穷尽值、典型值、边界值、随机值、非法值。

2. 容量测试——在"超负荷"状态下使用系统

(1) 选择要"超负荷"测试的条目和功能。

(2) 确定与其相关的数据和平台元素。

(3) 选择或生成用来运行测试的具有挑战性的数据和平台配置。

例如,很大或复杂的数据结构,高负载,长时间运行,大量测试用例,低内存条件。

3. 线索测试——按照某种逻辑顺序对系统进行测试

(1) 定义测试程序或高层测试用例，将多个测试按照一个接一个的方式结合在一起。

(2) 不要在测试之间重置系统。

(3) 将时间因素考虑进来。

(4) 与其他技术结合。

例如，用户线索，容量线索，基于风险的线索。典型情况下，线索测试通过"场景"来定义。所谓"场景"，就是每步的详细指令序列，它描述了哪些数据要输入哪些字段，以及要单击什么按钮等。一般应包含：①该场景使用的数据描述；②描述该场景的前提，即哪些动作必须在之前执行；③动作序列描述，如单击"确认"按钮，在用户名字段内输入 456 等；④预期结果描述；⑤与某功能有关的场景可能要跨越"几天"时间，即数据进入系统后可能几天后结果才有效，后续动作也才能执行。"场景"应当覆盖系统所有应完成的功能。

4. 用户测试——模拟真实用户的操作方式、数据

(1) 确定用户分类。

(2) 确定每一类用户要做什么、如何做以及怎样评价。

(3) 获得真实的用户数据，或让真实用户进行测试。

(4) 否则，系统化地模拟真实用户的行为(注意：不要误以为自己就是真实用户)。

5. 回归测试——对于变更及影响部分的重复测试

(1) 确定哪些产品元素发生变更。

(2) 确定哪些元素受到这些变更的影响。

(3) 选择测试内容，如最近修复的错误、以前修复的错误、新代码、敏感代码，或所有代码。

6. 基于风险的测试——依据产品潜在风险的高低确定测试重点，首先发现重大错误

(1) 分析测试环境、产品元素和质量准则以确定各种风险源。

(2) 将测试集中在具有潜在高风险的领域。

(3) 利用测试结果精练风险分析结果。

(4) 注意不要完全忽视低风险领域，因为风险分析结果可能是错误的。

7. 声明测试——验证每一个与产品有关的声明

(1) 确定那些包括产品声明(显式的和隐式的)的参考资料。

(2) 分析每一个声明，澄清模糊的声明。

(3) 验证每个声明。

(4) 如果是利用显式的规格说明进行测试，保证它与产品本身保持一致。

8. 探索式测试——在不断探索的过程中(迭代和并发行为)进行测试设计和执行

(1) 产品探索，发现和记录产品目标、功能、处理的数据类型和潜在不稳定域。

(2) 测试设计，确定产品操作、观察和评估的策略。

(3) 测试执行，操作产品，观察结果，并使用这些信息形成产品应如何工作的假设。

(4) 启发式规则，利用各种指导性原则帮助决定应做什么。

(5) 可评审的结果，探索式测试是一个结果导向的过程，应确保测试结果可被评审。

## 10.3　开源软件测试模型常用工具

**1．单元测试工具**

JUnit 针对各种语言(C/C++/C#、PHP、SQL)进行的测试：Cactus、Cgreen、Check、CppTest、NUnit、NUnitForms、PHPUnit、SQLUnit。以及各种对象(HTTP、XML、Database 等)进行的单元测试：HttpUnit、XMLUnit、DBUnit、ObjcUnit、SIPUnit。

**2．Web 功能测试**

可使用强大的 Web 开源测试工具——Selenium，再结合 Ant、EMMA 一起使用就更完美了，使用 EMMA 测量测试覆盖率功能的测试工具多达几十个。

**3．Java 客户端**

可以使用 Abbot。

**4．性能测试**

著名的有性能测试工具 Jmeter 和 OpenSTA，使用都很方便。Jmeter 可以完成针对静态资源和动态资源(Servlets、Perl 脚本、Java 对象、数据查询、FTP 服务等)的性能测试。

**5．数据库测试**

DBMonster、DBProbe。

**6．多媒体**

VoIP/Video、IP 电话等测试可使用 Ethereal、AuthTool、SIPp、Sofia SIP、Seagull 等工具。

**7．缺陷跟踪**

Bugzilla 是一款不错的软件缺陷管理工具，Mantis 是一款基于 Web 的软件缺陷管理工具，配置和使用都很简单，适合中小型软件开发团队。

**8．测试平台**

可使用 TestMaker 等平台。

## 10.4　JUnit 工具简介

**1．JUnit 含义**

JUnit 是由 Erich Gamma 和 Kent Beck 编写的一个回归测试框架(Regression Testing Framework)。JUnit 测试是程序员测试，即所谓白盒测试，因为程序员知道被测试的软件如何(How)完成功能和完成什么样(What)的功能。JUnit 是一套框架，继承 TestCase 类，就可以用 JUnit 进行自动测试了。

**2．JUnit 特性**

JUnit 是一个开放源代码的 Java 测试框架，用于编写和运行可重复的测试。它是用于单元测试框架体系 xUnit 的一个实例(用于 Java 语言)。它包括以下特性。

(1) 用于测试期望结果的断言(Assertion)。

(2) 用于共享共同测试数据的测试工具。

(3) 用于方便地组织和运行测试的测试套件。

(4) 图形和文本的测试运行器。

3. JUnit 优点

另外 JUnit 是在 XP 编程和重构(Refactor)中被极力推荐使用的工具,因为在实现自动单元测试的情况下可以大大地提高开发的效率,但是实际上编写测试代码也是需要耗费很多时间和精力的,那么使用这个软件的好处到底在哪里呢?原因如下。

1) 对于 XP 编程而言

要求在编写代码之前先写测试,这样可以强制在写代码之前好好地思考代码(方法)的功能和逻辑,否则编写的代码很不稳定,那么需要同时维护测试代码和实际代码,这个工作量就会大大增加。因此在 XP 编程中,基本过程是这样的:构思→编写测试代码→编写代码→测试,而且编写测试和编写代码都是增量式的,写一点测一点,如果在编写以后的代码中发现问题可以较快地追踪到问题的原因,减小回归错误的纠错难度。

2) 对于重构而言

其好处和 XP 编程中是类似的,因为重构也是要求改一点测一点,减少回归错误造成的时间消耗。

3) 对于非以上两种情况

在开发的时候使用 JUnit 写一些适当的测试也是有必要的,因为一般也是需要编写测试的代码的,可能原来不是使用的 JUnit,如果使用 JUnit,而且针对接口(方法)编写测试代码会减少以后的维护工作,如以后对方法内部的修改(这相当于重构的工作)。另外,因为 JUnit 有断言功能,如果测试结果不通过会指出是哪个测试不通过,为什么不通过,而以前的一般做法是写一些测试代码看其输出结果,然后再由自己来判断结果是否正确,使用 JUnit 的好处就是这个结果是否正确的判断是它来完成的,测试员只需要查看结果是否正确就可以了,在一般情况下会大大提高效率。

4. 安装 JUnit

JUnit 的安装很简单,先到以下地址下载一个最新的 zip 包:http://download.sourceforge.net/junit/,下载完成后解压缩到相应目录下,假设是 JUNIT_HOME 目录,然后将 JUNIT_HOME 目录下的 junit.jar 包加到系统的 CLASSPATH 环境变量中。在 IDE 环境下,对于将需要用到的 JUnit 的项目增加到 lib 中的设置随着 IDE 的不同而有所不同。

5. 如何使用 JUnit 写测试

最简单的范例如下。

(1) 创建一个 TestCase 的子类:

```
package junitfaq;
import java.util.*;
import junit.framework.*;
public class SimpleTest extends TestCase {
public SimpleTest(String name){
```

```
    super(name);
    }
```

(2) 写一个测试方法断言期望的结果：

```
public void testEmptyCollection( ){
Collection collection = new ArrayList( );
assertTrue(collection.isEmpty( ));
}
```

注意：JUnit 推荐的做法是以 Test 作为待测试的方法的开头，使这些方法可以被自动找到并被测试。

(3) 写一个 suite( )方法，它会使用反射动态地创建一个包含所有的 TestXxxx 方法的测试套件：

```
public static Test suite( ){
return new TestSuite(SimpleTest.class);
}
```

(4) 写一个 main( )方法以文本运行器的方式方便地运行测试：

```
public static void main(String args[ ]){
junit.textui.TestRunner.run(suite( ));
}
}
```

(5) 运行测试。

以文本方式运行：

```
java junitfaq.SimpleTest
```

通过的测试结果是：

```
Time: 0
OK(1 tests)
```

Time 后的数字表示测试个数，如果测试通过则显示 OK。否则在后边标上 F，表示该测试失败。

每次的测试结果都应该是 OK 的，这样才能说明测试是成功的，如果不成功就要马上根据提示信息进行修正了。

如果 JUnit 报告了测试没有成功，它会区分失败(failures)和错误(errors)。失败是你的代码中的 assert 方法失败引起的；而错误则是代码异常引起的，如 ArrayIndexOutOfBoundsException。

以图形方式运行：

```
java junit.swingui.TestRunner junitfaq.SimpleTest
```

通过的测试结果在图形界面的绿色条部分显示。

以上是最简单的测试样例，在实际的测试中测试某个类的功能时常常需要执行一些共同的操作，完成以后需要销毁所占用的资源(如网络连接、数据库连接，关闭打开的文件等)，TestCase 类提供了 setUp 方法和 tearDown 方法，setUp 方法的内容在测试编写的 TestCase 子类的每个 TestXxxx 方法之前都会运行，而 tearDown 方法的内容在每个 TestXxxx 方法结束以后都会执行。这既共享了初始化代码，又消除了各个测试代码之间可能产生的相互影响。

6. JUnit 最佳实践

Martin Fowler 说过："当你试图打印输出一些信息或调试一个表达式时，写一些测试代码来替代那些传统的方法。"一开始，会发现总是要创建一些新的 Fixture，而且测试似乎使编程速度慢了下来。然而不久之后，会发现重复使用相同的 Fixture，而且新的测试通常只涉及添加一个新的测试方法。

测试员可能会写许多测试代码，但很快就会发现所设想的测试只有一小部分是真正有用的。所需要的测试是那些会失败的测试，即那些被认为不会失败的测试，或被认为应该失败却成功的测试。

前面提到过测试是一个不会中断的过程。一旦有了一个测试，就要一直确保其正常工作，以检验所加入的新的工作代码。不要每隔几天或最后才运行测试，每天都应该运行一下测试代码。这种投资很小，但可以确保得到可以信赖的工作代码。

不要认为压力大，就不写测试代码。相反，编写测试代码会使编码的压力逐渐减轻，因为通过编写测试代码，会对类的行为有确切的认识，从而会更快地编写出有效率的工作代码。

下面是一些具体的编写测试代码的技巧或较好的实践方法。

(1) 不要用 TestCase 的构造函数初始化 Fixture，而要用 setUp( )和 tearDown( )方法。

(2) 不要依赖或假定测试运行的顺序，因为 JUnit 利用 Vector 保存测试方法。所以不同的平台会按不同的顺序从 Vector 中取出测试方法。

(3) 避免编写有副作用的 TestCase。例如，如果随后的测试依赖于某些特定的交易数据，就不要提交交易数据。

(4) 当继承一个测试类时，记得调用父类的 setUp()和 tearDown( )方法。

(5) 将测试代码和工作代码放在一起，同步编译和更新(使用 Ant 中支持 JUnit 的任务)。

(6) 测试类和测试方法应该有一致的命名方案。如在工作类名前加上 test 从而形成测试类名。

(7) 确保测试与时间无关，不要因为依赖使用过期的数据进行测试，导致在随后的维护过程中很难重现测试。

(8) 如果编写的软件面向国际市场，编写测试时要考虑国际化的因素，不要仅用母语的 Locale 进行测试。

(9) 尽可能地利用 JUnit 提供的 assert/fail 方法以及异常处理的方法，可以使代码更为简洁。

(10) 测试要尽可能地小，执行速度快。

(11) 不要硬性规定数据文件的路径。

(12) 利用 JUnit 的自动异常处理书写简洁的测试代码。

事实上在 JUnit 中使用 try-catch 来捕获异常是没有必要的，JUnit 会自动捕获异常，那些没有被捕获的异常就被当成错误处理。

(13) 充分利用 JUnit 的 assert/fail 方法。assertSame( )用来测试两个引用是否指向同一个对象；assertEquals( )用来测试两个对象是否相等。

(14) 确保测试代码与时间无关。

(15) 使用文档生成器做测试文档。

# 10.5　Selenium 工具

1. Selenium 介绍

Selenium 是 ThoughtWorks 公司开发的一套基于 Web 应用的测试工具，直接运行在浏览器中，模拟用户的操作，主要包括 3 个部分 selenium-IDE，selenium、core、selenium-rc。它可以被用于单元测试、回归测试、冒烟测试、集成测试、验收测试，并且可以运行在各种浏览器和操作系统上。

Selenium 的核心 browser bot 是用 JavaScript 编写的。这使得测试脚本可以在受支持的浏览器中运行。browser bot 负责执行从测试脚本接收到的命令，测试脚本要么是用 HTML 的表布局编写的，要么是使用一种受支持的编程语言编写的。其支持的平台如下。

1) Windows

(1) Internet Explorer 6.0 和 7.0。

(2) Firefox 0.8 到 2.0。

(3) Mozilla Suite 1.6+、1.7+。

(4) Seamonkey 1.0。

(5) Opera 8 和 9。

2) Mac OS X

(1) Safari 2.0.4+。

(2) Firefox 0.8 to 2.0。

(3) Camino 1.0a1。

(4) Mozilla Suite 1.6+、1.7+。

(5) Seamonkey 1.0。

3) Linux

(1) Firefox 0.8 到 2.0。

(2) Mozilla Suite 1.6+、1.7+。

(3) Konqueror。

(4) Opera 8 和 9。

2. Selenium 命令

Selenium 命令分成两类：操作(action)和断言(assertion)。

操作：模拟用户与 Web 应用程序的交互。例如，单击一个按钮(selenium.click(locotar)和填写一个表单(selenium.type(locotar, value))，这些都是常见的用户操作，可以用 Selenium 命令来自动化这些操作。

断言：验证一个命令的预期结果。常见的断言包括验证页面内容或当前位置是否正确。如 assertEquasl(selenium.getTitle( ), "QQview"，验证页面上的 title 是否为 QQview。

3. Selenium 模式

Selenium 可按两种模式来使用：test runner(Selenium Core)和 driven(Selenium Remote Control)。

（1）这两种模式在复杂性和编写方式方面有所不同：driven 测试脚本编写起来往往要更复杂一些，因为它们是用编程语言编写的。但是如果使用 Python 或 Ruby 等高级动态编程语言，那么这种复杂性方面的差异就很小。

（2）两种模式之间最大的不同点在于：如果使用 driven 脚本，测试有一部分在浏览器之外运行，而如果使用 test runner 脚本，测试是完全在浏览器中运行的。

（3）不管是 test runner 还是 driven 测试用例，都可以与持续集成工具集成。

4. Selenium 组成

（1）Selenium IDE：一个 Firefox 的 plug-in，可以录制和回放并保存测试用例，测试用例为 HTML 格式。

（2）Selenium Core：整个测试机制的核心部分，即有 assertion(断言)机制的 test suite runner。它由纯 JS 代码组成，可以运行在 Windows/Linux 的不同浏览器上(相当于 JMeter 的 runner 和 assertion)。

（3）Selenium Remote Control：一个代理与控制端，可代替 Selenium Core/Selenium IDE 的客户端(相当于通过编程来实现一切)，是支持多语言的。

5. Selenium IDE(仅支持 Firefox)

Selenium IDE 是用于 Selenium 测试的一个集成测试工具，它被嵌套在 Firefox 中，作为 Firefox 的一个组件来使用。测试人员可以通过它录制在 Web 界面上的一切操作，并且进行编辑、调试和快速回放，就像用户在操作一样。

Selenium IDE 的特点如下。

（1）非常容易在页面上进行录制和回放。

（2）能自动通过 id、name 和 xpath 来定位页面上的元素。

（3）自动执行 Selenium 的命令。

（4）能够进行调试和设置断点。

（5）录制生成的脚本能够转化成各种语言。

（6）在每个录制的脚本中能够加入断言。

操作界面如图 10.1 所示，使用说明如下。

（1）在操作系统上安装 Firefox，登录 http://seleniumhq.org/download/下载 Selenium-IDE。

（2）下载后，在 Firefox 中打开插件文件 selenium-ide.xpi 进行安装，重新启动 Firefox 后，可选择菜单 Tools→Selenium IDE 打开 Selenium IDE 的界面。

（3）录制测试脚本的过程可以用"傻瓜式"来形容，单击 IDE 插件上的红色按钮进行录制，然后可以按照要求在 Web 界面上进行操作，IDE 会自动录制操作，手工编辑脚本是通过选择和插入 Selenium 命令(Command)的方式来实现的。可直接在 Firefox 中运行测试脚本，也可调出 TestRunner 界面来执行测试脚本。

（4）生成的脚本可以转化成各种高级语言脚本，选择 options→format 命令来转换成其他高级语言。

图 10.1　Selenium IDE 操作界面

6．Selenium Core

Selenium Core 是使用 JS 和 DHTML 编写的，由于存在同源策略的问题，所以在进行测试部署的时候必须将所测试程序部署在服务器端(Selenium IDE 由于是 Firefox 的一个插件，所以不受限制)。例如，无法采用 Selenium Core 来测试 www.google.cn。如果要对其进行测试，必须将 Selenium Core 及其测试程序部署在服务器端。

Selenium 有两种运行模式，test runner 和 dirven。而 Selenium Core 就是 test runner 运行方式的脚本，也称测试用例(Test Case)，是用 HTML 语言通过一个简单的表布局编写，如清单 1。

清单 1. Selenium 测试用例的结构

```
<table border="1">
    <tr>
        <td>First command</td> //输入命令或者断言，如 type 命    //令表示手工输入
        <td>Target</td> //命令的目标对象，如 Web 登录页面上 username(一般是通过 id 和
name 来定位页面上的元素，也支持使用 xpath 和 dom 来找到页面上的元素)
        <td>Value</td> //输入的值
    </tr>
    <tr>
        <td>Second command</td>
        <td>Target</td>
        <td>Value</td>
    </tr>
</table>
```

测试实例

```
<table>
 <tr>
 <td>open</td>
 <td>/change_address_form.html</td>
 <td></td>
 </tr>
 <tr>
  <td>type</td>
  <td>address_field</td>
  <td>Betelgeuse state prison</td>
</tr>
<tr>
  <td>clickAndWait</td>
  <td>//input[@name='Submit']</td>
  <td></td>
 </tr>
 <tr>
   <td>verifyTextPresent</td>
   <td>Address change successful</td>
   <td></td>
 </tr>
</tr>
</table>
```

该测试用例说明：

(1) 通过进入/change_address_form.html 打开变更地址页面。

(2) 在 ID 为 address_field 的文本框中输入 Betelgeuse state prison。

(3) 单击名为 Submit 的输入区。注意，这里使用 XPath 找到 Submit 按钮，这导致表单数据被发送到服务器。

(4) 验证页面是否包含文本 Address change successful。

要达到对应用程序的完全测试覆盖，通常需要不止一个测试用例。这就是 Selenium (图 10.2)使用测试套件的原因。测试套件用于将具有类似功能的一些测试用例编成一组，以便让它们按顺序运行。

测试套件和测试用例一样，都是用简单的 HTML 表编写的。Selenium 执行的缺省测试套件的名称是 TestSuite.html。清单 2 展示了一个测试套件，该套件像通常的用户一样测试应用程序。注意，测试套件使用一个只包含一列的表，表中的每一行指向一个包含某个测试用例的文件。

清单 2. 测试套件示例

```
<table>
    <tr>
        <td>Test suite for the whole application</td>
```

```
      </tr>
      <tr>
        <td>
          <a href="test_main_page.html">Access main page</a>
        </td>
      </tr>
      <tr>
        <td>
          <a href="test_login.html">Login to application</a>
        </td>
      </tr>
      <tr>
        <td>
          <a href="test_address_change.html">Change address</a>
        </td>
      </tr>
      <tr>
        <td>
          <a href="test_logout.html">Logout from application</a>
        </td>
      </tr>
    </table>
```

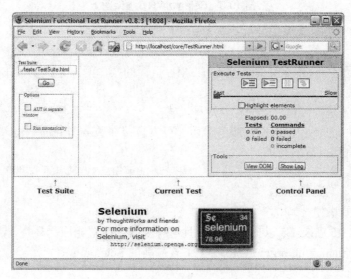

图 10.2　Selenium Core 操作界面

7. Selenium RC

Selenium RC 可以使用高级语言来编写 Web 页面测试脚本，编写的脚本可以运行在任何支持 JS 的浏览器中。

Selenium RC 包括以下两部分。

(1) Selenium 服务器，能够自动开启和关闭 Web 浏览器。对于 Web 的请求，它就像一个 http 代理，Selenium 服务器通过向浏览器发出 JavaScript 调用实现对 HTML 页面的全面追踪，并通过网络把执行结果返回给 Selenium 客户端。另外，由于 Selenium 服务器是用 Java 开发的，所以在搭建测试环境的时候，需要安装 Java 的环境。

(2) Selenium 客户端程序，Selenium 客户端一般使用单元测试技术实现，通过判断返回的结果与预期是否一致来决定程序是否运行正确，Selenium 客户端测试程序可以使用 Java、PHP、.NET 等高级语言来编写。其整个架构如图 10.3 所示。

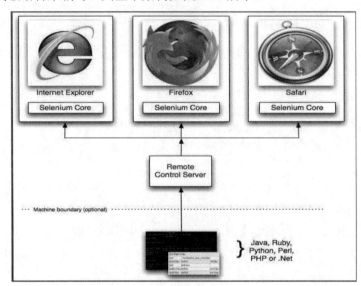

图 10.3　Selenium RC 框架图

Selenium RC 的原理是 Selenium 服务器通过网络与 Selenium 客户端通信，接收 Selenium 测试指令。

Selenium 是通过 JavaScript 来实现对 HTML 页面的操作的。它提供了丰富的指定 HTML 页面元素和操作页面元素的方法。

Selenium RC 在进行测试的时候也分两种模式，一种是交互模式，一种是代理驱动模式。

在交互模式下，启动 Selenium 服务器后，可以直接在服务器界面下输入命令运行，可以立即在浏览器中看到执行的结果。

在代理驱动模式下，可以使用高级语言编写测试用例。以下将重点讲解在该模式下如何进行测试。

1) 测试环境的搭建

(1) 下载 JDK1.5 以及 1.5 以上版本，并且进行安装，配置相应的环境。

(2) 在 http://seleniumhq.org/download/上下载最新的 Selenium RC。

(3) 下载 Eclipse，进行安装。

(4) 启动 Eclipse，新建一个工程，在工程中引入 junit.jar、selenium-server.jar 和 selenium-java-client.jar。

(5) 在 cmd 命令行进入到 selenium-server.jar 的文件夹下，输入 java －jar selenium-server.jar，启动服务器。

(6) 在该工程下新建一个 JUnit，然后就可以在其中编写测试用例，并且运行该测试用例。

2) 使用说明

Selenium 是模仿浏览器的行为的，运行测试类的时候，就会发现 Selenium 会打开一个浏览器，然后浏览器执行操作。搭建完测试环境后，就可以开始第一个测试类的编写。

```
public class TestPage2 extends TestCase {
    private Selenium selenium;
    protected void setUp( )throws Exception {
    String url = "http://192.100.1.224/";
    selenium = new DefaultSelenium("localhost",4444, "*iexplore", url);
    selenium.start( );
    super.setUp( );

    }
    protected void tearDown()throws Exception {
    selenium.stop( );
    super.tearDown( );
    }
}
```

代码十分简单，作用就是初始化一个 Selenium 对象。其中，url 就是要测试的网站；"localhost"项可以不是 localhost，但是必须是 Selenium 服务器启动的地址；"*iexplore"项可以是其他浏览器类型，如"*firefox"。

编写测试脚本时，需要在该类中定义自己的方法，每个方法必须以 test 开头，如"public void testLogin(){},"具体可以参看以下例子。

```
import junit.framework.TestCase;
import com.thoughtworks.selenium.*;
public class TestPage2 extends TestCase {
    private Selenium selenium;
    protected void setUp()throws Exception {//初始化 selenium
    String url = "http://192.100.1.224/";
    selenium = new DefaultSelenium("localhost",4444, "*iexplore", url);
    selenium.start();
    super.setUp();

    }
    protected void testLogin(){//测试用户登录
    //编写自己的自动化测试脚本
    }
protected void tearDown()throws Exception { //撤销 Selenium
    selenium.stop();
    super.tearDown();
    }
}
```

# 本 章 小 结

本章首先讲解了开源软件及开源代码的基本概念，介绍了 Debian、Ubuntu、Red Hat 等常见的开源软件。然后详解了开源软件测试模型，讲解了测试方案设计中需要考虑的因素。最后，以 JUnit 和 Selenium 这两个测试工具为例详细演示了开源软件测试过程。

# 知识拓展与练习

1. 查找开源性能测试软件工具 JMeter，安装学习并使用。
2. 查找开源数据库测试工具 DBMonster，安装学习并使用。

# 能力拓展与训练

以四人一组为单位，针对一款浏览器软件，设计开源软件测试模式、方案和工具，然后进行交流与讨论。

## 第 11 章　软件测试拓展知识

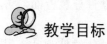

### 教学目标

本章将介绍软件测试的一些拓展知识。通过本章的学习:

(1) 了解软件测试的职业证书,并能够找到相应的机构,申报和报考资格证;了解服务外包行业中针对软件测试岗位的认证证书。

(2) 了解软件测试的研究方向,能够在网上找到软件测试的研究论文,并将自己对软件测试的研究成果以论文形式体现。

(3) 搭建虚拟实训环境,并能够在环境中进行软件测试实训工作。

(4) 了解软件测试行业中的国内外标准,为测试工作更好地服务。

### 教学要素

| 行业需求 | 知识与技能 |
| --- | --- |
| 需要获得 ISTQB 认证的人才 | ISTQB 证书 |
| 需要获得服务外包专业岗位认证的人才 | 软件外包测试工程师认证,软件外包测试经理 |
| 需要能够对软件测试技术进行研究的人才 | 软件测试论文及获取方法 |
| 熟悉软件测试及文档写作标准 | GB/T 及 IEEE 软件测试相关标准 |

# 11.1　ISTQB 职业资格证书

软件测试工程师是一个相对新兴的职业，目前 IT 公司对于软件测试人才的招聘标准主要还是侧重于对应聘者的实际技术能力的考核，掌握扎实的测试技术，具备较强的实际测试能力，是用人单位最为看重的。同时如果能拥有行业认可的职业资格证书，会大大提升自己的职业发展空间。

## 11.1.1　证书介绍

### 1. 背景

随着软件行业的迅速发展，软件测试的需求不断增长，软件企业不但需要普遍的软件测试的技术与技能，更需要在初期就企业内部建立起标准化规范化的知识体系，并且能与国际标准和规范保持一致，才能拥有强大的市场竞争力，在软件行业，特别是软件外包方面，占据更广阔的市场。

ISTQB(International Software Testing Qualifications Board)是国际唯一权威的软件测试资质认证机构，主要负责制定和推广国际通用资质认证框架，即"国际软件测试资质认证委员会推广的软件测试工程师认证"(ISTQB Certified Tester)项目。主要致力于在全球范围内建立统一的认证体系和标准，编写更新认证教材，验收培训机构，监督认证颁证。ISTQB 现有包括美国、德国、英国、法国、日本等近 40 个成员国。中国于 2006 年 5 月 26 日在美国奥兰多举行的 ISTQB2006 年年会上得到正式批准，成为 ISTQB 的正式成员。截止 2009 年年初全世界有超过 110 000 名软件测试工程师获得 ISTQB 认证。中国软件测试认证委员会 Chinese Software Testing Qualifications Board(以下简称"CSTQB")是 ISTQB 在中国的唯一授权机构，全权代表 ISTQB 在中国的项目推广，并接受 ISTQB 全面的业务指导和授权，同时代表中国在 ISTQB 国际组织中的利益。

目前，IBM 和惠普已要求其测试人员需具有 ISTQB 认证，香港路透社已将 CSTQB 作为其长期供应商，以便更多的员工参加 ISTQB 认证。

### 2. 认证体系介绍

1) 基础级

考试内容如下。

(1) 1 个考试模块，基于 40 课时的专业学习基础。

(2) 软件测试术语和基本原理，测试技术和常用工具。

考试对象如下。

(1) 测试初级人员、测试管理人员、软件质量控制人员等(大专或大专以上学历)。

(2) 计算机相关专业学生。

(3) 具有基本计算机概念(具有基本软件测试理论知识更佳)，有志于从事软件测试的其他人员。

2) 高级

(1) 通过基础级认证且有 3 年以上软件测试企业工作经验。

(2) 3 个模拟考试，软件测试技术纵深与拓展，包括测试管理、测试分析、技术测试分析

3 个模块。考试者可根据需要、兴趣或者职业发展方向选择一个或多个模块。

3) 专家级

通过 2/3 以上高级认证模块且有 5 年以上软件测试企业工作经验。

3. 考试信息

考试由 ISTQB 及 CSTQB 指定考试机构独立组织进行。培训机构可提供集体预约考试，即在学习结束时举行认证考试。培训人员也可自行到考试机构参加在各考试季内规定时间的认证考试。

更多认证和考试信息参见 www.cstqb.cn。

## 11.1.2 ISTQB 软件测试初级认证大纲

基础级课程主要包括以下主要内容。

第一部分：测试的基础知识

1．什么是测试

2．测试的基本原则

3．基本的测试过程

4．测试的理念

第二部分：软件生命周期中的测试

5．软件开发模型

6．测试级别

7．测试类型：测试的目标

8．维护测试

第三部分：静态技术

9．评审的测试过程

10．工具支持的静态分析

第四部分：测试设计技术

11．黑盒技术

12．白盒技术

13．基于经验的技术

第五部分：测试管理

14．测试的组织结构

15．测试计划的估算

16．测试进度监控

17．配置管理

18．风险和测试

19．事件管理

第六部分：测试的工具支持

20．测试工具的类型

21．高效率使用工具

22．组织中工具的引入

其他：

23．面向对象的软件测试

24．基于 GUI 的软件测试等

ISTQB 软件测试初级认证大纲更详细内容见有关网站。

### 11.1.3　ISTQB 软件测试高级认证大纲

高级课程主要包括以下主要内容。

1．软件测试基本知识

2．测试过程

    2.1　测试分析和设计

    2.2　测试实施和执行

    2.3　评价测试通过准则和报告

3．测试(和风险)管理

4．测试技术

    4.1　基于规格说明

    4.2　基于缺陷和经验

5．软件特点测试

    5.1　业务领域类测试的质量属性

    5.2　技术类测试的质量属性

6．评审

7．突发事件管理

8．测试过程改进

9．测试工具和自动化

    9.1　测试工具概念

    9.2　测试工具类别

10．人员技能和团队组成

ISTQB 软件测试高级认证大纲更详细内容见有关网站。

## 11.2　服务外包岗位专业考试

### 11.2.1　证书介绍

服务外包岗位专业考试是一项新的国际商务岗位资质测评考试。服务外包岗位专业考试以职业能力指标体系为依据，分别对 ITO、BPO、KPO 业务领域的多种职业岗位提供能力测评考核。目前全国服务外包岗位专业考试中心已推出 22 种岗位测评。

服务外包岗位专业考试题目由与各个考试岗位配套的海量题库提供。题库分为理论知识题和实操题两种。考试通过这两类题型对考生的理论知识水平和实务水平进行全面测评。所有参加考试的考生在考试后均可以获得由"全国服务外包岗位专业考试中心"提供的专业测评报告，考试成绩合格的考生亦可获得相应岗位的专业资质证书。部分岗位的证书分为初、中、高三级，为企业录用人才提供了很好的科学依据。

全国服务外包岗位专业考试还增加了考试内容的实训环节和考试之后的人力资源服务环节，使得服务外包岗位专业考试成为一个"培训—上岗—反馈"的系统化流程，考试不再仅仅是验证知识水平，而成为一个提高考生岗位专业水准、直接面向雇主、为企业所思所用的双向平台。

服务外包岗位专业考试旨在统一服务外包各岗位的测试标准和操作规范，促进相关专业的学生教育和培训工作，使大多数的从业人员取得上岗合格证书，从根本上促进整个服务外包领域的健康发展。本书主要进行介绍的是"软件外包测试工程师"和"软件外包测试经理"认证考试。考试官网为 http://www.outsourcing.org.cn/index.asp。

## 11.2.2　信息技术外包(ITO)——软件外包测试工程师考试大纲

### 1. 考试岗位说明

岗位名称：软件外包测试工程师。

岗位介绍：本岗位是通过使用人工或自动手段，来运行或测试某个系统的过程。其目的在于检验它是否满足规定的需求或弄清预期结果与实际结果之间的差别。测试工作的根本是检验软件系统是否满足软件用户的需求。

适合行业：金融、电信、政府、电子商务、游戏等行业相关软件研发及外包。

发展方向：目前大中型软件开发与测试人员比率接近 1∶2，市场空缺巨大。软件测试工程师在一家软件企业中担当的是"质量管理"角色。测试组长这类测试人员通常是测试项目的负责人，既要具备较高的测试技术能力，还要具备一定的管理能力。测试组长可以向上发展为测试部经理、质量经理，也可以横向发展为项目经理，而且通常待遇相对较高。

### 2. 考试科目

职业素养；服务外包行业知识；计算机基础知识；软件测试专业知识；数据结构；UNIX操作系统；软件工程；软件质量管理。

### 3. 考试等级

考试等级：分为初级、中级、高级。

初级：大专及以上学历，应/往届毕业生，成绩合格者提供就业机会。

中级：本科及以上学历，经过专业系统的培训或 ITO 实验室的培训，成绩合格者提供就业岗位。

高级：本科及以上学历，主要针对企业中具有 2 年以上开发经验的在职开发人员。

### 4. 职能要求

服务外包软件测试工程师岗位考试的主要职能要求包括：掌握计算机系统的软硬件的基础知识及计算机系统的设计、研究、开发和综合应用的知识和技能，接受从事软件测试的基本训练，了解计算机常用操作系统，具备系统软件和应用软件的测试能力。

### 5. 面向专业

计算机科学与技术、软件工程、计算机应用、信息与通信工程、电子信息工程等专业。

6. 试卷内容结构(表 11-1)

表 11-1　软件外包测试工程师考试试卷内容结构

| 序号 | 一级内容 | 二级内容 | 百分比 |
|---|---|---|---|
| 1 | 职业素质 | 外语能力 | 6% |
| | | 沟通能力、团队合作能力 | 2% |
| | | 学习和创新素质 | 2% |
| 2 | 服务外包行业知识 | 服务外包基础理论知识 | 2% |
| | | 服务外包实务 | 3% |
| 3 | 国际或行业标准、规范 | 规范 | 1% |
| | | 标准 | 4% |
| 4 | 计算机基础知识 | 网络应用能力 | 1% |
| | | 操作系统应用能力 | 2% |
| | | 数据库应用能力 | 2% |
| 5 | 软件测试专业能力 | 软件测试基础知识 | 45% |
| | | 搭建测试环境 | 5% |
| | | 分析测试对象，设计测试用例 | 5% |
| | | 测试用例，缺陷报告，Bug 管理工具 | 10% |
| 6 | 软件工程应用能力 | 软件工程知识 | 5% |
| | | 软件工程过程适应能力 | 5% |

## 11.2.3　信息技术外包(ITO)——软件外包测试经理考试大纲

1. 考试岗位说明

岗位名称：软件外包测试经理。

岗位介绍：本岗位的工作内容体现为有效地领导一个测试团队，管理和贯彻测试任务。这包括搭建一个能够支持良好沟通和有效成本控制的测试环境，创建一个有效的测试团队。带领测试团队，设计、执行、优化测试过程，丰富测试手段，引入新的测试框架和测试策略；统计和分析测试结果，提高测试效率和质量，同时领导其他测试人员与开发人员、项目管理人员进行沟通和协作，推动整个项目的顺利进行。

适合行业：金融、电信、政府、电力、运输、电子商务、能源、军工、制造业、医疗、移动互联、科研机构、游戏等涉及软件应用的行业。

发展方向：测试经理负责企业级或大型项目级总体测试工作的策划与实施。测试经理可以向上发展为测试总监、产品经理(总监)，并在未来通过配置管理、质量保证、软件产品化、行业领域达到高深造诣进入咨询领域担任公司顾问，也可以在技术和管理交融的基础上最后问鼎公司副总裁、CTO、CIO 等。

2. 考试科目

职业素养；服务外包行业知识；项目管理基本知识；软件工程专业知识；软件测试专业知识；测试管理专业知识；团队提升知识。

### 3. 考试等级

考试等级：高级。

考试要求：理论性知识考试成绩达到 80 分以上，案例分析考核成绩达到 80 分以上。具备带领团队完成测试任务的能力。

### 4. 职能要求

软件外包测试经理岗位考试的主要能力要求包括：掌握项目管理的基本知识，能够阅读一般难度的 IT 测试英文资料；系统掌握软件软件工程知识；能够搭建、管理软件测试管理、自动化测试、缺陷管理以及配置管理系统；编制软件测试计划及测试方案，控制软件测试过程，并能够分析和优化软件测试过程，提高测试过程效率；分析测试结果并从业务、管理和过程等层面给出指导性、提高性意见的能力。

### 5. 考核对象

计算机科学与技术、软件工程、计算机应用、信息与通信工程、电子信息工程等专业本科及以上学历毕业，具有一年以上测试经验，具备一定的管理基础知识或项目管理知识的软件测试从业人员。高职毕业的，在相应的年限上增加一年。

### 6. 试卷内容结构(表 11-2)

表 11-2　软件外包测试经理考试试卷内容结构

| 序号 | 一级内容 | 二级内容 | 百分比 |
|---|---|---|---|
| 1 | 职业素质 | 外语能力 | 2% |
| | | 项目管理知识 | 3% |
| 2 | 服务外包行业知识 | 服务外包基础理论知识 | 2% |
| | | 服务外包实务 | 3% |
| 3 | 软件测试基础 | 软件生命周期模型 | 2% |
| | | 软件测试的度量(质量指标/度量) | 3% |
| 4 | 测试过程 | 软件过程模型 | 2% |
| | | 测试计划和控制 | 3% |
| | | 测试分析和设计 | 3% |
| | | 测试实施和执行 | 3% |
| | | 测试结果分析和评估 | 4% |
| 5 | 测试管理 | 测试方案、计划和测试文档制作 | 5% |
| | | 测试估算 | 5% |
| | | 测试计划安排 | 5% |
| | | 测试过程监控 | 5% |
| | | 外包测试 | 5% |
| 6 | 测试评审 | 评审原则和类型 | 3% |
| | | 评审过程及要点 | 5% |
| | | 同行评审 | 7% |

续表

| 序号 | 一级内容 | 二级内容 | 百分比 |
|------|----------|----------|--------|
| 7 | 缺陷管理 | 缺陷管理基本概念 | 2% |
| | | 缺陷管理基本流程 | 4% |
| | | 缺陷管理工具及使用 | 4% |
| | | 缺陷分析 | 5% |
| 8 | 软件配置管理 | 配置管理的基本概念 | 2% |
| | | 软件配置管理基本活动 | 3% |
| | | 软件配置库管理 | 5% |
| 9 | 团队管理 | 测试工程师的职业发展路线 | 2% |
| | | 测试团队的组建和团队管理 | 3% |

# 11.3　软件测试的拓展学习与研究学习

为了培养学生的拓展学习能力和研究学习能力，本节节选了作者与教学有关的三篇技术研究论文，供读者学习使用。前两篇论文是第六届中国软件测试学术会议 CTC2010 的会议论文，第一篇并发表在《计算机研究与发展》增刊上，第三篇论文发表在《计算机工程与科学》期刊上。本节的目的是为了让读者了解软件测试技术的发展和沿革，鼓励本书的使用者通过研读科研论文学习软件测试知识和技能。

## 11.3.1　软件测试理论中的阴阳学说

### 1. 摘要

通过中国古代文化中的哲学与辩证思想，解释并解决软件测试理论中的一些基本问题，丰富和发展软件测试理论。从中国古代《周易》中的阴阳哲学思想的角度，对软件测试理论中的静态测试与动态测试、黑盒测试与白盒测试等技术进行了解释，并对其哲学意义上的"固有、互含、转化"三个基本原理进行了在软件测试应用上的探讨。指出《周易》中阴阳哲学思想在软件测试方法、模式的选取，测试工作量的平衡等问题中的研究方向。

### 2. 结论

本文通过运用中国古代文化中阴阳学说的哲学与辩证思想，首先定义了阴测试与阳测试，然后定义并解释了阴阳测试的固有原理、互含原理、转化原理。运用上述定义及原理对软件测试中的黑盒测试与白盒测试、静态测试与动态测试、性能测试与功能测试进行了分类与说明，指出了软件测试中应遵循的原则。

本文的研究方向将继续深入进行阴阳测试理论学说的研究，并将其运用在软件测试方法、模式的选取，测试工作量的估计与平衡等问题的研究上。

## 11.3.2　游戏软件测试模式选择与测试估计研究

### 1. 摘要

通过对游戏软件特有的测试模式分析，进行游戏软件测试工作量估计。以美国软件生产力研究所(Software Productivity Research)的一般软件测试估计的数据为基础,以网络游戏为例,选择了 12 个测试阶段为游戏软件测试模式,对游戏软件测试工作量进行估计。通过 3 个游戏项目的实验对比,测试估计的误差在 15%~20%。指出进一步收集并构建游戏软件测试数据,确定数据调整因子的研究方向。

#### 2. 实验与结论

本文根据上述设计对 3 个游戏项目进行了测试估计,通过数据对比,误差率在 15%~20%。误差的主要原因是缺少游戏软件的测试基础数据、对比的项目过少等。

测试的总目标是充分利用有限的人力、物力,高效率、高质量地完成测试。"不充分的测试是愚蠢的,而过度的测试是一种罪孽"。测试不只意味着让用户承担隐藏错误带来的危险,过度测试则会浪费许多宝贵的资源。

本研究将继续收集游戏软件数据及测试数据,在达到一定数量之后,可以对数据进行综合分析,构建出游戏软件测试数据,确定出游戏软件测试调整因子,使游戏软件测试模式的选择更合理,测试估计更准确。

### 11.3.3 基于净室软件工程的游戏软件测试技术研究与分析

#### 1. 摘要

本文首先介绍了净室软件工程的理论基础、技术手段和工作过程,然后以净室组合测试为例,研究了使用规范、使用模型设计和测试用例生成的过程,最后对净室组合测试进行了分析。

#### 2. 结束语

净室软件工程可以使软件的质量更高,从一开始就设法防止错误发生,从而有效地提高了软件的质量。净室软件测试可以有更高的测试效率,能大大提高软件生产率,这主要是因为节省了大量排除错误和返工的时间。同时有更高的软件可维护性,净室软件工程方法开发的软件一定有明确、详细的说明书,而且其设计也简单明了,这就使得软件的可维护性大大提高。

在净室组合游戏测试中,为了按照游戏者运行方式去检测游戏,游戏者的使用倾向和类别应该加入到游戏测试中来。这样做的目的就是为了找到和删除可能在游戏中出现的漏洞。有时也需要进行基于游戏者角度互换的颠倒测试,以便更有效地查找游戏上存在的罕见漏洞。

## 11.4 软件测试虚拟实训

### 11.4.1 虚拟实训

实训是高等职业教育教学活动中最重要的教学环节,实训对于培养学生的实际操作能力和解决实际问题的能力是至关重要的,学生的大部分实践能力都是通过实训课程培养的,学生只有通过足够的实训和实习,才能理解和掌握该专业的理论知识,才能获得足够的实践技能和动手能力。但是随着学生数量的增加、实训任务量的不断增大以及对模拟真实企业环境要求的提高,实训设备的数量及要求已经远远不能满足实训的需要。必须通过实训技术手段的革新来解决这些问题,虚拟实验与虚拟实训就是途径之一。

## 11.4.2　传统实训存在的主要问题

### 1. 设备先进性保持时间短

目前，高职院校实训室中存在的一个突出问题就是硬件条件差，一般院校教育经费严重不足，有些设备对于大多数高职学院根本无力购买，生均占有的仪器设备数额少、档次低。结果导致相关课程的实训基本无法开出，有些勉强开出的实训也由于设备数量严重不足，满足不了学生动手的需求。同时购买了一批设备也要使用到设备的报废年限为止，而实际生产企业的设备更新换代很快，这样从学院培养出去的学生并不能够在很短的时间内适应岗位工作的需要。这很难做到教育部提出的"基地设备保持同期企业生产使用设备水平，并具有一定的超前性"要求。

### 2. 实训开放性不够

高职院校要面向学生、企业、社会，开拓实训、培训、科研等全方位的社会服务。实际上学院在满足学生实训的前提下，真正能面向企业、社会开放的时间非常少，这主要是实训资源少、实训基地机制不灵活、基地受时间和空间约束过多等原因造成的。

### 3. 校内实训环境与企业生产环境不一致

由于设备的规格型号千差万别，一般学院也只能选择配备某一种型号的，一般是同类设备中档次较低的，设备更新换代的速度更是远远不及实际工作现场设备的更新换代速度，所以设备老化及型号单一情况在学院实训教学中普遍存在，这一现象导致学生虽然做了实训，但是校内实训环境与企业生产环境不一致，校内实训与职业岗位工作不一致，实训效果差，学生适应企业工作岗位慢。

## 11.4.3　虚拟实验室

"虚拟实验室(Virtual Lab)"的概念是由美国弗吉尼亚大学(University of Virginia)的教授威廉·沃尔夫(William Wolf)于 1989 年首先提出的，它描述了计算机网络化的虚拟实验室环境，致力于构筑一个综合不同工具和技术的信息化、网络化的集成环境，在这个环境里，用户可以非常有效地利用分布在世界上的各种数据、信息、仪器设备及人力等资源。

虚拟现实实验室是虚拟现实技术应用研究的重要载体。由于虚拟仪器(Virtual Instrumentation，VI)和网络技术的飞速发展，通过网络来构建虚拟实训室(Virtual Laboratory，VLab)已经成为可能。网上虚拟实训室实现的基础是多媒体计算机技术、网络技术与仪器技术的结合。

虚拟仪器技术与认知模拟方法的结合也赋予虚拟实训室的智能化特征，无论是学生还是教师，都可以自由地、无顾虑地随时进入虚拟实训室，进行各种实训练习。不但为实训课程的教学改革及远程教育提供了条件和技术支持，还可以随时为学生提供更多、更新、更好的仪器。通过网上虚拟实训室，能够在网络中模拟实训现场，能够"身临其境"地观察实验现象。

虚拟实验室实质上是一个分布式计算机系统，在该系统中配备具有遥测、遥控能力的网络化研究设备和数据采集平台，有支持协作活动的各种工具，建有可以支持数据共享的数字式图书馆。

### 11.4.4　虚拟实验室国内外现状

虚拟实验室概念的提出至今仅十余年，但因其诱人的应用前景，各国均在大力开发，已经取得了一些进展。目前，虚拟实验室的建设在发达国家已十分普及。

美国作为当今的科技强国，为继续保持其在科学技术领域的领先地位，尤其重视信息技术的研究，并已将虚拟实验室列入其科研发展的战略规划。在 1991 年底，美国科学基金会、美国国家科学研究顾问委员会所属的计算机与远程通信部组成了一个"全国(科学)合作实验室委员会"，其任务是调查科学家对信息技术开发的需求，协调科研合作关系，组织并实施具体的信息技术开发。此后，美国联邦政府投入资金在相关专业领域建造了各自的虚拟实验室作为示范工程，开展了一系列探索性研究并取得了实质性进展。美国一些政府部门，如能源部，正在制订计划将其所属的科研机构过渡到虚拟实验室环境中。目前，越来越多的院校和科研机构正投身于构筑一个覆盖美国的虚拟实验网络的工作中来。

作为首先提出虚拟实验室概念，并具有雄厚的科研实力和强大财力的美国，从一开始就十分重视虚拟实验室的研究与开发，在该领域的研究已处于领先地位。虚拟仪器系统及其图形编程语言已成为各大学理工科学生的一门必修课，其普及程度是相当广泛的。国外的一些大学已组建了远程虚拟实验室。德国的汉诺威大学建立了虚拟自动化工作平台；意大利帕瓦多大学建立了远程虚拟教育实验室；新加坡国立大学开发了远程示波器实验和压力容器实验。

在国内，虚拟实验室的建设也得到了应用上的重视。目前，已有部分高校初步建立了虚拟实验室。例如，清华大学利用虚拟实验仪器构建了汽车发动机检测系统；华中理工大学机械学院工程测试实验室将其虚拟实验室成果在网上公开展示，供远程教育使用；四川联合大学基于虚拟仪器的设计思路，研制了航空电台二线综合测试仪，将 8 台仪器集成于一体，组成虚拟仪器系统；复旦大学、上海交通大学、暨南大学等一批高校也开发了一批新的虚拟仪器系统用于教学和科研。

### 11.4.5　虚拟实训室的功能特点

虚拟实训室具有传统实训室无法比拟的功能特点，决定了它在科研和教育中的美好应用前景，它所具有的功能特点如下。

**1. 透明性**

虚拟实训室的所有数据库和硬件，甚至人员集成于一个系统，使用标准的统一命令来实现功能服务，这种透明的结构决定了虚拟实训室的透明性。

**2. 资源共享性**

建立虚拟实训室的宗旨之一就是为了做到资源共享。用户可以共享数据、软件、硬件等相关资源。这个特性能够减少重复投资，大大节约投资成本。

**3. 互动操作性**

虚拟仪器室一旦开放，即具有互动性，远程用户同样可以操作本地实训室，同时用户之间可以交流信息。开放远程用户程序需要具有一系列软硬件的支持，是虚拟实训室的组成部分。

### 4. 扩展性

在当今的信息时代里，知识更新速度十分迅速，新型性和性能更优的实训设备更新周期越来越短。这需要大量资金来适应更新的速度，而教育资金普遍比较紧张，基础教学设备的投入明显不足，在国家扩大招生以后，矛盾更加突出。虚拟实训是一种全新的实训方式，虚拟实训环境的基础投资及维护费用大大低于硬实训设备的投资费用，对解决高校实训设备不足的问题有现实意义。由于虚拟实训的核心技术是应用软件平台，便于升级换代，有较强的生命力。

### 5. 安全性

安全性是开放的、透明的和资源共享的合作环境所必需的保障条件。虚拟实训室采取必要的措施和技术手段维护系统软件和硬件以及用户知识产权的安全，通常采用用户鉴别注册、权限验证技术，文献加密技术等手段保证系统的安全性，具有安全措施的虚拟实训室系统能够做到拒绝非法访问者进入虚拟实训室，也可以及时中止合法访问者的不当操作。

## 11.4.6 虚拟实验室的构建使用与管理

### 1. 构建方法简单

目前有建立虚拟环境的工具软件：VMware 和 Virtual PC。应用这种专业的"虚拟 PC"软件，可以虚拟现有的任何操作系统，而且使用简单，成本也比较低。

### 2. 实用性强

在建立起来的虚拟环境中，可以运行多个操作系统。它也可以虚拟计算机硬件，操作者可以像使用普通的计算机一样对它们进行分区、格式化等操作，而所有的这些操作都不会对真实主机进行操作，不影响真实硬盘的数据，甚至可以通过网卡将几台虚拟机连接成一个局域网，这个网络的行为与真实的网络完全一致，而且不用担心损坏虚拟网卡和虚拟交换机。

### 3. 加强虚拟实验室的管理，提高实验教学质量

实验教学管理是高校实验教学过程中的"软件"，是确保实验教学质量的重要因素。要加强实验教学管理，使虚拟实验教学卓有成效地顺利进行，就必须做到以下几点。

第一，有一个切合实际的实验教学大纲。实验教学大纲，实际上应把它视为高校实验教学管理的法规，它是组织实施实验教学、检查其质量好坏的根本依据。

第二，编制虚拟实验课指导教材。根据实验教学大纲和实验实际的需要和目前实验室所用的虚拟环境，编写适合本专业使用的实验教程系列丛书，专为指导实验课的教师和参加该项实验的学生使用。教程应主要包括实验仪器的构造、操作要领，各实验项目的目的、原理、实验步骤、考核要点、作业等。

第三，也是最重要的一环，应根据各门实验的具体要求制定考核办法和评分标准。实验考核是衡量实验教学质量的主要指标，是检查教学效果、促进学生学习、改进教学工作、提高教学质量的手段，是检测学生对实验内容掌握情况的重要依据。评分标准是否公正、科学、合理，直接影响学生学习的积极性。

第四，按时记录实验教学日志。它是实验课结束之后的实际记录，是检测实验课全过程实际效果的具体管理文件。

## 11.4.7　虚拟现实技术

### 1. 虚拟现实技术的发展

1965 年，Sutherland 在篇名为《终极的显示》的论文中首次提出了具有交互图形显示、力反馈设备以及声音提示的虚拟现实系统的基本思想，从此，人们正式开始了对虚拟现实系统的研究探索历程。

随后的 1966 年，美国 MIT 的林肯实验室正式开始了头盔式显示器的研制工作。在这第一个 HMD 的样机完成不久，研制者又把能模拟力量和触觉的力反馈装置加入到这个系统中。1970 年，出现了第一个功能较齐全的 HMD 系统。基于从 20 世纪 60 年代以来所取得的一系列成就，美国的 Jaron Lanier 在 20 世纪 80 年代初正式提出了"Virtual Reality"一词。

20 世纪 80 年代，美国宇航局(NASA)及美国国防部组织了一系列有关虚拟现实技术的研究，并取得了令人瞩目的研究成果，从而引起了人们对虚拟现实技术的广泛关注。1984 年，NASA Ames 研究中心虚拟行星探测实验室的 M.McGreevy 和 J.Humphries 博士组织开发了用于火星探测的虚拟环境视觉显示器，将火星探测器发回的数据输入计算机，为地面研究人员构造了火星表面的三维虚拟环境。在随后的虚拟交互环境工作站(VIEW)项目中，他们又开发了通用多传感个人仿真器和遥现设备。

进入 20 世纪 90 年代，迅速发展的计算机硬件技术与不断改进的计算机软件系统相匹配，使得基于大型数据集合的声音和图像的实时动画制作成为可能；人机交互系统的设计不断创新，新颖、实用的输入输出设备不断地进入市场。而这些都为虚拟现实系统的发展打下了良好的基础。例如，1993 年的 11 月，宇航员利用虚拟现实系统成功地完成了从航天飞机的运输舱内取出新的望远镜面板的工作，而用虚拟现实技术设计波音 777 获得成功，是近年来引起科技界瞩目的又一项工作。可以看出，正是因为虚拟现实系统极其广泛的应用领域，如娱乐、军事、航天、设计、生产制造、信息管理、商贸、建筑、医疗保险、危险及恶劣环境下的遥控操作、教育与培训、信息可视化以及远程通信等，人们对迅速发展中的虚拟现实系统的广阔应用前景充满了憧憬与兴趣。

### 2. 虚拟现实的概念

虚拟现实技术(简称 VR)，又称灵境技术，是以沉浸性、交互性和构想性为基本特征的计算机高级人机界面。它综合利用了计算机图形学、仿真技术、多媒体技术、人工智能技术、计算机网络技术、并行处理技术和多传感器技术，模拟人的视觉、听觉、触觉等感觉器官功能，使人能够沉浸在计算机生成的虚拟境界中，并能够通过语言、手势等自然的方式与之进行实时交互，创建了一种适人化的多维信息空间，具有广阔的应用前景。

虚拟现实技术具有超越现实的虚拟性。虚拟现实系统的核心设备仍然是计算机。它的一个主要功能是生成虚拟境界的图形，故此又称为图形工作站。目前在此领域应用最广泛的是 SGI、SUN 等生产厂商生产的专用工作站，但近来基于 Intel 奔腾Ⅲ(Ⅳ代)芯片和图形加速卡的微机图形工作站性能价格比优异，有可能异军突起。图像显示设备是用于产生立体视觉效果的关键外设，目前常见的产品包括光阀眼镜、三维投影仪和头盔显示器等。其中高档的头盔显示器在屏蔽现实世界的同时，提供高分辨率、大视场角的虚拟场景，并带有立体声耳机，可以使人产生强烈的浸沉感。其他外设主要用于实现与虚拟现实的交互功能，包括数据手套、三维鼠标、运动跟踪器、力反馈装置、语音识别与合成系统等等。虚拟现实技术的应用前景十分广阔。它始于军事和航空航天领域的需求,但近年来,虚拟现实技术的应用已大步走进工业、建筑设计、教育培训、文化娱乐等方面。它正在改变着我们的生活。

虚拟与现实两词具有相互矛盾的含义,把这两个词放在一起,似乎没有意义,但是科学技术的发展却赋予了它新的含义。虚拟现实没有明确的定义,按最早提出虚拟现实概念的学者 J.Laniar 的说法,虚拟现实,又称假想现实,意味着"用电子计算机合成的人工世界"。从此可以清楚地看到,这个领域与计算机有着不可分离的密切关系,信息科学是合成虚拟现实的基本前提。

3. 虚拟现实面临的主要问题

生成虚拟现实需要解决以下 3 个主要问题。

(1) 以假乱真的存在技术。即怎样合成对观察者的感官器官来说与实际存在相一致的输入信息,也就是如何产生与现实环境一样的视觉、触觉、嗅觉等。

(2) 相互作用。观察者怎样积极和能动地操作虚拟现实,以实现不同的视点景象和更高层次的感觉信息。实际上也就是怎样可以看得更像、听得更真等等。

(3) 自律性现实。感觉者如何在没有意识到自己动作、行为的条件下得到栩栩如生的现实感。在这里,观察者、传感器、计算机仿真系统与显示系统构成了一个相互作用的闭环流程。

4. 虚拟现实关键技术

虚拟现实是多种技术的综合,其关键技术和研究内容包括以下几个方面。

1) 环境建模技术

即虚拟环境的建立,目的是获取实际三维环境的三维数据,并根据应用的需要,利用获取的三维数据建立相应的虚拟环境模型。

2) 立体声合成和立体显示技术

在虚拟现实系统中消除声音的方向与用户头部运动的相关性,同时在复杂的场景中实时生成立体图形。

3) 触觉反馈技术

在虚拟现实系统中让用户能够直接操作虚拟物体并感觉到虚拟物体的反作用力,从而产生身临其境的感觉。

4) 交互技术

虚拟现实中的人机交互远远超出了键盘和鼠标的传统模式,利用数字头盔、数字手套等复杂的传感器设备,三维交互技术与语音识别、语音输入技术成为重要的人机交互手段。

5) 系统集成技术

由于虚拟现实系统中包括大量的感知信息和模型,因此系统的集成技术成为重中之重:包括信息同步技术、模型标定技术、数据转换技术、识别和合成技术等等。

虚拟现实是在计算机中构造出一个形象逼真的模型。人与该模型可以进行交互,并产生与真实世界中相同的反馈信息,使人们获得和真实世界中一样的感受。当人们需要构造当前不存在的环境(合理虚拟现实)、人类不可能达到的环境(夸张虚拟现实)或纯粹虚构的环境(虚幻虚拟现实)以取代需要耗资巨大的真实环境时,就可以利用虚拟现实技术。

为了实现和在真实世界中一样的感觉,就需要有能实现各种感觉的技术。人在真实世界中是通过眼睛、耳朵、手指、鼻子等器官来实现视觉、触觉(力觉)、嗅觉等功能的。人们通过视觉观看到色彩斑斓的外部环境，通过听觉感知丰富多彩的音响世界，通过触觉了解物体的形状和特性，通过嗅觉知道周围的气味。总之，通过各种各样的感觉与客观真实世界交互(交流)，浸沉于和真实世界一样的环境中。

在这里，实现听觉最为容易；实现视觉是最基本的也是必不可少的和最常用的；实现触觉只有在某些情况下需要，现在正在完善；实现嗅觉才刚刚开始。人从外界获得的信息，有80%～90%来自视觉。因此在虚拟环境中，实现和真实环境中一样的视觉感受，对于获得逼真感、浸沉感极为重要。

在虚拟现实中与通常图像显示不同的是，要求显示的图像要随观察者眼睛位置的变化而变化。此外，要求能快速生成图像以获得实时感。例如，制作动画时不要求实时，为了保证质量每幅画面的生成需要多长时间不受限制。而虚拟现实时生成的画面通常为 30 帧/秒。有了这样的图像生成能力，再配以适当的音响效果，就可以使人有身临其境的感受。

能够提供视觉和听觉效果的虚拟现实系统，已被用于各种各样的仿真系统中。城市规划中，这样的系统正发挥着巨大作用。例如，许多城市都有自己的近期、中期和远景规划。在规划中需要考虑各个建筑与周围环境是否和谐相容，新建筑是否与周围的原有的建筑协调，以免建筑物建成后才发现它破坏了城市原有风格和合理布局。

这样的仿真系统还可用以保护文物、重现古建筑。把珍贵的文物用虚拟现实技术展现出来供人参观，有利于保护真实的古文物。山东曲阜的孔子博物院就是这么做的，它把大成殿也制成模型，观众通过计算机便可浏览到大成殿几十根镂空雕刻的盘龙大石柱，还可以绕到大成殿后面游览。

用虚拟现实技术建立起来的水库和江河湖泊仿真系统，更能使人一览无遗。例如，建立起三峡水库模型后，便可在水库建成之前，直观地看到建成后的壮观景象。蓄水后将最先淹没哪些村庄和农田，哪些文物将被淹没，这样能主动及时解决问题。如果建立了某地区防汛仿真系统，就可以模拟水位到达警戒线时哪些堤段会出现险情，万一发生决口将淹没哪些地区。这对制订应急预案有极大的帮助。

虚拟现实的广泛用途把计算机应用提高到一个崭新的水平，其作用和意义显而易见。此外，还可从更高的层次上看待其作用和意义。一是在观念上，从"以计算机为主体"变成"以人为主体"；二是在哲学上使人进一步认识"虚"和"实"之间的关系。

过去的人机界面(人与计算机的交流)要求人去适应计算机，而使用虚拟现实技术后，人可以不必意识到自己在与计算机打交道，而可以像在日常环境中处理事情一样与计算机交流。这就把人从操作计算机的复杂工作中解放出来。在信息技术日益复杂、用途日益广泛的今天，这充分发挥信息技术的潜力，具有重大的意义。

虚和实的关系是一个古老的哲学命题。人是处于真实的客观世界中，还是只处于自己的感觉世界中，一直是唯物论和唯心论争论的焦点。以视觉为例，人所看到的一切，不过是视网膜上的影像。过去，视网膜上的影像都是真实世界的反映，因此客观的真实世界与主观的感觉世界是一致的。现在，虚拟现实导致了二重性，虚拟现实的景物对人的感官来说是实实在在的存在，但它又的的确确是虚构的事物。可是，按照虚构事物行事，往往又会得出正确的结果。因此就引发了哲学上要重新认识"虚"和"实"之间关系的课题。

5. 虚拟现实技术的重要技术特征

虚拟现实的定义可以归纳如下：虚拟现实是利用计算机生成一种模拟环境(如飞机驾驶

舱、操作现场等),通过多种传感设备使用户"投入"到该环境中,实现用户与该环境直接进行自然交互的技术。虚拟现实技术因此具有以下 4 个重要特征。

1) 多感知性

所谓多感知性就是除了一般计算机所具有的视觉感知外,还有听觉感知、力觉感知、触觉感知、运动感知,甚至包括味觉感知、嗅觉感知等。理想的虚拟现实就是应该具有人所具有的感知功能。

2) 存在感

存在感又称临场感,它是指用户感到作为主角存在于模拟环境中的真实程度。理想的模拟环境应该达到使用户难以分辨真假的程度。

3) 交互性

交互性是指用户对模拟环境内物体的可操作程度和从环境得到反馈的自然程度(包括实时性)。例如,用户可以用手去直接抓取环境中的物体,这时手有握着东西的感觉,并可以感觉物体的重量,视场中的物体也随着手的移动而移动。

4) 自主性

自主性是指虚拟环境中物体依据物理定律动作的程度。例如,当受到力的推动时,物体会向力的方向移动、翻倒,或从桌面落到地面等。

6. 虚拟现实系统的构成与应用

虚拟现实系统主要由以下 5 个模块构成。

检测模块:检测用户的操作命令,并通过传感器模块作用于虚拟环境。

反馈模块:接受来自传感器模块信息,为用户提供实时反馈。

传感器模块:一方面接受来自用户的操作命令,并将其作用于虚拟环境;另一方面将操作后产生的结果以各种反馈的形式提供给用户。

控制模块:对传感器进行控制,使其对用户、虚拟环境和现实世界产生作用。

建模模块:获取现实世界组成部分的三维表示,并由此构成对应的虚拟环境。

虚拟现实技术的应用前景是很广阔的。它可应用于建模与仿真、科学计算可视化、设计与规划、教育与训练、遥作与遥现、医学、艺术与娱乐等多个方面。

## 11.4.8 虚拟企业简介

1. 虚拟企业的组成

软件测试虚拟实训室的虚拟企业软件按照软件企业测试环境标准而设计,主要突出技能实训。由于软件测试工作在软件开发各个环节都有涉及,虚拟实训室的组成按照软件开发单位的组织结构和软件开发各阶段需求,模拟企业的项目开发小组的工作情景。虚拟实训室的使用者扮演软件开发企业中具体岗位的员工,在虚拟企业里完成具体的项目工作,如设计文档审查、代码审查等静态测试工作和单元测试等动态测试工作。

虚拟企业的设计运用基于工作过程的教学思想,以学生可能的就业岗位所面对的"软件产品"为载体将"软件测试"学习领域分为 7 种学习情境,分别为:①软件测试的设计与实施;②网络软件测试的设计与实施;③游戏软件测试的设计与实施;④数据仓库软件测试的设计与实施;⑤软件安全测试的设计与实施;⑥嵌入式软件测试的设计与实施;⑦开源软件测试的设计与实施。

2．虚拟企业的特点

软件测试虚拟实训室所实现的虚拟企业有以下特点。

一是职业情景性。按照行业标准，针对上岗就业而设计。其中技能部分为软件开发经历的 7 个情景，几乎覆盖了软件测试的主要技能点。学生通过软件学习，掌握了这些技能，很容易通过考核鉴定，持证上岗。

二是高仿真性。所有的实训项目均基于实物场景三维建模，形成真实感极强的虚拟实训环境，使学员能在几乎真实的环境下操作练习，增强了实操感，提高了掌握实际技能的能力。

三是过程性。职业技能重要的是技能养成，要靠反复训练方可达到。所有的操作都具有严格的操作步骤，学习者可在操作步骤的提示下操作，养成正确操作的习惯。

四是交互性。职业技能训练需要学习者亲自动手，所有的技能都设置了让学员亲自动手操作的模块，如测试的策划、执行、管理等，以加深印象，提高实际操作技能。

五是趣味性。针对学生年龄特点，根据教学目标，设计了许多具有趣味性的练习，寓教于乐，提高学员的学习兴趣。

3．虚拟企业的优势

一是可以提高质量。使用虚拟企业软件，重点难点可反复操练，出错的地方计算机随时提醒，就像有位老师，时刻站在学生的身旁指导，可以明显提高技能水平。经仿真软件训练后的学生再进行真实企业操作，原理清，过程熟，极大地提高学习效率。

二是可以节省资金。完全依靠真实环境的生产性实训，以软件测试为例，30 个学生进入企业实训，相应的实训管理费用，按照每生 500 元的标准，需要 15 000 元。如需要自行建立模拟企业的软件工厂，把设备、装潢、网络等考虑在内，建一个实训室则需要场地 7 000 平方米，资金 8 000 万元。采用实训仿真软件，软件费用只需要 10 万元左右，连同计算机在内费用不到前者的十分之一，场地耗材均可省。经过仿真训练后再操作，时间可节省一半，设备不足的矛盾可迎刃而解。

三是可以规避危险。如果学生进入企业实训，项目为真实项目，允许学生出错的余地很小，且学生在工作中出错容易给企业带来经济损失。而采用仿真软件，可规避危险，甚至可模拟险象，给学生以强烈印象。

四是可以提高效益。仿真实训室软件的互联网版本可以在因特网上运行，学生可以不受时间空间限制，在任何时间任何地点上机训练；学校也可开设网络、函授学习课程，多种模式并存，大大提高办学效益。

## 11.4.9　虚拟企业软件的开发语言与运行环境

虚拟企业软件是各种现代计算机软件技术的集成，其开发语言大体分为三类，主要使用的总共有 30～50 种。

(1) 多媒体素材制作软件。

(2) 二维动画与三维动画编程软件。

(3) 系统合成软件。

(4) 运行环境如下。

操作系统：Windows XP 或同等级版本以上的操作系统。

CPU 类型：酷睿 2 以上。

RAM 大小：500MB 以上。

HD 空间：剩余空间 1.5GB 以上。

DVD 驱动器：16 倍速以上。

显示分辨率与色彩：1024×768，32 位色以上。

声卡与音频输出：最少 16bit 的声卡。

## 11.5　常用计算机软件测试标准

软件开发中出现错误或缺陷的机会越来越多，市场对软件质量重要性的认识逐渐增强，软件测试在软件项目实施过程中的重要性日益突出。几乎每个大中型 IT 企业的软件产品在发布前都需要大量的质量控制、测试和文档工作，而这些工作必须依靠一系列的市场公认的规范标准实施。常见的软件测试及文档编制标准有中国国家标准 GB/T 15532、GB/T 9386 和美国电气和电子工程师协会的 IEEE 829 标准。

GB/T 是指推荐性国家标准(GB/T)，"T"在此读"推"，推荐性国标是指生产、交换、使用等方面，通过经济手段或市场调节，而自愿采用的国家标准。在计算机软件测试环节上通常采用《GB/T 15532—2008 计算机软件测试规范》和《GB/T 9386—2008 计算机软件测试文档编制标准》这两个国家标准。

由于篇幅有限，本章无法收录《GB/T 15532—2008 计算机软件测试规范》和《GB/T 9386—2008 计算机软件测试文档编制标准》的全部内容，只能对这些标准进行简单介绍。

## 11.6　GB/T 15532—2008 计算机软件测试规范

1．标准简介

计算机软件测试是一个过程，该标准为软件测试过程规定了一个标准的方法，使之成为软件工程实践中的基础。该标准代替《GB/T 15532—1995 计算机软件单元测试》，于 2008 年首次发布。

《GB/T 15532—2008 计算机软件测试规范》规定了计算机软件生存周期内各类软件产品的基本测试方法、过程和准则。该标准从软件测试的目的、测试类别、测试过程、测试方法、测试用例、测试管理、测试文档、测试工具、软件完整性级别与测试的关系等方面给出基本的要求和说明。该标准适用于计算机软件生存周期全过程以及计算机软件的开发机构、测试机构及相关人员。

2．标准内容结构

《GB/T 15532—2008 计算机软件测试规范》1～3 章介绍了该标准的使用范围，规范性引用文件和软件测试中用到的术语和定义。第 4 章总则描述了本规范的总体概貌和共性要求，并提出了计算机软件测试的目的。

(1) 验证软件是否满足软件开发合同或项目开发计划、系统/子系统设计文档、软件需求规格说明和软件设计说明所规定的软件质量特性要求。

(2) 通过测试，发现软件错误。

(3) 为软件产品质量的评价提供依据。

该标准第 5~10 章分别对单元测试、集成测试、配置项测试、系统测试和回归测试进行了详细描述。在了解第 4 章的基础上，根据选定的测试类别参考第 5~10 章中有关的内容就能开展软件测试工作。

3．与其他标准的关系

《GB/T 15532—2008 计算机软件测试规范》在实施时与以下标准有一定的关系。

《GB/T 8566—2007 信息技术软件生存周期过程》

《GB/T 16260—2006 软件工程产品质量》

《GB/T 9386—2008 计算机软件测试文档编制规范》

4．主要解决的问题

依据 GB/T 8566 定义的软件生存周期，《GB/T 15532—2008 计算机软件测试规范》明确了测试类别的划分，规范了每种测试类别的测试过程控制以及每个节点的评审要求，解决了软件测试中的管理问题。

依据 GB/T 16260 软件质量度量的定义，明确软件测试的内容以及软件质量特性的分类方法，对具体的软件项目选定需测试的内容要求。解决了测试内容如何保证全面、完整的问题，并统一了测试内容叫法上的混乱。另外也便于进行软件产品的评价。

推荐成熟且经典的测试方法，便于测试人员提高测试效率、保证测试质量。

明确了软件测试文档的要求，便于同行审查与交流。

## 11.7　GB/T 9386—2008 计算机软件测试文档编制规范

1．标准简介

测试是软件生存周期中一个独立的关键阶段，也是保证软件质量的重要手段。为了提高检测出错误的几率，使测试有计划和有条不紊地进行，应编制软件测试文档。标准化的测试文档就如同一种通用的参照体系，可达到便于交流的目的。文档中所规定的内容可以作为对相关测试过程完备性的对照检查表，故采用这些文档将会提高测试过程每个阶段的可视性，极大地提高测试工作的可管理性。

本标准规定了各个测试文档的格式和内容，主要涉及测试计划、测试说明和测试报告等。本标准是为软件管理人员、软件开发、测试和维护人员、软件质量保证人员、审核人员、客户机用户制定的。本标准用于描述一组与软件测试实施方面有关的基本测试文档。本标准定义每一种基本文档的目的、格式和内容。尽管本标准所描述的文档侧重于动态测试活动，但是有些文档仍适用于其他种类的测试活动。

该标准对测试文档的测试计划、测试设计说明、测试用例说明、测试规程说明、测试项传递报告、测试日志、测试事件报告、测试总结报告分别详细规定了测试目的、提纲、详细说明。其中，测试计划用来描述测试活动的范围、方法、资源和进度，测试设计说明规定测试方法和标识要测试的特征，测试规程说明是规定执行一组测试用例的各个步骤，测试项传递报告是为测试而传递的测试项，测试日志是按时间顺序提供关于执行测试的相关细节的记録，测试事件报告是将测试过程中发生的需要调查研究的所有事件形成文档，测试总结报告是总结指定测试活动的结果并根据这些结果进行评价。标准以附录的形式给出了实施和使用指南，以及测试文档和传递报告的示例。这些文档与其他文档在编制方面的关系以及与测试过程的对应关系如图 11.1 所示。

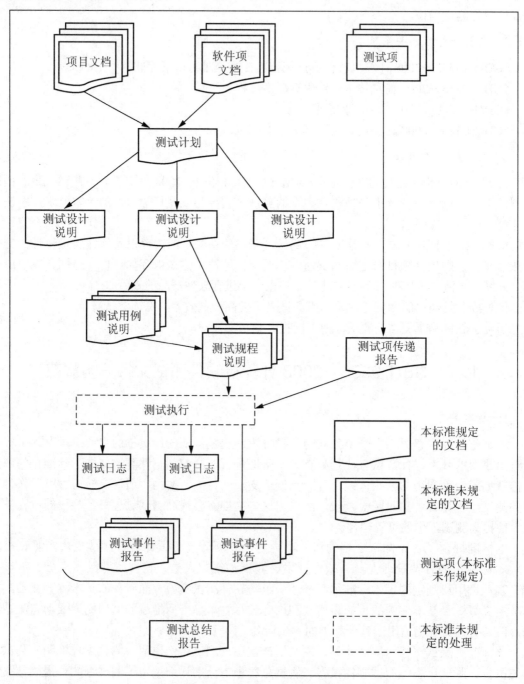

图 11.1　测试文档与测试过程关系图

2. 标准内容结构

《GB/T 9386—2008 计算机软件测试文档编制规范》中 1～3 章介绍了该标准的使用范围，规范性引用文件和软件测试文档编制时用到的术语和定义。第 4 章详细介绍了如何制定计算机软件的测试计划和开始测试之前的准备工作。第 5 至 11 章详细说明了软件测试文档的编写规范及要求。软件测试文档编写人员可以根据第 4 至 11 章的内容编写完整的软件测试文档。

《GB/T 9386—2008 计算机软件测试文档编制规范》的附录中提供了公司工资系统的示例，示例中有着详细的测试计划的规划以及详细的测试文档编写过程，具有很好的借鉴作用。

## 11.8　IEEE 美国电气和电子工程师协会简介

美国电气和电子工程师协会(IEEE)是一个国际性的电子技术与信息科学工程师的协会，是目前全球最大的非营利性专业技术学会，其会员人数超过 40 万人，遍布 160 多个国家。IEEE 致力于电气、电子、计算机工程和与科学有关的领域的开发和研究，在太空、计算机、电信、生物医学、电力及消费性电子产品等领域已制定了 900 多个行业标准，现已发展成为具有较大影响力的国际学术组织。

IEEE 定位在科学和教育，并直接面向电子电气工程、通信、计算机工程、计算机科学理论和原理研究的组织，以及相关工程分支的艺术和科学。IEEE 制定了全世界电子和电气以及计算机科学领域 30%的文献，另外它还制定了超过 900 个现行工业标准。

## 11.9　IEEE 829—1998 软件测试文档编制标准

1. 标准概述

IEEE 829—1998 也被称为 829 软件测试文档标准，作为一个 IEEE 的标准定义了一套文档用于 8 个已定义的软件测试阶段，每个阶段可能产生它自己单独的文件类型。这个标准定义了文档的格式但是没有规定它们是否必须全部被应用，也不包括这些文档中任何相关的其他标准的内容。

《IEEE 829—1998 软件测试文档编制标准》对单独的测试文档的构成与内容进行了详述，但本标准并不会指明项目中可能需要用到的测试文档。本标准假设项目中会需要用到的测试文档是预先定义过的。

《IEEE 829—1998 软件测试文档编制标准》涵盖了以下几种测试文档：测试规划文档，测试规范文档以及测试报告文档。

测试计划规定了测试活动的范围、方法、资源以及时间表。它指明了需要测试的项目、需要测试的功能、需要执行的测试任务、负责执行测试任务的人员职责，以及测试计划相关的风险，图 11.2 展示了测试文档之间的关系。

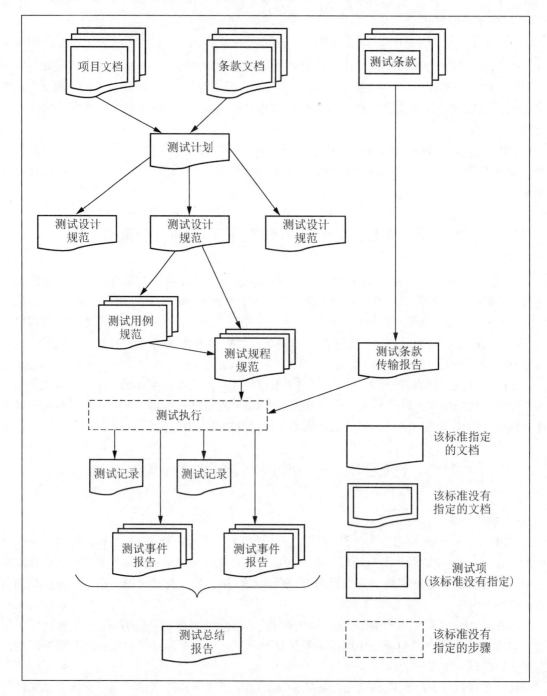

图 11.2　测试文档之间的关系

测试规范涵盖了以下 3 种文档。

(1) 测试设计规范文档优化了测试方法，明确了测试中需要涵盖的性能特征。与此同时它还明确了测试用例，以及完成该测试所需要的测试过程，最后它还定义了特征测试通过的条件。

(2) 测试用例规范文档记录了测试中输入的实际数值以及其相应的期望输出数值。测试用例也明确了使用该测试用例中所遭遇的限制。测试用例独立于测试设计，由于这种独立性，测试用例能在多于一种测试设计中使用从而能在不同的场景下重复使用。

(3) 测试步骤规范文档明确了系统的所有操作步骤，以及执行测试设计中所含的测试用例的操作步骤。测试步骤独立于测试设计规范，因为测试步骤是应该一步一步地来执行的，所以它不应当含有外部细节。

测试报告涵盖以下 4 种文档。

(1) 测试条款传输报告文档，该文档记录了需要移交的测试对象，在以下两个情景中往往需要使用该文档：当外部开发和测试团队介入到项目时，或者用户希望有一个正式开始的测试执行过程。

(2) 测试记录文档，该文档是测试团队用来记录执行测试中遇到的问题的。

(3) 测试事件报告文档，该文档用来记录执行测试中遇到的任何需要经过额外调查的问题。

(4) 测试总结报告文档，该文档汇报总结了与一项或者多项测试规范相关的测试行为。

## 2. 实施目的

《IEEE 829—1998 软件测试文档编制标准》是为了描述一整套基本的软件测试文档而制定的。一套标准化的软件测试文档能改善沟通能力，因为它提供了一套通用的参考框架(例如，用户与供应商之间对测试计划有相同的定义)。标准化测试文档中的内容定义往往都与相关的测试流程完整性一览表有着紧密的联系。标准化的测试文档也能作为现有测试的测试文档的评估底线。许多组织的测试管理能力由于采用了标准化测试文档而得到了大幅度的提升。而这些管理能力的提升与每一个测试阶段的透明度提高有着重要的关系。

## 3. IEEE 829 引用的其他标准

(1) IEEE 1008. 用于单元测试的标准。

(2) IEEE 1012. 用于软件检验和验证的标准。

(3) IEEE 1028. 用于软件检查的标准。

(4) IEEE 1044. 用于软件异常分类的标准。

(5) IEEE 1044-1. 软件异常分类指南。

(6) IEEE 1233. 开发软件需求规格的指南。

(7) IEEE 730. 用于软件质量保证计划的标准。

(8) IEEE 1061. 用于软件质量度量和方法学的标准。

(9) IEEE 12207. 用于软件生命周期过程和软件生命周期数据的标准。

(10) BSS 7925-1. 软件测试术语词汇表。

(11) BSS 7925-2. 用于软件组件测试的标准。

# 本 章 小 结

本章首先简要介绍了软件测试职业资格认证的内容，详解了 ISTQB 及软件服务外包认证体系，然后详细介绍了如何通过虚拟现实技术实现软件测试课程实训。本章最后还详细介绍了软件测试行业中通行的国内和国际测试和文档要求，并通过 3 篇相关论文拓展了软件测试的知识。

# 知识拓展与练习

1. 查找并总结软件测试中英文术语对照表。
2. 在期刊上阅读三篇完整的软件测试的技术文章，并与小组内的成员进行讨论。
3. 针对自己在软件测试学习中的有关技术问题，参照学习过的技术论文，试着写出一篇技术论文，并在小组内进行讨论。完成此题可作为期末成绩加分项目。
4. 查找并学习有关虚拟实训的相关知识与内容。
5. 查找并了解有关虚拟实训的制作软件。
6. 查找并了解软件测试相关国际标准。

# 能力拓展与训练

1. 在网上查找有关软件测试工程师的职业资格证书，查看每个证书的具体考试内容与要求，并与自己学习掌握的软件测试知识与技能做一个对比分析。
2. 在网上查找有关软件企业对招聘软件测试人员的职业资格证书的要求。
3. 做一个软件测试职业资格证书考试计划，取得一种软件测试的职业资格证书。
4. 结合自己已学的软件测试知识与实例，编写一个软件测试岗位的主要任务与流程图，有条件的同学用软件制作该岗位的虚拟实训。
5. 结合自己已学的软件测试知识与了解的企业岗位需求，编写一个软件测试企业的主要任务与工作流程图，有条件的同学用软件制作实现该企业的有关虚拟实训岗位。

# 参 考 文 献

[1] 周伟明. 软件测试实践[M]. 北京：电子工业出版社，2008.

[2] 郁莲. 软件测试方法与实践[M]. 北京：清华大学出版社， 2008.

[3] 武剑洁，陈传波，肖来元. 软件测试技术基础[M]. 武汉：华中科技大学出版社，2008.

[4] 赵斌. 软件技术经典教程[M]. 北京：科学出版社，2007.

[5] 佟伟光. 软件测试[M]. 北京：人民邮电出版社，2008.

[6] 宫云战. 软件测试教程[M]. 北京：机械工业出版社，2008.

[7] 王英龙，张伟，杨美红. 软件测试技术[M]. 北京：清华大学出版社，2009.

[8] [美] William E.Perry. 软件测试的有效方法[M]. 2 版. 兰雨晴，等译. 北京：机械工业出版社，2004.

[9] 康一梅，等. 嵌入式软件测试[M]. 北京：机械工业出版社，2008.

[10] [美] Chris Wysopal，等. 软件安全测试艺术[M]. 程永敬，等译. 北京：机械工业出版社，2007.

[11] 古乐，史九林. 软件测试技术概论[M]. 北京：清华大学出版社，2004.

[12] [美] Marnie L. Hutcheson. 软件测试基础：方法与度量[M]. 包晓露，等译. 北京：人民邮电出版社，2007.

[13] [美] Charles P. Schultz，Robert Bryant，Tim Langdell. 游戏测试精通[M]. 周学毛，译. 北京：清华大学出版社，2007.

[14] 王子元，聂长海，徐宝文，史亮. 相邻因素组合测试用例集的最优生成方法[J]. 北京：计算机学报(第30 卷)，第 2 期，2007 年 2 月.

## 全国高职高专计算机、电子商务系列教材推荐书目

### 【语言编程与算法类】

| 序号 | 书号 | 书名 | 作者 | 定价 | 出版日期 | 配套情况 |
|---|---|---|---|---|---|---|
| 1 | 978-7-301-15476-2 | C 语言程序设计(第 2 版)(2010 年度高职高专计算机类专业优秀教材) | 刘迎春 | 32 | 2013 年第 3 次印刷 | 课件、代码 |
| 2 | 978-7-301-14463-3 | C 语言程序设计案例教程 | 徐翠霞 | 28 | 2008 | 课件、代码、答案 |
| 3 | 978-7-301-20879-3 | Java 程序设计教程与实训(第 2 版) | 许文宪 | 28 | 2013 | 课件、代码、答案 |
| 4 | 978-7-301-13570-9 | Java 程序设计案例教程 | 徐翠霞 | 33 | 2008 | 课件、代码、习题答案 |
| 5 | 978-7-301-13997-4 | Java 程序设计与应用开发案例教程 | 汪志达 | 28 | 2008 | 课件、代码、答案 |
| 6 | 978-7-301-22587-5 | C#程序设计基础教程与实训(第 2 版) | 陈 广 | 40 | 2013 年第 1 次印刷 | 课件、代码、视频、答案 |
| 7 | 978-7-301-14672-9 | C#面向对象程序设计案例教程 | 陈向东 | 28 | 2012 年第 3 次印刷 | 课件、代码、答案 |
| 8 | 978-7-301-16935-3 | C#程序设计项目教程 | 宋桂岭 | 26 | 2010 | 课件 |
| 9 | 978-7-301-15519-6 | 软件工程与项目管理案例教程 | 刘新航 | 28 | 2011 | 课件、答案 |
| 10 | 978-7-301-24776-1 | 数据结构(C#语言描述)(第 2 版) | 陈 广 | 38 | 2014 | 课件、代码、答案 |
| 11 | 978-7-301-14463-3 | 数据结构案例教程(C 语言版) | 徐翠霞 | 28 | 2013 年第 2 次印刷 | 课件、代码、答案 |
| 12 | 978-7-301-23014-5 | 数据结构(C/C#/Java 版) | 唐懿芳等 | 32 | 2013 | 课件、代码、答案 |
| 13 | 978-7-301-18800-2 | Java 面向对象项目化教程 | 张雪松 | 33 | 2011 | 课件、代码、答案 |
| 14 | 978-7-301-18947-4 | JSP 应用开发项目化教程 | 王志勃 | 26 | 2011 | 课件、代码、答案 |
| 15 | 978-7-301-19821-6 | 运用 JSP 开发 Web 系统 | 涂 刚 | 34 | 2012 | 课件、代码、答案 |
| 16 | 978-7-301-19890-2 | 嵌入式 C 程序设计 | 冯 刚 | 29 | 2012 | 课件、代码、答案 |
| 17 | 978-7-301-19801-8 | 数据结构及应用 | 朱 珍 | 28 | 2012 | 课件、代码、答案 |
| 18 | 978-7-301-19940-4 | C#项目开发教程 | 徐 超 | 34 | 2012 | 课件 |
| 19 | 978-7-301-20542-6 | 基于项目开发的 C#程序设计 | 李 娟 | 32 | 2012 | 课件、代码、答案 |
| 20 | 978-7-301-19935-0 | J2SE 项目开发教程 | 何广军 | 25 | 2012 | 素材、答案 |
| 21 | 978-7-301-24308-4 | JavaScript 程序设计案例教程(第 2 版) | 许 旻 | 33 | 2015 | 课件、代码、答案 |
| 22 | 978-7-301-17736-5 | .NET 桌面应用程序开发教程 | 黄 河 | 30 | 2010 | 课件、代码、答案 |
| 23 | 978-7-301-19348-8 | Java 程序设计项目化教程 | 徐义晗 | 36 | 2011 | 课件、代码、答案 |
| 24 | 978-7-301-19367-9 | 基于.NET 平台的 Web 开发 | 严月浩 | 37 | 2011 | 课件、代码、答案 |
| 25 | 978-7-301-23465-5 | 基于.NET 平台的企业应用开发 | 严月浩 | 44 | 2014 | 课件、代码、答案 |
| 26 | 978-7-301-13632-4 | 单片机 C 语言程序设计教程与实训 | 张秀国 | 25 | 2014 年第 5 次印刷 | 课件 |
| 27 | 978-7-301-24682-5 | 软件测试设计与实施(第 2 版) | 蒋方纯 | 36 | 2015 | 课件 |

### 【网络技术与硬件及操作系统类】

| 序号 | 书号 | 书名 | 作者 | 定价 | 出版日期 | 配套情况 |
|---|---|---|---|---|---|---|
| 1 | 978-7-301-14084-0 | 计算机网络安全案例教程 | 陈 昶 | 30 | 2008 | 课件 |
| 2 | 978-7-301-23521-8 | 网络安全基础教程与实训(第 3 版) | 尹少平 | 38 | 2014 | 课件、素材、答案 |
| 3 | 978-7-301-18564-3 | 计算机网络技术案例教程 | 宁芳露 | 35 | 2011 | 课件、习题答案 |
| 4 | 978-7-301-21754-2 | 计算机系统安全与维护 | 吕新荣 | 30 | 2013 | 课件、素材、答案 |
| 5 | 978-7-301-09635-2 | 网络互联及路由器技术教程与实训(第 2 版) | 宁芳露 | 27 | 2012 | 课件、答案 |
| 6 | 978-7-301-15466-3 | 综合布线技术教程与实训(第 2 版) | 刘省贤 | 36 | 2012 | 课件、习题答案 |
| 7 | 978-7-301-14673-6 | 计算机组装与维护案例教程 | 谭 宁 | 33 | 2012 年第 3 次印刷 | 课件、习题答案 |
| 8 | 978-7-301-13320-0 | 计算机硬件组装和评测及数码产品评测教程 | 周 奇 | 36 | 2008 | 课件 |
| 9 | 978-7-301-12345-4 | 微型计算机组成原理教程与实训 | 刘辉珞 | 22 | 2010 | 课件、习题答案 |
| 10 | 978-7-301-16736-6 | Linux 系统管理与维护(江苏省省级精品课程) | 王秀平 | 29 | 2013 年第 3 次印刷 | 课件、习题答案 |
| 11 | 978-7-301-22967-5 | 计算机操作系统原理与实训（第 2 版） | 周 峰 | 36 | 2013 | 课件、答案 |
| 12 | 978-7-301-16047-3 | Windows 服务器维护与管理教程与实训(第 2 版) | 鞠光明 | 33 | 2010 | 课件、答案 |
| 13 | 978-7-301-14476-3 | Windows2003 维护与管理技能教程 | 王 伟 | 29 | 2009 | 课件、习题答案 |
| 14 | 978-7-301-18472-1 | Windows Server 2003 服务器配置与管理情境教程 | 顾红燕 | 24 | 2012 年第 2 次印刷 | 课件、习题答案 |
| 15 | 978-7-301-23414-3 | 企业网络技术基础实训 | 董宇峰 | 38 | 2014 | 课件 |
| 16 | 978-7-301-24152-3 | Linux 网络操作系统 | 王 勇 | 38 | 2014 | 课件、代码、答案 |

## 【网页设计与网站建设类】

| 序号 | 书号 | 书名 | 作者 | 定价 | 出版日期 | 配套情况 |
|---|---|---|---|---|---|---|
| 1 | 978-7-301-15725-1 | 网页设计与制作案例教程 | 杨森香 | 34 | 2011 | 课件、素材、答案 |
| 2 | 978-7-301-21777-1 | ASP .NET 动态网页设计案例教程(C#版)(第2版) | 冯涛 | 35 | 2013 | 课件、素材、答案 |
| 3 | 978-7-301-21776-4 | 网站建设与管理案例教程(第2版) | 徐洪祥 | 31 | 2013 | 课件、素材、答案 |
| 4 | 978-7-301-17736-5 | .NET 桌面应用程序开发教程 | 黄河 | 30 | 2010 | 课件、素材、答案 |
| 5 | 978-7-301-19846-9 | ASP .NET Web 应用案例教程 | 于洋 | 26 | 2012 | 课件、素材 |
| 6 | 978-7-301-20565-5 | ASP.NET 动态网站开发 | 崔宁 | 30 | 2012 | 课件、素材、答案 |
| 7 | 978-7-301-20634-8 | 网页设计与制作基础 | 徐文平 | 28 | 2012 | 课件、素材、答案 |
| 8 | 978-7-301-20659-1 | 人机界面设计 | 张丽 | 25 | 2012 | 课件、素材、答案 |
| 9 | 978-7-301-22532-5 | 网页设计案例教程(DIV+CSS版) | 马涛 | 32 | 2013 | 课件、素材、答案 |
| 10 | 978-7-301-23045-9 | 基于项目的 Web 网页设计技术 | 苗彩霞 | 36 | 2013 | 课件、素材、答案 |
| 11 | 978-7-301-23429-7 | 网页设计与制作教程与实训(第3版) | 于巧娥 | 34 | 2014 | 课件、素材、答案 |

## 【图形图像与多媒体类】

| 序号 | 书号 | 书名 | 作者 | 定价 | 出版日期 | 配套情况 |
|---|---|---|---|---|---|---|
| 1 | 978-7-301-21778-8 | 图像处理技术教程与实训(Photoshop版)(第2版) | 钱民 | 40 | 2013 | 课件、素材、答案 |
| 2 | 978-7-301-14670-5 | Photoshop CS3 图形图像处理案例教程 | 洪光 | 32 | 2010 | 课件、素材、答案 |
| 3 | 978-7-301-13568-6 | Flash CS3 动画制作案例教程 | 俞欣 | 25 | 2012年第4次印刷 | 课件、素材、答案 |
| 4 | 978-7-301-18946-7 | 多媒体技术与应用教程与实训(第2版) | 钱民 | 33 | 2012 | 课件、素材、答案 |
| 5 | 978-7-301-17136-3 | Photoshop 案例教程 | 沈道云 | 25 | 2011 | 课件、素材、视频 |
| 6 | 978-7-301-19304-4 | 多媒体技术与应用案例教程 | 刘辉珞 | 34 | 2011 | 课件、素材、答案 |
| 8 | 978-7-301-24103-5 | 多媒体作品设计与制作项目化教程 | 张敬斋 | 38 | 2014 | 课件、素材 |
| 9 | 978-7-301-24919-2 | Photoshop CS5 图形图像处理案例教程(第2版) | 李琴 | 41 | 2014 | 课件、素材 |

## 【数据库类】

| 序号 | 书号 | 书名 | 作者 | 定价 | 出版日期 | 配套情况 |
|---|---|---|---|---|---|---|
| 1 | 978-7-301-13663-8 | 数据库原理及应用案例教程(SQL Server 版) | 胡锦丽 | 40 | 2010 | 课件、素材、答案 |
| 2 | 978-7-301-16900-1 | 数据库原理及应用(SQL Server 2008 版) | 马桂婷 | 31 | 2011 | 课件、素材、答案 |
| 3 | 978-7-301-15533-2 | SQL Server 数据库管理与开发教程与实训(第2版) | 杜兆将 | 32 | 2012 | 课件、素材、答案 |
| 4 | 978-7-301-25674-9 | SQL Server 2012 数据库原理与应用案例教程(第2版) | 李军 | 35 | 2015 | 课件 |
| 5 | 978-7-301-16901-8 | SQL Server 2005 数据库系统应用开发技能教程 | 王伟 | 28 | 2010 | 课件 |
| 6 | 978-7-301-17174-5 | SQL Server 数据库实例教程 | 汤承林 | 38 | 2010 | 课件、习题答案 |
| 7 | 978-7-301-17196-7 | SQL Server 数据库基础与应用 | 贾艳宇 | 39 | 2010 | 课件、习题答案 |
| 8 | 978-7-301-17605-4 | SQL Server 2005 应用教程 | 梁庆枫 | 25 | 2012年第2次印刷 | 课件、习题答案 |
| 9 | 978-7-301-18750-0 | 大型数据库及其应用 | 孔勇奇 | 32 | 2011 | 课件、素材、答案 |

## 【电子商务类】

| 序号 | 书号 | 书名 | 作者 | 定价 | 出版日期 | 配套情况 |
|---|---|---|---|---|---|---|
| 1 | 978-7-301-12344-7 | 电子商务物流基础与实务 | 邓之宏 | 38 | 2010 | 课件、习题答案 |
| 2 | 978-7-301-12474-1 | 电子商务原理 | 王震 | 34 | 2008 | 课件 |
| 3 | 978-7-301-12346-1 | 电子商务案例教程 | 龚民 | 24 | 2010 | 课件、习题答案 |
| 4 | 978-7-301-25404-2 | 电子商务概论（第3版） | 于巧娥等 | 33 | 2015 | 课件、习题答案 |

## 【专业基础课与应用技术类】

| 序号 | 书号 | 书名 | 作者 | 定价 | 出版日期 | 配套情况 |
|---|---|---|---|---|---|---|
| 1 | 978-7-301-13569-3 | 新编计算机应用基础案例教程 | 郭丽春 | 30 | 2009 | 课件、习题答案 |
| 2 | 978-7-301-16046-6 | 计算机专业英语教程(第2版) | 李莉 | 26 | 2010 | 课件、答案 |
| 3 | 978-7-301-19803-2 | 计算机专业英语 | 徐娜 | 30 | 2012 | 课件、素材、答案 |

如您需要更多教学资源如电子课件、电子样章、习题答案等，请登录北京大学出版社第六事业部官网 www.pup6.cn 搜索下载。
如您需要浏览更多专业教材，请扫下面的二维码，关注北京大学出版社第六事业部官方微信（微信号：pup6book），随时查询专业教材、浏览教材目录、内容简介等信息，并可在线申请纸质样书用于教学。

感谢您使用我们的教材，欢迎您随时与我们联系，我们将及时做好全方位的服务。联系方式：010-62750667，liyanhong1999@126.com，pup_6@163.com，lihu80@163.com，欢迎来电来信。客户服务 QQ 号：1292552107，欢迎随时咨询。